ETHICS,TECHNOLOGY, AND ENGINEERING
An Introduction

工程伦理教程

[荷兰] 波　尔（Ibo van de Poel）
[荷兰] 罗亚科斯（Lambèr Royakkers）　著　　张恒力 译

中国社会科学出版社

图字：01－2015－2903号

图书在版编目(CIP)数据

工程伦理教程／（荷）波尔，（荷）罗亚科斯著；张恒力译. —北京：中国社会科学出版社，2023.3

书名原文：Ethics，technology，and engineering

ISBN 978－7－5227－1674－9

Ⅰ.①工… Ⅱ.①波… ②罗… ③张… Ⅲ.①工程技术—伦理学—教材 Ⅳ.①B82－057

中国国家版本馆CIP数据核字（2023）第050655号

Title：Ethics，Technology，and Engineering：An Introduction by Ibo van de Poel Lambèr Royakkers，

ISBN：9781444330953/1444330950

This edition first published 2011

出 版 人　赵剑英
责任编辑　伊　岚
责任校对　张爱华
责任印制　张雪娇

出　　版　中国社会科学出版社
社　　址　北京鼓楼西大街甲158号
邮　　编　100720
网　　址　http：//www.csspw.cn
发 行 部　010－84083685
门 市 部　010－84029450
经　　销　新华书店及其他书店

印　　刷　北京君升印刷有限公司
装　　订　廊坊市广阳区广增装订厂
版　　次　2023年3月第1版
印　　次　2023年3月第1次印刷

开　　本　710×1000　1/16
印　　张　24
插　　页　2
字　　数　394千字
定　　价　98.00元

译者序

何谓道德？道德不仅是个体的良心与主观感受，更是一种理性判断、认真反思的行为过程。符合道德的行为，不仅依据道德直觉、常识，更根据相关道德理论与道德准则，是个体结合相关经验做出的相对合理的、符合一定道德判断的活动。什么是符合道德的行为？什么行为具有道德约束力？何以判断行为或人的好坏、善恶？除了道德直觉、道德常识以外，道德判断、道德决策既合乎感性、直觉，又合乎、理性逻辑。即使直观感觉的结果不能令人满意，但理性思考后结果也是可以接受的。道德的生活是理性的、慎重的，正如哲学家苏格拉底所说："未经审视的人生是不值得过的。"

对于许多人来说，道德问题离得很远，道德也没有什么说服力。这部《工程伦理教程》教材则以完备而严密的逻辑论证、多种伦理理论的合理分析充分说明工程伦理学是一门既合理又合情、既合乎道德又合乎人性的学科。工程伦理既关照工程技术的先进性、复杂性、集成性等特点，又考察工程技术者的道德义务与责任、权力大小与权利职责等问题。伦理理论与工程实践案例结合，使得这门学科更具说服力和生命力。当然，工程伦理学不仅仅是一门学科，工程技术已完全渗入或改变人类的生存生活状态，促进人类形成自身的内省与自觉。因此，高度关注人类的命运与选择，也必将成为工程技术人员的道德自觉和神圣使命。

作为反思现代工程技术和旨在提升工程技术人员道德水平的工程伦理学著作，这部教材具有值得进一步关注的三个鲜明特点。

1. **逻辑论证与分析严密。**这一般是论文研究的典型特点，但这部教材做到了教学与研究的完美结合。不管是理论分析还是实践案例论证，都严格依据逻辑论证展开，让我们充分地体会到本书逻辑论证的严密，并看到理性的力量。这将有助于学生深刻地认识到工程伦理学不是道德的说教，而是论证严密的科学——其论点、论证、论据都是严格按照伦理学的的逻辑体系逐渐展开的——在增强学生道德意识的基础上，逐渐提升学生道德判断、道德决策的逻辑论证能力。

2. **理论与实践高度结合。**在阐明道德理论（如义务论、功利主义、美德伦理、关怀伦理学）的基础上，本教材关注美国、欧洲重要而经典的工程案例，使道德理论不再高高在上，使工程案例不再仅仅作为系列的事实或行为而存在。道德理论的建构，来源于恰当运用基于工程技术行为或事实的道德判断、道德论证和道德决策的整个过程。工程案例的编写，则是在深刻理解和运用道德理论的基础上，选择那些符合工程职业伦理规范的工程技术实践或工程技术人员的道德良心培养和道德价值塑造实践的材料。教材从工程案例导入开始，正文也设计了案例分析，充分彰显道德理论与工程实践的深刻联系。

3. **提出道德分析工具——“伦理周期”模式。**作为一个重要概念，或者说作为本教材的一个重要创新点，“伦理周期”是作者在序言中着重强调的内容之一。伦理周期是“道德问题陈述、道德问题分析、道德行为选择、伦理评估、道德反思”多次反复循环的过程，使工程技术人员逐渐识别工程道德问题，反复地运用道德直觉、道德原则和不同的道德理论进行探索，达到哲学家罗尔斯所说的“多元反思平衡”。“伦理周期”模式也充分体现了本教材的严密逻辑论证与案例分析的高度统一、道德理论与工程实践的高度结合。

2016 年 6 月，中国成为《华盛顿协议》的正式成员，标志着中国的工程教育质量认证体系与国际标准实质等效。培养符合国际工程教育认证标准和中国科技创新发展要求的工程技术人才已成为工程教育改革的重要趋势和必然要求。2018 年 5 月，国务院学位委员会印发《关于转发〈关于制订工程类硕士专业学位研究生培养方案的指导意见〉及说明的通知》（学位办〔2018〕14 号），要求将工程伦理正式纳入工程专业学位研究生公共必修课。这对于工程伦理的研究和教材建设提出了更高的要求，教材建设也成为工程伦理领域更为紧迫的任务。希望这部《工程伦理教程》译著，作为对欧洲经典的工程伦理教材的介绍，能为国内工程伦理事业的发展、工程技术人员道德水平和职业能力的提升作出一定的贡献。

前　　言

工程与科学之间的一个主要区别，在于工程不仅追求更好地理解世 1
界，还要求改造世界。许多工程师认为这种改造能够促进世界发展，或者说，最起码应该促进世界发展。从这个意义上说，工程是一种内在承载道德目标的活动。然而，让世界变得更加美好并不简单，道德也不是仅仅依靠工程知识就能够获得的。提升道德素养需要道德反思和科学知识等方面的帮助。本书旨在从理论和实践上促进道德反思并提供相关知识。

本书在几个方面对工程伦理方法进行创新，并提供了一种非常独特的伦理决策方法：伦理周期。这一方法也将通过大量的欧美以及世界其他地方的案例进行说明。与大部分工程伦理学的传统内容相比，本书的创新之处在于非常关注工程设计、工程的组织环境、责任分配、可持续性以及纳米技术等新技术。

在工程专业教学中，伦理问题日益受到关注。工程师被认为不仅仅需要能力和技能去胜任他们的工作，而且还需要认识到工程具有更为广泛的伦理和社会意义，并同时能够进行伦理反思。根据美国的工程技术认证委员会（ABET）工程标准2000，工程专业的毕业生必须有“一种职业和伦理责任的认知”，“为了在全球化的社会背景下更好地理解工程方案的影响，有必要进行更为广泛的教育”（Herkert，1999）。

本书为本科大学生提供工程和技术方面的伦理知识。它能帮助学生理
解 ABET 制订的能力要求或其他国家制订的标准。更具体地说，本书能够 2
帮助学生获得以下道德能力。

- **道德敏感性**　发现工程的社会和伦理问题的能力
- **道德分析技能**　分析关于事实、价值、利益相关者及其相关道德问题的能力

• **道德创造性**　根据（冲突的）道德价值和相关事实，反思多种行为选择的能力

• **道德判断技能**　以多种伦理理论或包括职业伦理学和日常道德的道德框架为基础并形成道德判断的能力

• **道德决策技能**　反思多种伦理理论和框架，并以反思为基础进行决策的能力

• **道德论证技能**　从伦理角度为个体行为辩护，讨论和评估其他工程师和非工程师行为的能力

在这些能力中，我们关注的焦点是学生在将来的职业实践中会遭遇的具体道德问题。在具体案例的帮助下，我们将揭示每一项技术的决策、设计和生产过程在本质上都是具有道德内涵的。学生应关注工程师面临的具体道德抉择，并对这些具体决策提供赞成或反对的各种理由，进一步挖掘各种行为的正当性。通过这种方法，学生将能认识到技术的道德内涵并获得在进行道德问题论辩时必须具备的论证能力。

另外，本教材也像其他工程伦理学教科书一样突出案例的重要性。这本书在工程伦理学方法上有三个特色。

特色一是我们用一个更普遍的方法来考察工程与技术中的伦理问题以及工程师责任。我们在本书中讨论的议题，超出传统的工程伦理学中的安全、诚实和利益冲突问题。例如，我们会讨论工程设计中的伦理问题（第六、七章）和可持续发展问题（第十章）。我们也格外关注原子弹和纳米这类技术。对于工程和技术中的“宏观—伦理”（Herkert，2001）问题，我们的处理方法是从内到外的，也就是说：我们从工程师在工程实践中的伦理问题开始探索，并进一步探索这些问题是如何产生或如何与更大的议题联系在一起的。

特色二是我们关注个体工程师更广泛的工作环境，将工作环境延伸至项目团队、公司、工程职业以及社会等。我们用一章来讨论工程中的组织责任问题（第九章）。我们对更广泛环境下的其他参与者和利益相关者也进行合理的关注。我们的方法主要是从内到外的，即从具体的案例和从事
3 日常工作的工程师开始讨论。在某些情况下，考虑更广泛的社会背景会消

解工程师的个体责任，因为有研究表明工程师缺乏应有的负责任调控。[①]事实确实如此，所以我们也讨论能够改变和强化工程师责任内容的大环境。例如，工程师有必要考量利益相关者的价值和利益（第一章）。这意味着这些利益相关者在相关的讨论和决策制订中应被重视，比如在设计中（第五、六章）。工程师也有必要告知管理者、政客、公众某些工程的技术风险、不确定性、潜在问题等（第八章）。

特色三是我们对伦理理论格外关注。我们认为这些理论非常重要，因为这些道德观点能让学生不再以浅显的一般观点审视伦理问题。我们认为学生获得一些不同的感受、伦理观点、理论背景是非常重要的，但是我们的方法仍主要以实践为导向。这里的方法是我们称之为“伦理周期”的道德分析工具（Van de Poel and Royakkers，2007）。这是一种处理伦理问题的方法，能够系统地鼓励学生反思不同的道德观点，帮助他们对彼此讨论的伦理问题形成合理而公正的道德判断。第五章解释了伦理周期，第二、三、四章也介绍了伦理周期的部分重要内容。

我们提出的伦理周期主要是对长期的工程伦理教学以及与同事一起解决工程伦理课程的教学问题的十年经验的总结（Van der Burg and Van de Poel，2005；Van de Poel，Zandvoort and Brumsen，2001）。我们注意到当学生分析工程伦理案例时，他们常常以一种含混不清的方法试图直接得出结论，而相关事实、道德反思、道德论证都被忽略了。学生还经常没有经过反思而直接把伦理理论作为一种工具应用到实践中。许多学生把对案例的判断仅当作一种观点，认为不需要对案例进行（理性的）讨论。

伦理周期作为一种教学工具被用来解决这些问题。它提供给学生一种指导方针，以一种系统的方法而不是仅仅把伦理作为工具化概念来处理伦理问题。毕竟，应用伦理学也不是把伦理理论或原则直接应用到某一领域的实践中。甚至可以说，针对一个具体的道德问题，应用伦理学会反复应用直觉的、普遍的道德原则以及各种不同的伦理理论和观点。这或许能用罗尔斯（John Rowls）的“多元反思平衡”概念来解释（Rawls，1971）。读者可参考第五章的具体讨论。

---

① 例如，美国著名工程伦理学家迈克尔·戴维斯（Michael Davis）指出，工程伦理学需要通过一种社会学方法考察工程师所面临的大环境，以此明确工程师应承担的各种责任。（Davis，2006）

伦理周期可用于判断某些复杂道德论断是否正确，也具有可操作性，使学生不会淹没在复杂的伦理理论之中。通过伦理周期的方法，学生将获得处理工程与技术中的伦理问题时所必需的道德能力（见图前1.1）。

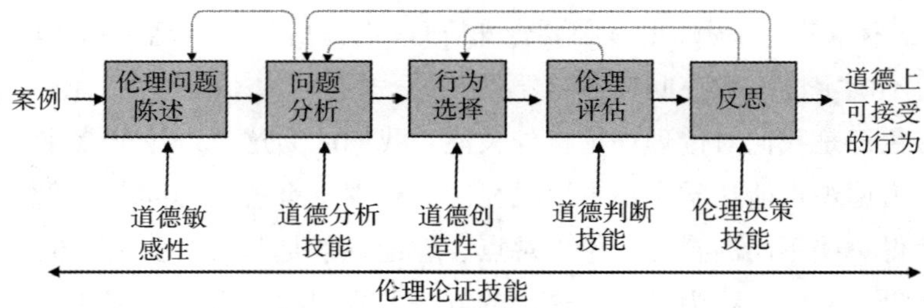

图前.1　工程与技术中的伦理问题

4 我们和同事开发了软件阿格拉（AGORA）来分析工程和技术中的伦理问题（Van der Burg and Van de Poel，2005）。阿格拉使用的方法本质上就是伦理周期方法。因此，阿格拉软件是一种有效的道德分析软件，可与本书结合以解决伦理问题。该软件包括对应本书内容的大量标准练习。另外，教师也可以自行布置练习作业。关于阿格拉的更多信息，读者可参考网站 www. ethicsandtechnology. com。

本书包括两大部分。第一部分介绍伦理周期。在介绍完工程师责任后，该部分介绍了伦理周期的主要内容：职业和企业的行为规范（第二章），伦理理论（第三章）和伦理推理中的论证体系（第四章）。其后，第五章介绍伦理周期，并对将伦理周期应用到工程伦理中的相关问题进行更为细致的分析。

第二部分聚焦于工程与技术中具体的伦理问题。第六章和第七章讨论工程设计中的伦理问题。第六章关注在工程设计的各个阶段产生的伦理问题，尤其重视工程师如何面对并解决设计中的价值冲突问题。第七章深入地讨论技术如何影响使用者的感知和行为及如何把反思应用到设计中去。第八章探讨技术风险问题，提出处理风险的方法、风险沟通的方法以及风险的道德可接受性、不确定性和疏忽等问题。第九章讨论基于工程的社会组织的责任问题，特别讨论多手问题（在一项涉及多人的工程活动中，确切地指出谁应该承担责任是困难的），并讨论解决这一问题的方法。第十
5 章以更为通俗的语言讨论可持续性问题以及该问题是如何影响工程师的，

同时也考察在工程活动中如在设计过程中工程师如何考量可持续性问题。

第一部分和第二部分都能够单独使用。如果教学时间有限，教师可只选择前五章。在教师对工程伦理课程进行必要介绍之后，学生可自学第二部分。第二部分与第一部分介绍的伦理周期是一致的，第二部分还包括一些额外的参考书以及其他工程伦理基础课程所涵盖的必要背景知识。事实上，第二部分各章也能够独立使用，所以能够被应用到更小的教学模块中。

如果仅仅想向学生介绍工程伦理而不需要介绍伦理理论和伦理周期，教师可选择使用前两章以及第二部分中一些更为具体的案例。我们认为，如果目标是介绍伦理周期，那么课程最起码应包括第二、三、五章。第四章是选择性章节，该章的道德论证体系可以提升学生应用伦理周期的能力，但严格来讲，不是必需的。

每一章都以一个说明性的案例开始，介绍本章所涉及的主要问题。每一章的引言会提出学习目标，使学生明确学习目标。每一章也有关键术语和小结，有助于教师更深入地指导学生理解核心主题。问题研究能够更好地帮助学生把概念应用到具体案例中。阿格拉软件作为一种更有力的工具能帮助学生学会如何把他们已经学到的知识应用到具体案例中。

如果没有别人帮助，一本书是无法付梓的。首先，我们要感谢所有对本书（*Ethiek en Techniek. Morele overwegingen in de Ingenieurspraktijk*）有过帮助的人，他们所作的贡献是这本书成书的基础。尤其要感谢本书的编辑 Angèle Pieters 以及 HB Uitgevers 的 Stella de Jager。我们也感谢 Peter – Paul Verbeek 和 Michiel Brumsem 对本书两章内容的贡献。我们感谢 Steven Ralston 和 Diane Butterman 将本书部分内容由荷兰语译为英语。感谢 Jessica Nihlén Fahlquist、Tiago de Lima、Sjoerd Zwart、Neelke Doorn 慨允我们把日常手册的一部分作为本书的第九章。我们也感谢 Wiley – Blackwell 出版社相关人员的评论和支持，特别是 Nick Bellorini、Ian Lague、Louise Butler、Tiffany Mok、Dave Nash、Mervyn Thomas。最后，我们感谢那些匿名评论人以及一些匿名填写调查问卷者对本书的使用提出的建议和意见。

感谢荷兰高等研究院（NIAS）提供机会让波尔成为该机构的一员以完成本书。

波尔（Ibo van de Poel）和罗亚科斯（Lambèr Royakkers）

目　录

第一章　工程师的责任 …… 1

第一节　引言 …… 2

第二节　责任 …… 4

第三节　消极责任 …… 5

第四节　积极责任与工程师理想 …… 8

第五节　工程师与管理者 …… 15

第六节　技术发展的社会境域 …… 20

第七节　小结 …… 24

问题研究 …… 25

问题讨论 …… 26

第二章　行为规范 …… 27

第一节　引言 …… 28

第二节　行为规范 …… 29

第三节　行为规范的可行性和局限性 …… 39

第四节　国际境域下的行为规范 …… 48

第五节　小结 …… 54

研究问题 …… 55

问题讨论 …… 57

第三章　规范伦理学 …… 58

第一节　引言 …… 60

第二节　伦理和道德 …… 63

第三节　描述性判断和规范性判断 …… 65

第四节　起点：价值观、规范和美德 …… 66

第五节　相对主义和绝对主义 …… 69

第六节　伦理理论 …… 72
第七节　功利主义 …… 73
第八节　康德理论 …… 83
第九节　美德伦理学 …… 90
第十节　关怀伦理学 …… 97
第十一节　应用伦理学 …… 101
第十二节　小结 …… 102
问题研究 …… 103
问题讨论 …… 105
第四章　规范性论证 …… 106
第一节　引言 …… 107
第二节　有效论证 …… 110
第三节　演绎和非演绎论证 …… 114
第四节　伦理理论中的论证 …… 115
第五节　谬误 …… 127
第六节　小结 …… 131
问题研究 …… 132
问题讨论 …… 133
第五章　伦理周期 …… 134
第一节　引言 …… 135
第二节　结构不良问题 …… 136
第三节　伦理周期 …… 138
第四节　案例 …… 149
第五节　集体的道德审议和社会安排 …… 158
第六节　小结 …… 160
问题研究 …… 161
问题讨论 …… 162
第六章　技术设计中的伦理问题 …… 164
第一节　引言 …… 165
第二节　设计过程中的伦理问题 …… 167
第三节　权衡和价值冲突 …… 179

第四节　监管框架：常规设计和激进设计 …………………………… 193
第五节　小结 ………………………………………………………… 197
问题研究 ……………………………………………………………… 198
问题讨论 ……………………………………………………………… 200
第七章　设计道德 …………………………………………………… 201
第一节　引言 ………………………………………………………… 202
第二节　关乎物的道德 ……………………………………………… 203
第三节　技术调解 …………………………………………………… 204
第四节　道德技术 …………………………………………………… 208
第五节　设计调解 …………………………………………………… 214
第六节　小结 ………………………………………………………… 217
问题研究 ……………………………………………………………… 218
问题讨论 ……………………………………………………………… 219
第八章　技术风险的伦理方面 ……………………………………… 220
第一节　引言 ………………………………………………………… 221
第二节　界定核心概念 ……………………………………………… 223
第三节　工程师的安全责任 ………………………………………… 225
第四节　风险评估 …………………………………………………… 228
第五节　什么情况下风险是可接受的？ …………………………… 232
第六节　风险沟通 …………………………………………………… 240
第七节　处理不确定性和未知 ……………………………………… 242
第八节　小结 ………………………………………………………… 249
问题研究 ……………………………………………………………… 251
问题讨论 ……………………………………………………………… 253
第九章　工程中的责任分配 ………………………………………… 254
第一节　引言 ………………………………………………………… 255
第二节　多手问题 …………………………………………………… 257
第三节　责任和法律 ………………………………………………… 263
第四节　组织责任 …………………………………………………… 270
第五节　责任分配与技术设计 ……………………………………… 274
第六节　小结 ………………………………………………………… 278

问题研究 …… 279
问题讨论 …… 281
第十章　可持续性、伦理和技术 …… 282
第一节　引言 …… 283
第二节　环境伦理学 …… 284
第三节　环境问题 …… 286
第四节　可持续发展 …… 288
第五节　一个可持续的社会能够实现吗 …… 295
第六节　工程师和可持续性 …… 297
第七节　小结 …… 305
问题研究 …… 306
问题讨论 …… 307
附录一　部分国家的工程资质和组织 …… 308
附录二　NSPE 工程师伦理规范 …… 316
附录三　FEANI 关于行为规范的立场文件：职业工程师的伦理和行为 …… 323
附录四　壳牌行为规范 …… 325
附录五　DSM 价值观和举报政策 …… 330
词汇表 …… 339
参考文献 …… 350
译者后记 …… 370

第一章　工程师的责任

6

学习目标

完成本章的学习后，读者应该能够

- 描述消极责任，能区分积极责任与消极责任
- 描述应受谴责的四个条件并把它们应用到具体案例中
- 描述职业理想：技术热情、效力和效率、人类福祉
- 讨论工程职业理想对于职业责任的作用
- 明确职业责任与雇员责任冲突以及如何解决矛盾
- 讨论技术发展的社会环境对工程师责任的影响

本章框架

第一节　引言　/　2

第二节　责任　/　4

第三节　消极责任　/　5

第四节　积极责任与工程师理想　/　8

　一　技术热情　/　9

　二　效力和效率　/　11

　三　人类福祉　/　13

第五节　工程师与管理者　/　15

　一　分离主义　/　16

　二　技术统治论　/　17

　三　揭发　/　18

第六节　技术发展的社会境域　/　20

第七节　小结　/　24

问题研究　/　25

问题讨论　/　26

7 # 第一节　引言

案例

挑战者号

“挑战者号”航天飞机的第25次发射很特别。这本是教师第一次进入太空的飞行——平民英语教师克里斯塔·麦考利夫（Christa McAuliffe）将进入太空。它或许能成为当时的美国总统罗纳德·里根（Ronald Reagan）口中的“美国最为完美的发射之一”，有很多媒体关注寒冷的卡纳威纳尔角（美国佛罗里达州）。1986年1月28日早上，任务控制器开始倒计时，温度降到零下4摄氏度（大约25华氏度）。升空73秒后，“挑战者号”航天飞机在大西洋上空11千米处爆炸，7名宇航员全部遇难。这在当时是美国太空航行史上最大的灾难。

事故发生后，为查清爆炸事故发生的确切原因，事故调查委员会成立。该委员会得出结论，导致12亿美元损失的爆炸原因在于橡胶密封圈（O形环）失效。由于在低温条件下该部件无法正常运作，燃料开始从助推火箭泄漏，接着引起大火，并导致挑战者号航天飞机爆炸。

美国宇航局的供应商之一莫顿·塞奥科（Morton Thiokol）公司负责推动飞船进入太空的火箭推进器的设计、建造。1985年1月，该公司的一位工程师罗杰·博伊斯乔利（Roger Boisjoly）对O形环的可靠性提出质疑。1985年7月，他向公司管理委员会寄出一份秘密备忘录。在这份备忘录里，他表达了对于低温情况下O形环可靠性的担忧：“我非常担心，如果我们不立即采取措施，我们就将把飞行和发射置于严重危险之中。后果将是灾难性的，人们的生命也将处于危险之中。”为了调查这个问题，公司立即组建了一个项目小组。然而，项目小组并没有从管理层得到足够的资源和资金来维持自身的正常工作。即便项目小组的一个管理者向公司副总裁寄出一封名为“求救”的备忘录，并在备忘录的结尾标注上“红色”
8 紧急，问题依然没有得到解决。

发射已被推迟5次，部分推迟是天气原因造成的。发射前夜很冷，温度降到零下10摄氏度（14华氏度）。美国国家航空航天局（NASA）的工程师们承认他们听说了在非常低的温度下发射并不安全。因此，他们决定在发射前夜与美国国家航空航天局和莫顿·塞奥科公司的代表进行一次电话会议，博伊斯乔利也参加了。公司强调了低温下O形环被损蚀的危险，但他们从来没有在零度以下进行过测试。公司建议，如果温度低于11摄氏度（52华氏度）就不应该发射。天气预报显示，发射当天的早晨的温度不会高于冰点。这就是公司最初认为不应该发射的主要原因。

美国国家航空航天局工作人员认为，公司并没有向他们提供可以发射的充分数据依据。充分的数据对于美国国家航空航天局来说是极其重要的，否则发射很不安全。更令人感到奇怪的是：尽管美国国家航空航天局的官方政策是只有证明安全才被允许感到，但是那些反对发射的人却负有举证责任——他们被要求证明发射是不安全的。

于是公司召开了一个简短的会议。公司总经理说已经做出一个“管理决策”后，会议中断了5分钟。在发射之后，美国国家航空航天局将就是否与公司续约作出选择。博伊斯乔利感到人们将不再倾听他的意见。对公司来说，推迟发射包含太多的政治和经济风险。4名管理者进行内部讨论与投票表决，工程师们被排除在外。公司决定忽视博伊斯乔利的建议，在重新连线后，便向美国国家航空航天局提出挑战者号照常发射的积极建议。美国国家航空航天局紧接着直接作出决定照常发射而没有再质疑。由于已经达成一致意见，低温下O形环不能正常工作的问题并没有报告给美国国家航空航天局的更高层。发射后几分钟，任务控制团队中就有人发现：“很显然已经出现……一个严重故障。”

委员会判定，整个灾难是由于美国国家航空航天局沟通不充分造成的。同时，他们赞成在制度和工作风气上进行一场改革，以保障进程透明并鼓励揭发问题。因此，整个太空计划停止两年，以确保航天飞机的安全问题得到解决。公司不但没有失去与美国国家航空航天局的合作机会，相
反地，后者还帮助他们找到O形环问题的解决方法。工程师们也被给予更 9
多的发言权。此后，如果工程师有所怀疑，他们将有权停止飞行计划。

来源：Wirtz（2007，p. 32），Vaughan（1996），and the BBC documentary *Challenger：Go for Launch* of Blast！Films.

在这个案例中，我们看到挑战者号航天飞机的灾难是由技术事故和沟通不充分造成的。对于O形环的设计师（在莫顿·塞奥科公司工作的工程师）来说，这场灾难并没有在法律层面涉及更多问题。但这是否意味着，这个案例就此了结？工程师们是否还要承其他责任？如果要承担，他们的责任是什么？本章首先明确责任是什么（第二节），区分对已发生事件负责的消极责任（第三节）以及对未发生事件负责的积极责任（第四节）。最后两节讨论工程师和管理人员的地位——这在挑战者号案例中显然是重要的——以及更大规模的技术发展对工程师责任的影响。

第二节　责任

不论何时出现何事，如“挑战者号”这样的灾难，首要问题是谁来承担责任。在这里，责任首先是对你的行为和你的行为产生的影响负责。不同种类的责任需要被区分。积极责任是事故发生之前的责任，指关注某些事务或人的义务或任务。消极责任适用于事故发生之后。

责任（包括积极责任与消极责任）常与特定情况下的角色相关。在上述案例中，博伊斯乔利履行工程师角色，并没有承担家庭成员的责任。你经常需要同时扮演许多角色，例如朋友、父母、公民、雇员、工程师、专家和同事。在一个角色中，你与他人之间存在一种关系。例如，作为一名雇员，你与雇主有关系；作为一名专家，你与客户有关系；作为一个同事，你与其他同事有关系。每个角色都会给这个人带来一定的责任。例如，父母的责任是照顾孩子；在扮演雇员角色时，你应抛弃其他角色，与雇主保持一种协作关系，合理地完成你的工作任务；在扮演专家角色时，你要向你的客户提供正确的相关信息；作为一名同事，你应该学会在做同种工作情况下，与他人进行合作开展工作；一个工程师被期待在工作中是
10 称职的。角色及其相关的责任被正式而合法地规定在诸如合同、职业或企业的行为道德准则中（见第二章）。此外，也有更多非正式的角色和职责，就像在一个家庭之中的责任或对一个朋友的责任。同样，在这方面，通常也有相应的协议、规则，但是这些往往不会用文字表现出来。我们将把人

们在特定背景下扮演角色所带来的责任称之为**角色责任**。

> **角色责任（Role responsibility）**：基于一定职责或在特定情况下扮演某种角色而具有的责任。

由于个体往往有着不同的角色，在生活中他/她有着各种各样的角色责任。一个角色责任可能与另一个角色带来的责任相冲突。例如，在挑战者号案例中，博伊斯乔利有雇员角色，也有工程师角色。作为一名雇员，他将忠于他的公司并且听从于他的上司，最终对发射提出积极的建议。作为一名工程师，他将做出技术上合理的建议，这个建议要把宇航员们可能遭受到的危险考虑在内，对他而言，这暗含对于发射的一种消极的建议。

> **道德责任（Moral responsibility）**：基于道德义务、道德规范、道德职责而形成的责任。
>
> **职业责任（Professional responsibility）**：基于一个作为职业的角色形成的责任，被限定在职业道德所允许的限度之内。

虽然角色限定责任，但在某些情况下，**道德责任**并不局限于个体扮演的角色。更准确地说，它是基于道德义务、道德规范以及道德考量产生的责任。在第三章中，就像道德和伦理一样，我们将更详细地讨论这些术语，区分不同种类的伦理理论。道德责任可以超越角色。在挑战者号案例中，博伊斯乔利的部分道德责任是关注他的建议对宇航员和其他人所产生的影响。然而，道德责任也限制角色责任，因为不道德的责任可能是与一些角色相关的。在本章和下一章，我们的兴趣主要集中于工程师的**职业责任**。职业责任是基于专业工程师的角色而形成的责任，它限定在职业道德所允许的范围之内。职业责任不仅仅是被动的，其中也包含更详细的积极成分（见第四节），但是，这里我们首先要对消极责任做一个更详细的描述。

第三节　消极责任

典型的**消极责任**是，一个负责任的人必须能够提供一个解释——为什么他/她去做一个特别行为以及他/她为什么做出某些决定。特别是，对于那些人们要求他/她在个人行为问题上作出解释时，其可以说明行为的正当性。在“挑战者号”案例中，美国宇航局必须要为其行为（对遇难者家属、对社会、对法官）做出解释。我们把这种类型的消极责任
11 称为**问责**。

消极责任涉及的往往不只是问责也包括**指责**。指责意味着，责备某人的行为以及这些行为产生的后果是合理的。你并不总是为你的行为及产生的后果受到谴责。通常，这需要符合四个条件：不当行为，因果关系，可预见性和自由（行动的自由）。受责程度是由这些条件满足程度决定，我们将以“挑战者号”灾难为基础详细阐述。

> **消极责任（Passive responsibility）**：指保守的责任，与一些已经发生而不想发生的事情相关；具体的形式是问责、指责和债务。
>
> **问责（Accountability）**：保守责任是要求一个人对他已经发生的行为负责，对他的行为的判断负责。
>
> **指责（Blameworthiness）**：对于他人的行为或行为后果进行谴责。让某人受责常见的理由是不当行为、因果关系、可预见性和自由。

不当行为

不论何时，指责一个人或机构，通常是指出个人或机构在执行某些行为时违反规范或做错事。这在法律上是一种规定，在组织中也较为常见。例如，在“挑战者号”案例中，NASA 违反了飞行必须被证明是安全的规定。相反，举证责任在这种情况下被颠倒了。在本书中，我们不只是对法律和组织的规范感兴趣，而且对道德规范也感兴趣。因此我们将探讨不同的伦理框架，这些伦理框架可以应用于判断行为及其后果在道德上的对与错。伦理框架不仅包括诸如你自己的良心和道德信念，还包括行为规范（第二章）和道德理论（第三章）。这些框架构成一种工具去反思，一个人如何才能取得好的结果，以及一个人如何采取正确的行为？

因果关系

第二个标准是，负责任的人必须与其负责的后果存在一种因果关系。当判断某人对一个特定后果是否存在一个因果关系时，有两点需要牢记：第一，不仅有行动，而且行动失败往往归因于一种因果关系，就像“挑战

者号”案例中阻止发射失败一样。第二，通常对于发生的后果而言，具备一个因果关系也不是一种充分条件。一般而言，对于产生的结果，必须有一系列的因果关系出现。一个因果关系往往是导致结果发生事件链条中一个必需的组成部分，也就是说，没有因果关系后果就不会发生。

NASA 项目团队和莫顿·塞奥科公司管理团队的共同决定与航天灾难具有因果关系，因为它们都可以通过推迟发射来避免灾难。事实上，在挑战者号发射之前，两个团队都需要做出一个积极的决定。工程师博伊斯乔 12
利坚持说他没有机会采取行动。他已经做了在他的权力范围之内的一切去阻止灾难的发射，但是他没有足够的影响。回想起来，他应该能够通过通知媒体来使得事情公开，他也应该能够在进程的早些时候进行干预——在电话会议之前——确保 O 形环问题在此之前已经得到更好的解决。

可预见性

一个对某事负有责任的人必须能够认识到他/她的行为可能会产生的后果。实际上由于违反相关规范而导致不良后果是一种危害行为。如果人们根本没有预料到可能发生的后果，那么他们就不可能去承担责任。我们所期望的是使人们尽一切可能来了解可能产生的后果。

在挑战者号案例中，工程师博伊斯乔利、莫顿·塞奥科公司管理团队和 NASA 代表（项目小组）都可能预见到挑战者号的灾难，因为三者都能意识到当 O 形环暴露在较低温度下会受到侵蚀的危险性。这一因素也意味着在这种条件下安全发射不能得到保证。尽管这里没有确凿的科学证据表明发射是不安全的，但所有的相关方都意识到发射可能导致灾难发生，这也说明满足了可预见性的条件。

行动自由

最后，一个负责任的人必须有行动的自由，即行动必须不是被迫的。比如，人们被迫做出某些决定，那么他们要么是不负责任的，要么是在较小的程度上负责。然而问题在于，究竟什么才算是强迫的。例如，在受到威胁之下发展特定的技术，一个人可能是“被迫”或受操纵工作，因为如果他不合作，他将会失去晋升机会。在这种情况下，严格地说这个人并不是在被迫之中发展特定的技术，他仍然可以采取不同的行动。因此，他仍然要对自己的行为负责。然而，由于他也并非是完全自由的，所以我们可以说，在这种情况下他要承担的责任与他在可以自由选择参与这项技术发展情况下相比要小的多。

美国宇航局项目小组面临多重压力。发射已经被推迟多次，这意味着可用于其他太空任务的时间变得非常有限。也有来自热心公众的压力，这在很大程度上是由于麦考利夫（英语教师）所引起的。莫顿公司也感受到了美国宇航局的压力，因为负面的建议可能会阻碍与美国宇航局的进一步合作，并会带来经济上的消极后果。而对工程师博伊斯乔利来说，可做的事情是有限的。他能够做的唯一的一件事大概是通知媒体去阻止灾难，但这会给他和他的家人带来负面后果（例如解雇）。这三种情况对美国宇航局、莫顿公司、博伊斯乔利所造成的压力并没有强大到限制他们的自由行动。相比他们实际中可以做到更多其它的事情，他们并不是被迫去做这些事情。不过，对博伊斯乔利来说，你可以认为负面的个人影响可能会削弱
13 他的责任。

第四节　积极责任与工程师理想

> **积极责任（Active responsibility）**：相对于个体或一定事情而言，在某事发生之前积极履行义务或职责。

> 马克·博文斯提到以下积极责任的特点：
> · 对破坏规范的充分感知
> · 考量后果
> · 自主性，如能够自己独立的做出道德决策
> · 表现出的行为是基于一个可验证的和统一的规范做出的
> · 严肃对待角色义务　（Bovens，1998）

我们只有在事情做错时，才会考虑上述责任问题（消极责任）。即使没有发生任何问题或者即使我们认识到有向好方向转变的机会，也从一开始就存在责任问题。我们将把它称为**积极责任**——如果某人主动为某事负责，而这件事他/她将用这样的方式行事，即尽可能避免不想要的后果发生，并实现积极的结果。积极责任主要不是责备，而是处理事情时需要一定的积极态度和相应的品格特质。哲学家们把这种积极的态度或品格特质称为美德（见第三章）。

此外，主动承担责任不仅仅能防止技术的负面效应，也能实现一定的积极影响。

理解工程师积极责任的一个方式是要观察工程师的**理想**。 14 理想概念具有两个显著特征。首先，理想是观念或努力，这种观念和努力对于拥有他们的人们来说是特别的激励和鼓励。其次，他们的目标是实现最佳化或最大化（做到最好），这是典型的理想。因此，理想常常需要努力奋斗，而又不可能完全实现。在实践过程中，职业工程师通常是被数个理想所驱使，例如希望赚很多的钱或满足一定程度的好奇心。理想可以是个人的理想，但也可以是社会的或道德的理想，例如想要通过实现某种技术来改造世界；鼓励人们选择一个工程领域进行学习和工作，也是一种理想类型。这些理想与专业实践直接相关联，因为它们与工程专业密切相关，或它们只能通过职业的工程师实施。我们把这种理想称为**职业理想**。职业理想是职业责任的一部分，它们被限定在职业道德所允许的范围内。下面，我们将讨论三种不同的工程师职业理想，并且将确定这些理想在道德上是否是值得赞扬的。

> **理想（Ideals）**：某人拥有做某事的特殊的动机和愿望，以及旨在获得一个最大的胜利或成功。
>
> **职业理想（Professional ideals）**：理想与一个职业紧密联系，或者唯一的目标是追求推进职业发展。

一　技术热情

所谓**技术热情**是指努力开发新的技术和接受来自技术挑战的理想。这种理想激励了许多工程师。塞缪尔·弗洛尔曼（Samuel Florman）称之为“工程内在的乐趣”（Florman，1976）是非常合适的。关于技术热情的一个好案例是谷歌地图的发展，通过互联网，这一程序可以把地球的表面放大。这是一个出色的设计，但它产生了各种各样的道德问题，例如在隐私领域（你可以非常详细地研究对面邻居的花园）和在安全领域（恐怖分子可能利用它实施攻击）。在最近的一个以谷歌地图为对象的纪录片中，一个程序开发人员承认这些都是很重要的问题。然

> **技术热情（Technological enthusiasm）**：理想是努力开发一种可能的新技术，并接受技术挑战。

而，在程序开发时，这些开发者当时并没有考虑到这些重要问题，因为他们被“使每个人可以通过他/她的电脑研究地球”这一技术实现可能性的挑战所驱使。

技术热情就其本身而言并不是道德上的错误；实际上它对于工程师及工作而言是积极的，并能成为一种内在的动机。技术热情固有的危险性在于技术可能带来的负面影响以及相关的社会约束是容易被忽视的。这已通过谷歌地图得到了例证。下面是一个较为极端的人物沃纳·冯·布劳恩(Wernher von Braum)的案例（见下文）。

人物

沃纳·冯·布劳恩（1912—1977）

布劳恩作为太空计划创始人而闻名，1969 年 7 月 20 日，这个太空计划把人类第一人送上月球变成可能。在 7 月 16 日前几天，阿波罗 11 号宇宙飞船（把宇航员送出地球）已经在土星 5 号火箭帮助下发射了，土星 5 号火箭的主要设计师是布劳恩。美国阿波罗登月计划的负责人山姆·菲利普斯（Sam Phillips）说，如果没有布劳恩，美国人将不会这么快就到达月球。后来，在他对同事说完之后，他回顾了自己的评论，声称没有布劳恩，美国人永远不会给登陆月球画上句号。

布劳恩在德国长大，他从小就对火箭技术着迷。根据一则轶闻，布劳恩在物理学和数学上并不是特别的出色，直到他读了一本由赫尔曼·奥伯特（Hermann Oberth）所写的《飞往星际空间的火箭》的书。他认识到如果以后想去建造火箭，就必须认真学习这些学科。在 20 世纪 30 年代，布劳恩参与德国军队研制火箭。1937 年，他加入希特勒的国家社会党，1940 年成为纳粹党卫军成员。他后来解释说，他是被迫参加那个政党的，他从未参与任何政治活动。然而这在历史上是有争议的。无论如何，这都是一个引人注目的争论，在回顾他加入国家社会党时，他说：“我拒绝加入国家社会党就意味着我必须放弃我一生的工作。因此，我决定加入”（Piszkiewicz，1995，p. 43）。当然，他一生的工作都奉献给了火箭技术，他对事业的热爱是他生命中一个不变的特征。

在二次世界大战期间，1944 年开始的针对伦敦城进行部署的 V2 火箭发展中，布劳恩在扮演一个重要角色。在 V2 火箭的研发和生产过程中，更多人可能被杀死——估计有 1 万人——远远超过实际爆炸过程中被杀的人（Neufeld，1995，p. 264）。德国人安排来自米特拉—朵拉（Mittelbau-Dora）集中营的囚犯去帮助进行 V2 火箭的生产，布劳恩可能也意识到这些人恶劣的工作条件。

因此，有很多事情可以证明，冯·布劳恩想要加入纳粹党卫军的主要理由是被精心策划的：通过这样一种方式，他就可以继续从事他在火箭技术领域的重要工作。1943 年他被纳粹党人逮捕，随后被释放了。据说，他涉嫌 16
妨害 V2 计划，证据在于他曾明确指出，战后 V2 技术应该在太空旅行方面得到进一步发展——当他为美国人工作后，这一理想最终得以实现。1945 年，当时布劳恩意识到，德国人会战败，他安排把他的团队移交给了美国人。

在美国，布劳恩最初的工作是研发用于军事目的火箭，但后来他在太空旅行计划扮演一个关键角色，这个计划最终在人类首次踏上月球时达到顶峰。布劳恩最大的梦想也因此成为现实。

来源：Stuhlinger and Ordway（1994），Neufeld（1995），and Piszkiewicz（1995）.

二　效力和效率

工程师们倾向于为效力和效率而努力。**效力**可以被定义为一个既定目标的实现程度；**效率**可以被定义为目标的实现和所需要的努力之间的比例。

> **效力（Effectiveness）**：在何种程度上完成既定的目标。
>
> **效率（Efficiency）**：目标的实现与所需要的努力之间的比例。

驱动工程师为效率和效力而努力的是对他们有吸引力的理想，因为显然它是中立和客观的。它似乎并不涉及任何政治或道德的选择，而是包含了许多工程师的主观经验，并因此希望去避免这类选择。例如，效率就是这样。相比之下，人类福利也可以被工程师所定义，同时也经常被量化。例如，工程师们能够限定一个电站发电效率，还可以测量和比较发电效率。下面是一个把效率看作理想的工程师，弗雷德里克·温斯洛·泰勒（Frederick W. Taylor）的案例（见下文）。

人物

弗雷德里克·温斯洛·泰勒（1856—1915）

泰勒是一名美国机械工程师。他被称为效率运动的创始人，他因发展科学管理而著名，科学管理也被称为泰勒主义。

在他的所有研究中，最出名的是时间——动作研究（工时学）。他致力于科学建立在生产过程中所必需的“行动—运转—工人”体系，并确立运转它们要花费多少时间。他把相关的行为分为单独的动作，借助于秒表
17 的帮助，排除所有被认为是不必要的动作，并且努力确立必要的运转所需花费的精确时间。他的目标是在这种认知基础上，使整个生产过程尽可能高效。泰勒主义通常被看作是试图更多尽可能地压榨工人劳动，并且在实践中它也常常以这种方式来计算，但这并不是泰勒的首要目标。他认为以科学的方式，通过优化利用工人提供的劳动，而不用对他们要求太多就可把这些流程组织起来，并用最佳的方式去执行这些流程。他坚持认为他的方法将终止工会和管理层之间持续的冲突，从而使工会成为多余。他还对他发现的不科学和低效的管理表达了不满。在他看来，拥有工程师的洞察力并用一个更好和更有效的管理形式，能够使他们处理事情的方法达到极致。

在 1911 年，泰勒发表《科学管理的原则》，解释了科学管理的四大原则：

1. 在工作流程科学研究基础上，科学管理替代当前使用的大拇指规则方法。

2. 以一个科学方式去选择、培养和发展每一个员工，而不是让员工按他们自己的想法去做。

3. 根据开发的科学原则，真正地同工人一起劳动，工作就能够完成。

4. 在管理层和员工之间近乎平等地分配工作和责任。配备最好的管理工作：运用科学的管理原则规划工作，并且工人实际上也完成了任务。

泰勒是一个杰出的工程师——例如，在一段时间内他是有影响力的美国机械工程师协会（ASME）主席——当把他的想法传递给他人时，他才取得初步的成功。这一观点虽然并没有被所有的工程师接受，但因为有大量的追随者，最终产生很大的影响力。效率观点符合 20 世纪初的时代精

神。美国二十世纪的前二十年被称为“进步时代”。当时工程师们把他们自己展现为一个有能力增进工业利益和保障社会福祉的专业团队。这也常常意味着解决社会问题的工程方法在某种程度上是最佳的。泰勒努力实现的高效而科学的管理模式非常完美地诠释了这一图景。 18
来源：Taylor（1911），Layton（1971），Nelson（1980）.

尽管许多工程师不可能做到像泰勒一样做事，但泰勒还是试图有效地设计整个生产过程——并且最终还令社会成为一个整体，这也形成解决问题的一个典型的工程方法。效率是一个理想，它使工程师具有权力。因为效率——至少在第一印象中——让人们很难反对并且似乎可以被客观测量。工程师实现权力的期望在泰勒的时间管理中扮演一个重要角色。在美国，效率运动造就大型资本主义公司的崛起，以往是管理者制定规则而工程师仅仅负责执行规则，而效率运动致力于去改善工程师在管理关系中的地位，泰勒认为工程师才是唯一真正能胜任的管理者。

然而，从道德角度来看，效力和效率并不总是值得追求的。这是因为效力和效率假定一个关于他们所衡量的外部目标。这个外部目标是消耗最少的不可再生的自然资源来产生能量，它甚至会带来战争或导致种族灭绝。这不是巧合，纳粹工程师如艾希曼（Eichmann）对他有效率的工作方式感到骄傲，这个方式使得他们能够为欧洲所谓的“解决犹太人问题”做出贡献。“解决犹太人问题”导致了600万犹太人和其他被纳粹认为是低人一等的群体——像吉普赛人和精神病患者被杀害（Arendt，1965）。因此效力和效率在道德上是否值得追求，在很大程度上取决于他们使用的目的。所以，虽然有些工程师持相反的态度，但对一种技术效力和效率的衡量标准依然是负载价值的。它为采用的技术提出一个特定的目标，而这个目标是有价值的。此外，测量效率需要计算输出（外部目标）和输入之间的比值，且输入的选择是负载价值的。例如，一种技术就成本而言可以是有效率的，但就能耗而言则不是。

三　人类福祉

工程师的第三大理想是为增加人类福祉做出贡献。美国机械工程师协会（ASME）和美国土木工程师学会（ASCE）的伦理章程指出：“工

程师应利用他们的知识和技能增强人类福祉。”这里福祉包括健康、环
19 境、可持续发展等价值追求。许多伦理规范指出：“工程师应该把公众的安全、健康和公共福祉放到至高无上的地位”（例如，国家职业工程师学会规范，见第二章）。值得注意的是，根据不同的工程专业，相关的价值表达会有所不同。例如，对软件工程师而言，环境和健康的价值很少会得到关注，而系统的保密性和可靠性对他们来说更加重要。在工程师对人类福祉的追求过程中，最重要的价值是安全。下面是一个对安全价值坚定拥护的工程师，荷兰土木工程师约翰·凡·韦恩（Johan van Veen）的案例。

人物

约翰·凡·韦恩（1893—1959）

韦恩被称为三角洲工程设计的创始人，在1953年洪水灾难之后，一个庞大的用来保护荷兰西南部海岸的计划付诸实施。这场灾难导致1835人死亡，超过72000人被迫离开他们的家园。

在灾难发生前，有迹象表明堤坝是没有达到标准。1934年，人们发现许多堤坝可能太低。1939年，维美费尔德（Wemelsfelder），一个为河口、过低的河流下游和沿海地区提供研究服务的公共机构的雇员，提出可用系列模型来支持这一假设。甚至在1953年大灾难发生之前，韦恩已经强调需要关闭某些河口。

20 在此之前，韦恩在代尔夫特（荷兰西部城市）学习土木工程，1929年他到研究服务部工作，后来成为这里的管理者。在对水利工程历史的兴趣以及公共事业机构工作基础上，他逐渐相信，由风暴引起的洪水带来的危险已经被大大低估，他认为堤坝确实太低。韦恩坚持自己的信念，这个信念很快为他赢得了一个绰号“新卡珊德拉”——“卡珊德拉”是特洛伊的女祭司，她早就预言特洛伊城的沦陷。他甚至在1955年出版的专著《清淤、排水、开拓》第四版结尾语部分用了假名卡珊德拉。据韦恩（卡珊德拉）说，他1937年已经警告过人们堤坝的位置太低。在他1962年出版第五版书中，韦恩透露，事实上他就是卡珊德拉，他关于堤坝太低的报告并不受欢迎。事实上，这是故意对公众保密的。据说韦恩

曾发誓对此事保持沉默。

1939 年韦恩成为新成立的暴雨洪水委员会秘书。在这个职位上，他对荷兰进一步的防御计划给予更多地考虑。在公共辩论中，他坚持关于需要与淤塞作斗争和形成咸水盆地计划的论点。毫无疑问，这是因为他不能公开发表他的安全观点。

尽管 1953 年之前，在公共工程机构中对现存堤坝的强度能否禁得住一场猛烈的洪水的怀疑越来越多，但这并不是一件众所周知的事。不仅公共工程机构，还有有关部长，都对一场洪水灾难发生的可能性保持沉默。在那时，媒体并不热衷于发表这种凄惨的故事。由于很少甚至没有关于堤坝不安全的报道，因此泽兰居民对灾难感到非常意外。也没有迹象表明，在 1953 年灾难发生之前采取改善风暴预警系统和援助网络的措施。如果这样做，那么无疑只有很少人会丧失生命。

来源：ten Horn-van Nispen（2002），Van der Ham（2003），De Boer（1994）.

从道德角度来看，增加人类福祉的职业理想是几乎没有争议的。有人可能想知道服务于人类福祉是否是工程师的道德义务，但如果他们选择这样做，这确实是值得称赞的。因此，从道德角度看，这个理想与上面讨论的其他两个理想有所不同。正如我们已经看到的技术热情、效力和效率的理想不一定是道德上值得称道的，虽然它们也不总是在道德上受到谴责， 21
这很大程度上取决于技术应用的目标，以及其所产生的副作用。此外，在这两种理想中，还存在遗忘技术道德尺度的危险。另一方面，用人类福祉的理想来确认工程师的专业实践在道德上并不是中立的，并且对于其他人的目标来说，工程师所做的也不仅仅是中立的事情。

第五节　工程师与管理者

工程师一般是挣工资的普通员工，在公司的管理层次上往往是在管理人员之下。正如其他专业人员一样，这可能导致冲突，因为一方面，他们对工作的公司有责任；另一方面，作为一个工程师的职业责任，包括——

正如我们所看到的——对人类福祉的责任。下面我们将会讨论处理工程师与管理者之间的紧张关系和潜在冲突的三种模式：分离主义、技术统治论和揭发内幕。在特定情况下工程师可以采取这三种模式来对抗管理者，但它们也反映更为一般的社会框架，这种框架可以处理工程师和管理者之间潜在的紧张关系。

一　分离主义

在“挑战者”号灾难发生几个月后，工程师博伊斯乔利曾说过下面一句话：“我必须强调，我从来没有想把任何管理者的权力给予工程师，并且基于这种权力而去做决定……我曾为很多公司工作过……我真的相信……比那些我已经试图做的，我完全没有必要做任何进一步的事情。”（Goldberg，1987，p. 156）这样一种观点可以被称为**分离主义**：“应用技术应该是科学家和工程师的事，但管理者和政治机构应当做出合适的价值决策。”（Goldberg，1987，p. 156）**三方模型**充分说明分离主义的思想。

> **分离主义（Separatism）**：科学家和工程师应该应用技术，而合理的管理和政治机构应该做出价值决策。
>
> **三方模型（Tripartite model）**：一个模型，指出工程师仅仅能够对于产品设计承担责任，而不能对更广泛的社会后果或关注承担责任。在三方模型中，存在三个独立部分：政治家、工程师和用户。

在三方模型中，区分三个独立的部分（图 1.1）。第一部分包含政治家、决策者和管理者，设立工程项目和工程产品的目标，并在不干预工程问题的情况下利用资源。他们也不越过工程项目的基本底线。第二部分涉及关心设计、发展、创造以及执行这些项目或产品的工程师。最后一部分，使用者——包括那些使用各种各
22 样技术的个体。根据模型，工程师可以只负责产品的技术创造。

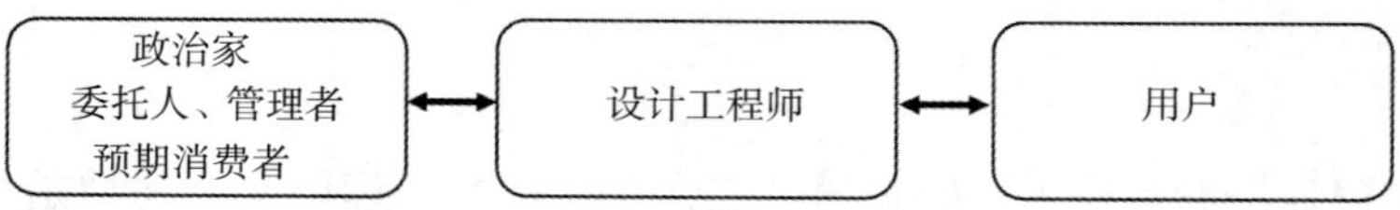

图 1.1　三方模型

三方模型（Van de Poel，2001）最初来自于鲍尔斯（Boers），它的假设条件是工程师的责任仅限于他们自己做出的工程选择。设计任务的制定、技术应用的方式和所有应用技术的后果并不被认为是工程师责任的一部分。根据这一观点，工程师的责任是将自己限制在职业责任中，他们必须对他们的雇主、客户、同事负责，却把公众排除在外。布劳恩的案例很好地说明这种情况。虽然布劳恩接受工程师的从属地位，但他不断地寻求实现技术理想的途径。在这一理想追求过程中，他对其工作应用的社会后果以及委托任务中那些不道德的意图并没有给予关注。他的信条必须是："在战争时期，作为一个战斗的士兵、一个科学家或一个工程师，不管他是否同意政府正在实施的政策，他不得不拥护他的国家。"（Stuhlinger，Ordway，1994，p. xiii）这样一种角色可以被描述为**"职业杀手"**。这类角色危险的一面大概可以用美国歌手汤姆·莱勒（Tom Lehrer）诗词中的话来概括[①]：

> **"职业杀手"（Hired gun）**：没有任何道德考虑，尽心尽力执行雇主的任何任务。

一旦火箭发射升空，
谁关心它们落到哪里。
"这不是我关心的。"
冯·布劳恩说。

二　技术统治论

工程师作为"职业杀手"另一种选择发展是由弗雷德里克·泰勒提出。他认为，工程师应在公司管理中扮演管理者角色，在政府中替代政治家治理社会。这个提议便导向**技术统治论**，也就是由专家治理政府。基于此，工程师应该扮演技术专家角色，只有按照工程师的设计才最有利于公司或社会。由于一些原因，技术专家作用也存

> **技术统治论（Technocracy）**：专家治理政府。

① 文本出自歌曲 Wernher von Braun（沃纳·冯·布劳恩），收录于 1965 年汤姆·莱勒的专辑 That Was The year That Was。

在一些问题：首先，目前尚不清楚掌握独特专业知识的工程师是否允许他们合法地称为技术专家。正如我们所见，使用诸如明显是中性词（如效率）的背后，折射了整个世界的价值观和利益冲突。诚然，工程师确实拥
23 有特定的技术知识，并且他们也应该知道诸如一项技术可能涉及的风险等问题。当通过技术来追求潜在的目标或达到可接受的风险等级时，他们并不比他人拥有更多的知识（技术统治论的谬误，见第四章）。其次，它是不民主的和家长式的作风。我们谈到的**家长式作风**，就是说当一群人——在这个案例中就是工程师——基于假设工程师比其他人知道什么对他们自己是更为有益的，工程师也为他人做出（道德）决策。通过这种方式，家长式作风否认人们有权去塑造自己的生活。这与人们的道德自主性相冲突——人们有能力决定什么是对他们是好的和正确的。道德自主性常常被认为是一种重要的道德价值。

家长式作风（Paternalism）：对其他人做出（道德的）决策是基于假设他们比其他人更多的知道什么对这些人才是有益的。

三　揭发

案例

伊内兹·奥斯汀（Inez Austin）

奥斯汀是在西屋汉福德（Westinghouse Hanford）公司的少数女性工程师之一，1989 年，她成为该公司在汉福德核站点的一名高级工程师，当时这个站点是美国华盛顿州的钚的生产机构。1990 年 6 月，她因为安全原因而拒绝批准这个计划，即把放射性废物从一个古老的地下单壳罐注入双壳罐。她的拒绝导致其雇主对她进行一些报复行动。1990 年，她得到在她工作 11 年中的员工最低评级。她的精神健康状况受到质疑并被建议去看心理医生。“她在骚扰和恐吓面前以勇敢和坚持不懈的努力去阻止潜在的涉及核废料污染的安全危害；奥斯汀女士的行为反映工程师最重要的职业责任——保护公众的健康和安全——并且对她的同事起到模范带头作用”，1992 年，奥斯汀获得美国科学促进学会（AAAS）颁发的科学自由与责任

奖。然而，1996 年，因揭发关于未经训练工人的安全性和合法性问题的第二个泄密事件后，她失去了工作。

来源：http://www. onlineethics. org/CMS/profpratice/exempindex/austinindex. aspx (2009 年 9 月 22 日)。

第三个角色模型是由韦恩提出。就像博伊斯乔利一样，虽然他在很大程度上接受他作为工程师的从属地位，但是他努力从内部和外部寻找渠道来表
达自己对安全问题的不满。上文提到一个揭发者奥斯汀案例。如果一个雇员 24
在没有经过其雇主同意，为了消除危害或警告公众而进行揭露，这就是**揭发**（Martin and Schinzinger, 1996, p. 247）。危害不仅包括侵害公众健康、安全和环境，也包括可公诉的罪行——违反法律和法规、欺骗公众或政府、贪污、诈骗、摧毁或操纵信息，以及滥用权力，包括性骚扰和歧视。正如上文中所显示的揭发很可能导致与雇主发生冲突。事实上，揭发者往往要付出巨大代价，可能涉及的不仅是失去工作，而且也很难再次受雇，甚至会失去家人和朋友。①

揭发（Whistle-blowing）：公司雇员在没有经过他/她的上级同意情况下，为了消除弊端或警告公众危害的后果而把危害公开。

揭发指南

当揭发符合道德要求时，商业伦理学家理查德·德·乔治（Richard De George）提出以下指南：

1. 揭发者所属的组织，已通过其产品或政策对公众造成严重的或相当大的危害（无论是对其产品的使用者、无辜的旁观者，还是普通公众）。

2. 揭发者已明确伤害的威胁，把它报告顶头上司，指出威胁本身并提出异议，并得出结论是上司不会做出有效行动减少伤害。

3. 揭发者用尽组织内部的其他所有内部程序（例如，把它报告到组织内尽可能高的层级）——或至少利用尽可能多的内部程序，做出理性判断认为已危及他人和她自身的安全。

---

① 对举报人的法律地位和相关举措的保护的更多细节见第二章。

4. 揭发者已经有（或有可信的）证据应该表明一个理性的、公正的观察者认为她确实受到威胁。

5. 潜在的揭发者有充分的理由相信，揭示威胁将（可能）在合理的成本上防止危害的发生（考虑到所有的事情）。（De George，1990）

揭发者往往被视为道德上值得赞扬的人。然而，让工程师——或者其他职业人士——职业道德过度地依赖于这样的做法似乎也并不可取。虽然揭发内幕有时是不可避免的，但是作为处理工程师和管理者之间潜在冲突的一个通用的社会框架，它并不能令人满意。首先，揭发内幕通常迫使人们做出巨大的牺牲，并且也可能遇到这样的问题：即期望普通的职业者做出这样的牺牲是否合法。其次，揭发的效力往往受到限制，这是因为一旦揭发，管理者和职业人员之间的对话就已经不可避免地被破坏。如果在早期阶段用更具建设性的方式，那么职业人员的担忧将会被解决，而这也似乎更加有效。这就需要一个角色模式，即工程师作为职业人员并不一定要站在管理者的对立面。这也意味着，工程师们必须能够认识到他们的职业在实践中产生的道德问题，并能与其他参与者一起用一种建设性的方法来探讨解决。

第六节　技术发展的社会境域

并不仅仅由工程师对技术的发展和后果负责，除了管理者和工程师，还存在着其他行动者影响着技术发展和相关社会后果的发展方向。我们在这里使用的术语**行动者**，是指任何个体和组织都可以决定如何行动以及可以按照他们的决策行动。一个公司是一个行动者，因为它通常有一个可以代表公司利益做出决策的董事会，并且能够实现这些决策。而一个暴徒通常不是一个行动者。根据在技术发展中的不同作用，可以区分以下各种类型的行动者：

行动者（Actor）：能够做出决策并依此开展行动的任何个体或组织。

• 技术的开发商和生产商，包括工程公司、工业实验室、咨询公司、大学和研究中心，所有这些通常都会聘用科学家和工程师。

• **使用者**是使用技术和对技术的功能制定有一定的愿望和要求的人。技术的使用者是一个非常不同的群体，包括公司和个人（消费者）。

• **监管者**，比如政府，制订工程产品必须符合的规则或章程，其中不仅有关于健康和安全的要求，也有对竞争者关系的要求。监管者还可以通过补贴的手段去刺激技术进步。 26

> **使用者（Users）**：包括使用一项技术的个体，以及对一项技术的功能提出某些愿望或要求的个体。
>
> **监管者（Regulators）**：制订工程产品的规则或章程，促使工程产品必须符合安全和健康的要求，并按照规则协调竞争者之间关系。
>
> **利益（Interests）**：参与者努力追求的事情，因为与他们的利益相关或对他们有好处。

这里也有其他的行动者可能参与技术开发，例如，专业协会、教育机构、利益团体和工会（见图1.2）。所有的行动者都有一定的**利益**——因为这些事情对他们来说是有益的或有利的，他们都会努力争取。不同行动者之间的利益往往会发生冲突，因此他们在技术发展的理想方向上并没有一个统一意见。

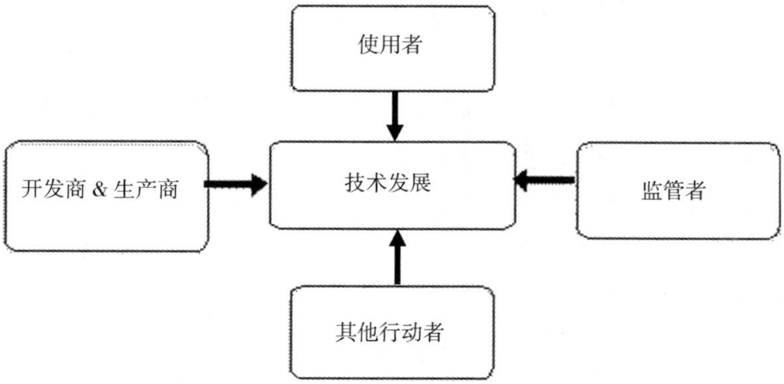

图 1.2　行动者的技术发展图

除了行动者影响技术发展的方向之外，我们还要区分**利益相关者**。利益相关者是在技

> **利益相关者（Stakeholders）**:在发展技术过程中，与利益相关的行动者。

术发展中有利益关系（如“股份”）的行动者，但是他们并不是能够必然地影响技术发展方向。例如，生活在核电站计划施工现场附近的人们。很显然，虽然这些人对将建立什么类型的反应堆以及它们有多安全都有着利益关系，但他们并不能影响技术的发展。当然，这样的群体可以组织起来并努力在技术发展中发挥影响力，他们可能取得或多或少的成功。利益相关者不仅是相关的，而且从道德的角度来看也是非常重要的，因为他们可能成为真正影响技术发展的行动者。正如我们已经看到的，利益相关者是那些利益在技术发展之中的行动者。人们常常认为，道德和伦理要求我们不能仅仅因为他们缺乏能力而忽视这些行动者的利益，而是应该以某种方式考虑到他们的利益。①

案例

聚四氟乙烯的发明

罗伊·普朗克特（Roy Plunkett），一位在杜邦公司工作的28岁化学家，1938年被要求为电冰箱开发一种新型的、无毒的冷却剂。因此，他把一种很少使用的混合剂和可能拥有制冷性质的四氟乙烯填充到金属管中。当他准备把混合物从金属管拿出来时却发现什么也倒不出来，但是这根金属管比正常的金属管重了60克。因此，一定有某物在里面。在锯开金属管之后，发现一种暗淡而油腻的、蜡状的、白色粉末黏在金属管边
27 上。没有人知道这是什么，因此他们开始用这种完全不同的物质进行实验。它被命名为聚四氟乙烯，在“tef”（化学家们给四氟乙烯起的绰号）后加后缀“lon”（杜邦公司新产品常常使用的后缀）。

杜邦公司投入大量的时间和金钱来精确地把握聚四氟乙烯的特性。生产聚四氟乙烯被证明是复杂的和昂贵的。它第一次使用是在第二次世界大战，其作用是为了加强原子弹的闭合环。直到1946年，在被介绍给公众之前，聚四氟乙烯一直保持着神秘状态。

如今，聚四氟乙烯已经有了广泛的使用。最有名的是用作煎锅的涂层。尽管长期以来聚四氟乙烯被视为神奇材料，但是它最近受到一些质疑。2005年，美国环境保护局（EPA）科学顾问委员会发现，全氟辛酸（PFOA），一

① 在后面的章节，我们将对假设的原因作更详细讨论。

种用于制造聚四氟乙烯的化学化合物，是“可能致癌的”；虽然环境保护局在其网站上强调（2010年），“在当时，关于潜在的风险，包括癌症，没有做出任何明确的结论”。[①] 2005年，美国食品和药物管理局（FDA）科学家们在含有聚四氟乙烯的厨房炊具中发现了少量的全氟辛酸（Begley et al.，2005），当时杜邦公司科学家们并没有在这样的锅中检测全氟辛酸（Powley et al.，2005）。2006年杜邦公司致力于消除全氟辛酸向环境的排放（Eilperin，2006）。然而，一个普遍的看法仍然是“经过50年的经验证据和广泛的科学研究都支持全氟辛酸不会对人体健康造成不利的影响”。[②]

来源：Grauls（1993，pp. 123 ff）.

技术评估（Technology Assessment，TA）：探索未来技术发展并评估它们潜在的社会后果的系统方法。

科林格里奇困境（Collingridge dilemma）：这种困境是指一个控制技术研发方向的双重约束问题。一方面，在技术研发早期阶段，它往往不能预测新技术所带来的后果。另一方面，一旦（负面）后果出现，它要改变技术研发的方向已变得非常困难。

建构性技术评估（Constructive Technology Assessment，CTA）：在技术发展的过中，在努力使用这些技术的同时，将结果反馈给技术的研发和设计。

在技术发展中，指导技术发展的可行性不仅受限于大量行动者参与的事实，而且也受限于技术发展是一个不可预测的过程（如上文聚四氟乙烯）。经过一段时间，各种各样的方法和路径被开发出来处理技术发展的不可预测性特征。其中我们熟知的一门学科**技术评估**（TA）主要来完成这项工作。最初，技术评估用于早期检测技术发展并对可能产生的负面影响做出早期预警。虽然这样的早期检测和预警是重要的，但越来越明显的是，在技术研发的初期往往不可能预测到新技术带来的后果，如聚四氟乙烯的案例。另一方面，似乎一旦（负面的）后果出现，往往已经很难改变技术研发的方向，因为这项技术已深深嵌入到社会并且它的设计或多或少已经固定。戴

① http://www.epa.ga/oppt/pfoa/pubs/pfoarisk.html.

② http://www2.dupont.com/Teflon/en/_US/keyword/pfoa.html.

维·科林格里奇（David Collingridge）最先对它进行描述，此后，这个问题
28 被称为**科林格里奇困境**（Collingridge，1980）。现在已经发展出各种各样的方法来克服科林格里奇困境，其中最著名的是**建构性技术评估**（CTA）。建构性技术评估的主要想法是，技术发展的过程中，在努力使用技术的同时，将结果反馈给技术的开发和设计（Schot，1992；Schot，Rip，1997）。建构性技术评估旨在扩大设计过程——不仅仅涉及行动者，还把在技术研发过程中的相关利益、代价和价值都考虑进去。此外，这也意味着利益相关者在技术研发中获得更大的发言权。

技术发展的社会背景对于工程师责任的影响是什么？在某种意义上，它减少工程师的责任，因为它表明工程师仅仅是许多从设计到技术研发的行动者中的一员，并且他们不能单独决定技术研发及其产生的社会后果。但在另一种意义上，它又扩展了工程师的责任，因为他们不得不把各种利益相关者和他们的利益考虑在内。工程师不能像技术专家那样孤立地去决定什么是应该做的，在技术发展中，他们需要考虑其他利益相关者并要与之讨论。

第七节　小结

在本章中，我们讨论工程师的责任。责任概念有不同的含义。一种责任或义务，意味着要为你的行动及其产生的后果提供一个解释；如果你不能给出一个满意的解释，你会受到谴责。应受谴责通常适用于四个条件：不当行为、因果关系、可预见性和自由。此外，问责和应受谴责的责任对于预防伤害和做善事起到积极作用。

负责任有两个主要依据：你在社会和道德考量中扮演的角色。工程师应承担两个主要的角色职责，一个是作为工程师的职业责任，另一个是作为雇员应承担的责任。作为工程师你必须遵守建立在工程师角色的范围内的职业责任，它限制在职业道德允许的范围之内。我们通过考察工程师的三种职业理想：技术热情，效力和效率，以及人类福祉，认为它们是三种潜在的工程师职业责任。前两个理想在道德上并不总是值得称赞的，甚至
29 当追求一些不道德的目标时，实际上可能导致更加不道德。第三种理想在

道德上是值得赞美的并因此成为工程师职业责任的一部分。

一名工程师的职业责任有时与作为一个雇员的责任相冲突。我们已经讨论处理这种潜在冲突的三种模式：分离主义、技术统治论和揭发内幕。分离主义意味着工程师的职业责任受限于工程问题并且所有的决定都由管理者和政治家做出。这种模式缺点是，工程师可以不为非道德的目标服务，但却忽视公共福祉的工程理想。技术统治论意味着工程师接管管理者和政治家的决策权。这种模式的一个缺点是，工程师并不具备专门知识，来为他人决定人类福祉是什么或什么是足够安全；另一个缺点是这个模型是家长式作风的。揭发意味着，作为一个工程师，在公共场合谈论公司中的某些弊端或可能带来危害。虽然揭发有时可能是必要的，但它并不是一个处理工程师和管理者关系的有吸引力的模式。除了以上三种模式之外，工程师和管理者只有更多的合作和相互支持才可能更好地工作，这种模式意味着工程师需要考虑比工程决策更广泛的问题，而不是单独就技术问题本身作出决策。

工程师的责任在技术研发的社会环境下更加复杂。除了工程师，一些其他行动者也参与技术的研发。这减少工程师对技术后果的责任，也减弱对后果的预测。同时，这需要引入额外的责任，因为工程师们也需要把其他利益相关者和他们在新技术研发中的利益考虑在内。

问题研究

1. 根据博文斯的观点，积极责任的五个特征是什么？

2. 积极责任和消极责任之间的区别是什么？

3. 当确定一个人对某一行为及其所产生的后果承担消极责任（应被指责）时，通常应用什么标准（条件）？

4. 假定某人的行为对他人造成伤害，为了表明第一负责人对伤害负有消极责任需要满足什么附加条件？

5. 你认为莫顿公司要对“挑战者”号灾难负责吗？在回答这个问题时，可参考责任标准并使用相关信息。

6. 考虑下面情况：一位参与设计商务旅行小飞机 XYZ 类型的工程师，发现他使用错误的软件来计算所需机翼的力量。他使用一个标准的软件包，但现在意识到这种软件包不适合这种特定类型飞机的设计。同一天，他发现 XYZ 类型飞机坠毁，四位乘客遇难。调查表明飞机坠毁是由于机翼设计不当造成。

你认为这位工程师对飞机失事和四人遇难负责吗？（如果你认为信息不足以得出这个判断，请指出你需要什么信息来做判断，该信息又将如何影响你的判断）

7. 一般来说，没有人会否认工程师对技术设计和/或工作所负有的积
30 极责任。只是在实践中，许多工程师会在其职责内发现问题。描述工程师应对技术承担责任的三个问题，并从工程实践中一一举出具体的实例。

8. 解释什么是分离主义，并说明为什么三方模型可以很好地诠释分离主义？

9. 为什么很难引导技术的发展？

10. 从道德角度解释，为什么在职业道德中理想的“公众福祉”对工程师而言是最重要的？

11. 在你的研究领域中，举一个技术热情的案例。在这个案例中描述的技术热情，在道德上是值得称赞的，还是道德上应受谴责的，亦或是中性的呢？论证你的答案。

问题讨论

1. 你认为博伊斯乔利在道德上应对“挑战者”号灾难负责吗？你认为他的分离主义观点合理吗？（见第五节）

2. 和公众相比，公司在道德上负有责任吗？在何种意义上公司与公众是有区别的？这种区别与道德责任有关吗？

3. 尽管揭发对你来说有非常负面的后果，如解雇或考绩不达标，你认为你有道德义务去揭发吗？

4. 以工程实践为例，说明什么是道德责任，如何超越角色责任？

第二章　行为规范

学习目标 31

完成本章的学习后，读者应该能够

- 详细说明职业规范和企业规范
- 区分理想型、建议型、强制型三种行为规范之间的差异
- 理解行为规范对工程师责任的作用
- 确定行为规范的优点和缺点
- 评估全球规范对跨国公司和工程师的作用

本章框架

第一节　引言　/　28

第二节　行为规范　/　29

　一　职业规范　/　30

　二　企业规范　/　35

第三节　行为规范的可行性和局限性　/　39

　一　行为规范和自身利益　/　39

　二　模糊性与潜在冲突　/　40

　三　伦理可以制定规范吗？/　42

　四　行为规范可行吗？　/　44

　五　强制执行　/　46

第四节　国际境域下的行为规范　/　48

　一　跨国公司的全球规范　/　48

　二　工程师的全球规范　/　52

第五节　小结　/　54

　问题研究　/　55

　问题讨论　/　57

32 # 第一节　引言

案例

湾区快速交通项目

1972 年 3 月，斯特斯（Holger Hsortsvang）、布莱克兹（Max Blakenzee）和布如德（Robert Bruder），三名在加州湾区快速交通项目（BART）中负责自动导引系统设计与制造的工程师遭到解雇。自 1969 年以来，这三位工程师已通过内部备忘录向经理提出安全方面的疑虑，但得到的回答是“不要多事”。1971 年，他们满怀信心地绕过他们的顶头上司把他们的疑虑反映给董事会成员。这种行为不管是对湾区快速交通项目组，还是对其他任何等级组织来讲，都是不合常规的。他们最终联系上的董事会成员对反映的问题很关注，承诺反映给管理层，并进一步承诺替他们保密，不做损害他们利益的事情。然而，两天后整个故事被刊登在《康特拉科斯塔时报》（*Contra Costa Times*）上。起先，这些工程师否认参与此事，而被证实参与后，他们在没有任何原因、也没有被允许申诉的情况下，被直接解雇。随后，他们将此事告上法庭。

33 在事件发生以后，电子和电气工程师协会（IEEE）作为一个重要组织参与进来。协会委托法庭之友给法院写了一封信（“法庭之友”是指第三方，跟本案件无关的一些人，主动自愿地提供一些法律观点以及与案件相关的一些信息以协助法院判断）。信中强调，根据 IEEE 职业规范，工程师应对“公众的安全、健康和福祉”负责。协会还主张职业规范是劳动合同隐含的一面。如果这种说法被法官所接受，那么这就意味着员工行为符合职业规范就不应该被简单驳回。

在这三位工程师被解雇以后，他们的疑虑在 1972 年 10 月 2 日被证实，也就是湾区快速交通项目开始正式运行三周后，发生了一个铁路系统方面的事故，导致几名乘客不同程度受伤。尽管如此，三位工程师仍接受庭外和解，据说是每人接受 25000 美元的赔偿。而根据推测，他们同意和解的原因是他们没有在第一时间承认参与该事件，使该案件变得对他们有些不利。别的姑且不说，仅仅被解雇这一点对三位工程师的职业生涯而言就是极其不利的。

来源：Anderson，Perucci，Schendel，and Trachtman（1980），Anderson，Otten，Schendel（1983），and Unger（1944，pp. 12－17）.

该案例中，三位工程师的行为体现职业责任感。这种关系到公众的安全、健康和福祉的职业责任被写入 IEEE 的行为规范。虽然职业组织支持他们的行为，但也不能阻止他们被企业解雇。在本章，我们将讨论行为规范在工程实践中的作用。我们将特别关注由工程职业协会制定的职业规范，以及由企业制定的企业规范。在第二节中，我们将讨论两类行为规范的结构和内容。在第三节中，针对行为规范，我们会讨论一些耳熟能详的反对意见。这也包括上面案例中提到的问题——即使按照这些行为规范办事，仍然可能遭到解雇。在第四节中，我们将讨论国际境域下的行为规范。

第二节　行为规范

行为规范是组织制订的、规范成员负责行为的指导方针。这些指导方针可以被详细地描述出来，也可以通过制定更广泛的指导行为和决策所需的价值观和规范来表明（Hummels，Karssing,2007）。行为规范通常是作为 34
法律之外一个必要的补充。行为规范常被制定规范的组织强制执行。对于工程师而言，有两种行为规范尤其重要：一种是由职业工程师协会制定的职业规范，第二种是由雇佣劳动者的企业制订的企业规范。

各种各样的理由促成行为规范，比如增强道德意识、职业或企业道德标准和价值观念的识别和阐释、推动伦理讨论、作为一种方式加强外部问责，最后到提高职业或公司形象。根据行为规范的确定目标，行为规范可以分为三种类型。[①]

① 具体的区别比较见 Frankel，1989。

行为规范（Codes of conduct）：组织（诸如公司或职业协会）制订的指导性方针，以引导其成员负责任的行为。

职业规范（Professional code）：由职业协会制订的行为规范。

企业规范（Corporate code）：由企业制定的行为规范。

理想规范（Aspirational code）：表达一个职业或企业的道德价值的规范。

建议规范（Advisory code）：规范的目标是帮助具体工程实践中的职业个体或企业员工作出道德判断。

强制规范（Disciplinary code）：规范的目标是让所有职业个体或企业雇员的行为都符合一定的价值和标准。

1. **理想规范**，代表职业或公司的道德价值观。目的是向外界表明职业或公司致力于实现的价值。

2. **建议规范**，目的是帮助职业人士或员工在职业或公司的一般价值观和规范的基础上，对具体情况作出道德判断。

3. **强制规范**，目的是使职业人士或雇员的行为符合特定的价值观和规范。

许多工程师的职业规范是建议性的。通常，他们具有以下更为具体的目标：在某个职业的日常活动中，提高道德问题的认知能力和敏感度；帮助分析和明确道德方面的关键问题；并最后帮助形成关于这些道德问题的一个判断。企业行为规范更多是强制性的，目的是要求员工按照具体的规定做事。职业协会和公司制订的行为规范，仅仅作为一种方式促使成员对其行为负责。其它方式还有如找个信任的人倾诉，或成立一个协会讨论道德方面的问题，或组织培训班来讨论如何处理道德方面的难题等。

一　职业规范

职业协会制定的职业规范是一个职业的行动指南。各种职业如医生、护士、牧师、律师、警察、企业经理人等都已制订职业规范，同样地，工程师亦有行为规范。

什么是职业？

每个**职业**都有具体特征。但具体特征并没有一致的定义。而常见特征如下（例如，可参考 Layton，1971；Noble，1977；Disco，1990）：

1. 使用专门知识和技能，需要长期的学习。

2. 职业垄断：不是每个人都可以称自己为工程师或从事工程方面工作。

3. 对职业工作是否执行到位的评价只能由同行的专业人士判断，因为只有他们拥有足够的知识和技能并运用正确的评判标准。

> **职业（Profession）**通常具有以下特征：①应用特殊的知识和技能；②垄断性地控制工作；③仅能在同行中进行评价。另外，有时候也会提及两个特征：④服务社会；⑤伦理标准。

有些作者增加两个另外的特征（例如，Davis，1998；Harris，Pritchard，and Rabins，2005）。

4. 以服务社会为理想，为社会提供有价值的产品、优质服务和对社会有益的职业价值观。

5. 道德标准（伦理标准）：起源于或与服务社会的职业理想密切相关，并被用来管理职业的日常实践活动。

这些作者认为职业规范是以一种服务社会的理想和道德标准来管理职业。但是那些在职业定义中不包含后两个特征的作者则对其职业规范的目的持怀疑态度。他们强调职业是为自我服务的，职业规范的基本目标可能是获取社会地位和其他特权。

历史上，工程师的工程职业规范始于1771年的英国斯密顿（Smeatonian）协会的规范。对当前工程师职业规范影响最大的是20世纪前十年在美国形成的关于土木工程、机械工程和电气工程等的工程职业规范。早期工程师职业规范主要涉及成规方面。职业规范不仅管理什么人可以进入职业、约束成员之间的行为等，还协调雇主和客户的关系。早期的职业规范没有解决工程所提出的广泛的社会问题，但这种情况在第二次世界大战后有所改变。在第二次世界大战期间，德国人对人体使用毒气和进行科学实验损害了科学技术的形象；而原子弹更加清楚地表明，技术会带来一定的道德问题。 36

案例

原子弹

1932年，詹姆斯·查德威克（James Chadwick）发现了中子，后来它被证明是核裂变和发现原子弹的关键因素。匈牙利科学家利奥·西拉德

(Leó Szilárd) 也在1933年10月发现，如果一个元素俘获一个中子会释放两个中子时，就会建立链式反应（Jungk，1958，p. 54)。这种链式反应产生大量能量，可以用来制造能源，也可以用来搞破坏。同一年，希特勒在德国掌权，西拉德逃到伦敦以躲避纳粹迫害。因为西拉德担心这一发现被德国政府滥用，故而游说各方不要公布这方面的研究成果，不过显然他并不很成功。

1934年，恩里科·费米（Enrico Fermi）和伊伦·约里奥—居里（Irene Joliot-Curie）研究团队在重原子上注入中子使其产生裂变。而当时这些科学家们并没有意识到他们已经实现了裂变。直到1938年，德国物理学家奥托·哈恩（Otto Hahn）用中子撞击铀产生裂变后，他们才认为裂变成功，而奥托·哈恩也被冠以“核裂变之父”之名。1939年2月2日，西拉德给居里写了一封信：“很明显，如果有一个以上的中子被释放，那么一种链式反应将会发生。在这种特定条件下，制造的炸弹将是极其危险的，特别是其掌握在政府手中的时候”（Jungk，1958，p. 77)，“我们都希望没有或至少只有极其稀少的中子排放，这样就没有什么可以担心”
37 (Jungk，1958，p. 77)。当时，居里夫人实现上述的链式反应，西拉德对她的团队公布的结果感到非常沮丧。

因西拉德担心德国可能研发原子弹，所以他开始说服美国政府方面推进研发。1939年8月，他成功地说服爱因斯坦给罗斯福总统写了一封信，对美国政府发出警告，因德国在这方面发展，强烈呼吁美国加大研究。1939年10月，这封信最终到罗斯福手上，并促成一个大型研究项目的建立，即所谓的“曼哈顿计划”（Manhattan Project)，而美国也最终制造出原子弹。战争结束后，爱因斯坦对此表示非常后悔：“如果我早知道德国人无法成功制造原子弹，我就不会多此一举”（Jungk，1958，p. 87)。

战争快结束时，一些在曼哈顿项目中工作的科学家们更加关心美国政府对其制造原子弹的使用。1945年7月，69位科学家签署由西拉德起草的请愿书。这份请愿书包含以下内容（www. dannen. com/decision/45 – 07 – 17. html)：

> 我们这些签名的科学家，一直从事原子能领域的工作。我们不得不担心美国可能会在战争中遭到原子弹攻击，而美国只能在遭受原子弹攻击时用来反击。今天，随着德国战败，这种危险不存在了，我们觉得必须说些什么：
>
> 战争即将胜利，使用原子弹很可能是结束战争的一种有效方法。然

而，我们认为对日本实施这样的攻击是不合理的，除非战后公布强加于日本的条款中表明，给过日本一个投降的机会。

增加条款会（在原子弹的发展方面）给美国带来约束性义务，如果违反这一义务，我们的道德地位将在全世界人们和我们自己的眼中被严重削弱。对于我们而言，将已经释放的毁灭性力量置于控制之下的责任会变得更加困难。

签署的请愿书最终没有送达杜鲁门总统。1945 年 8 月 6 日，美国在广 38
岛投下名为“小男孩”的原子弹；随后 8 月 9 日，在长崎投下名为“胖子”的原子弹。至 1945 年年底，原子弹爆炸在广岛杀害多达 14 万人，在长崎杀害 8 万人。1945 年 8 月 15 日，日本宣布向盟国投降。

主要来源：Jungk（1958）.

第二次世界大战后，一个旨在恢复科学与技术的社会形象的职业规范被建立起来。1950 年，德国工程师协会（VDI）起草制订了一份工程师誓言，这明显受到在二战中一些因扮演角色受到质疑的工程师和科学家的影响。职业规范中有一条规定，工程师不应该为那些不尊重人权的人工作。[①] 同样地，在美国，大多数职业规范在二战后被改写，工程师服务于公众利益的职责在新的规范中被特别强调出来。如国家职业工程师协会（NSPE）、美国土木工程师学会（ASCE）和美国机械工程师协会（ASME）都在其行为规范中明确表示：“工程师应把公众的安全、健康和福祉放在首位”。

除了国家级工程协会，欧洲还有一个重要的职业组织，它是由德国和法国的一群工程师在 1951 年成立的欧洲国家工程协会联合会（FEANI）。目前，其会员包含欧洲的 29 个国家。[②] FEANI 制定了职业工程师行为的共同声明，可以由成员国在他们职业规范中实施。FEANI 规范明显不同于大部分美国的规范如 NSPE 规范，主要体现在内容方面；FEANI 规范内容比较模糊，细节较少，不像 NSPE 规范那么详细。

工程师的职业规范提出工程师的责任，表明职业的道德规范和价值。大多数现代的职业规范涉及三个方面：正直、诚实，有能力；对雇主和客

① 德国工程师协会（VDI）：《工程师的反思》，1950 年。

② www. feani. org.

户的义务；对公众和社会的责任。

（1）正直、诚实和有能力的职业实践

正直（Integrity）：个体存在的道德价值、标准和义务。

诚实（Honesty）：告知某人相信为真的充分的理由，并提供所有相关信息。

利益冲突（Conflict of interest）：当个体或职业在追求利益时，可能与履行对于雇主或其他客户的职业义务存在冲突。

所有的职业规范都包括职业的**正直**和**诚实**义务，而且有践行这种义务的能力。这也是所有传统职业规范的核心部分。胜任的职业能力是指从业者本身必须是有能力的，而且其职业技能必须足够熟练。这也意味着从业者必须受过良好的教育，必须使其工作的领域跟上时代潮流，有足够的能力从事其领域内的工作。正直、诚实意味着我们的
39 职业行为必须是以诚实、忠诚和真实的方式进行。也就是说事实就是事实，不能被遮掩，协议也必须得到尊重。规范有时候也规定职业者必须以独立、客观的方式开展工作。这通常意味着工程师应避免利益冲突。当你追求的利益与对雇主和客户的利益产生矛盾时，就说明存在**利益冲突**。这可能是私人利益，如当你必须向大客户介绍如何使用测量装置时，正巧你持有这家生产测试装置公司的股票；比如当你推荐两个有竞争关系的公司时，也有可能涉及到其他专业者的利益。虽然利益冲突并不必然导致不道德的行为，但最好避免这方面的情况；因为它会破坏你的职业判断，并降低你作为一个工程师的可信度。如果利益冲突不可避免，它至少应该向利益相关方公开。

工程师应提供其能力范围内的服务。（NSPE 规范）

工程师的公开声明应保证客观、真实 。（NSPE 规范）

工程师的专业职责不能被利益冲突影响。（NSPE 规范）

工程师应在必要的水平上保持相应的能力，而且他们有能力完成相应的任务 。（FEANI 规范）

（2）对客户和雇主的义务

对客户和雇主的义务在大部分职业规范中已被提及。在很多情况下规定，工程师应服务于客户和雇主的利益，他们必须为雇主和客户的信息保密。

工程师应是每一雇主或客户忠实的代理人或受托人。（NSPE 规范）

工程师在未经同意的情况下，不得披露现在或以前雇主、客户或他们所服务公共机构的有关业务或技术方面的机密信息。(NSPE 规范)

工程师应为雇主和客户提供公正的分析和判断，避免利益冲突，并遵守保密协议。(FEANI 规范)

(3) 对公众的社会责任和义务

几乎所有的职业规范都在以这样或那样的方式来强调工程师的社会责
任。经常被提到的有：安全、健康、环境、可持续发展、公众福祉等。根 40
据有限的职业规范，工程师必须告知公众他们所涉及的相关技术可能对公
众造成的风险和危害。

工程师应把公众的安全、健康和公众福祉放在首位。(NSPE 规范)

工程师在任何时候都应致力服务于公众利益。(NSPE 规范)

工程师应坚持可持续发展原则，为子孙后代保护环境。(NSPE 规范)

工程师应履行责任，以防止对健康和安全造成本可避免的危险，防止对环境造成本可避免的不利影响。(FEANI 规范)

二　企业规范

> **企业社会责任（Corporate Social Responsibility）**：在符合法律和服务股东利益的基础上，企业在最大程度上对利益相关者和社会的责任。

企业规范是企业或企业协会自愿承诺通过设定一定的价值、标准和原则作为企业的行为准则。企业规范通常比职业规范更贴近现实。企业规范的制定兴起于二十世纪六十年代和七十年代，主要是企业针对丑闻做出反应（Ryan，1991）。根据2001年和2002年的一项调查显示，世界上最大的200家企业中，有52%的企业制订企业规范（Kaptein，2004）。下面我们将讨论各种企业规范的主要要素：目标、核心价值观、股东责任、具体的原则和准则。

企业社会责任

企业规范的制定基于这样的一个设想，即企业有一种**企业社会责任**，要对利益相关者和社会承担一定的责任。有学者并不认同这个设想，他们认为一个公司的责任是在法律允许的范围内赚取一定的利润。这种传统观

点起源于现代经济学创始人亚当·斯密（Adam Smith）。斯密认为，所有的生产者和消费者都只是追求他们自己的利益，而市场的无形之手会作出调节，让每个人都过得很好（Smith，1776）。现代经济学家、诺贝尔奖得主密尔顿·弗里德曼（Milton Friedman）就是这种观点的坚定支持者。弗
41 里德曼认为，企业只对其股东负责，不对其他利益相关的人、社会或环境负责（Friedman，1962）。他认为企业考虑其他利益相关者的利益和观点是不可取的。这从以下两点可以得到证明：第一，企业承担社会责任的花销最终都是股东的钱，这一支出与其利润最大化存在冲突。第二，企业并没有民主选举。当企业在道德允许或需要的范围内制定规范时，他们把这种规范强加于雇员身上，并没有任何的民主合法性。如果对企业行为的某些限制是可取的，那么它们必须由政府制定，而不是企业制定。

也有对此持反对意见的。第一，其他利益相关者的责任与股东的利益之间并非总是相冲突的。企业明确其社会责任，即企业的活动没有负面影响是其底线，而它们可以带来积极的影响。换句话说，“道德是我们无法承受的奢侈品”被“伦理责任”所取代（Paine，2000，p. 329）。第二，法律并不总是能足够地或有效地防止不道德的行为。不是所有的道德行为都会在法律中被明确提出来，法律也往往落后于技术发展。企业相比政府而言，可能有更好的能力去应对新技术带来的道德问题。因此，他们有责任承担法律以外的要求。

宗旨声明

许多企业规范中都包含宗旨声明，它简要阐述企业的战略目标并回答组织支持的问题。

微软宗旨是要帮助全世界的个人和企业充分发挥他们的潜能，而我们所有的共同努力都是为了实现这一宗旨和价值。（微软宗旨）

默克公司的宗旨是通过发展创新来给社会提供优质产品和服务，提高生活质量、满足客户需求，为员工提供有意义的工作和晋升机会，并为投资者提供优越回报率。（默克公司——一家制药公司的宗旨）

核心价值

核心价值是一个公司认为可取的品质、商业行为和效果。它们作为一种态度吸引员工，但并不包括具体行为规范。经常被提及的价值观包括团

队合作、责任心、坦诚沟通和创造力。[①] 另外，比如顾客导向、灵活性、效率、职业精神和忠诚等也经常被提及。 42

作为一个企业和个体，我们需要具有以下品质。

- 正直和诚实。
- 对消费者、合作伙伴和技术有极大的热情。
- 开放和尊重他人。
- 勇于承担巨大挑战。
- 勇于自我批评、自我完善和个体自我超越。
- 在承诺、结果和品质方面，对客户、股东、合作伙伴和员工负责。

——微软

利益相关者的责任

大多数企业规范也明确各种利益相关者如消费者、员工、投资者、社会和环境的责任。竞争对手和供应商有时也被称为利益相关者。通常，在对环境承担的责任方面，欧洲比美国更加重视；而与之相反，美国比欧洲或亚洲更加重视竞争对手应承担的责任。

利益相关者原则（Stakeholder principles）：引导企业和它的利益相关者关系的原则。

对于客户而言，提供质量好的产品和服务通常也被认为是一种责任。同样地，可持续性、提高消费者的健康和安全也是一项重要的议题。对于员工来说，经常提到的责任包括个人发展、尊重、平等机会等；对于社会，最大的责任是遵守法律。作为一个良好的企业和公民，对社会应有所贡献，而提高生活质量、可持续性和尊重人权等方面的责任则不太被重视。

除了利益相关者的责任以外，一些公司的规范中也包含**利益相关者原则**，用来指导企业和利益相关者之间的关系。提到最多的原则是透明度、诚信和公平（Kaptein，2004）。在美国，诚信比透明度更加重要，而欧洲和亚洲则相反；日本公司则认为信任才是最重要的。

下面引用洛克希德·马丁（Lockheed Martin）公司制定的伦理规范和商业行为标准。

---

① 这里和下面关于公司行为规范内容的描述参见 Kaptein（2004）。

我们承诺：

● 对员工，我们将致力于做到诚实、公正管理、公平，提供安全、健康和自由的环境，以及尊重每个人应有的尊严。

● 对客户，我们将致力于提供优质产品和服务，并以公平价格及时交货。

● 对我们生活和工作的社区，我们将致力于遵守环保的商业行为，做
43 一个负责任的好邻居和各方面表现良好的好公民。

● 对股东，我们致力于在不过度冒风险的情况下，追求利润的增长；在资产和资源配置方面实行财政纪律；对所有需要披露的事务准确、及时地公开报道和沟通。

● 对供应商和合作伙伴，我们致力于公平竞争，做一个好的负责任的客户和团队伙伴。

规范和规则

规范和规则指导员工如何在特定情况下采取何种行为，特定情况包括接受礼物、欺诈、利益冲突、保密、盗窃、贪污、贿赂、歧视、尊重和性骚扰等。

下面是英特尔公司的一些准则，告诉我们如何适应企业的经营理念。

● 员工无论在何时何地都需要遵守法律，不得从事损害英特尔或自己声誉的行为；如果不想让你的父母或孩子知道，甚至让他们蒙羞，就不要去做。

● 员工必须避免实际存在和可能发生的利益冲突。

● 对客户和供应商都必须做到一视同仁，公平对待。

● 员工必须从不尝试贿赂，从不以不当方式影响政府官员、客户或供应商。

以下两个例子来自 IBM 的伦理与合规行为文件：

一般来说，员工接受供应商的邀请参加一个娱乐活动或体育赛事是不合适的。不过如果参加娱乐或体育活动，如高尔夫或网球比赛，

确实有助于建立或维持业务关系，则是合适的。在接受邀请前，员工必须取得副总裁、区域销售经理或采购主管的批准。员工必须能够很好判断出什么时候接受这类邀请是合适的。

如果为了加快货物通关，货运代理不遵守法律法规，或以金钱或物品贿赂政府官员，这都是不可以接受的。而只要遵循规章制度，不贿赂不违法，加快通关的要求则是可以接受的。

第三节　行为规范的可行性和局限性

正如我们所认识到的，行为规范有助于明确工程师的责任。因为它们是从积极的角度来讨论这些责任。当然，依然有一些反对意见与其达到势均力敌的地步。下面我们将讨论一些主要的反对意见。在评判这些反对意见时，应当记住行为规范的目的可能各不相同，特别要注意理想规范、建议规范和强制规范之间的差异。反对强制性规范的不一定反对建议性规范，反之亦然。虽然下面讨论的反对意见表明一些行为准则的局限性，但 44
都没有足够的令人信服的理由来证明行为规范是不可取的。当然，这在很大程度上取决于规范的制定和实施。

一　行为规范和自身利益

行为规范是一种自律准则。有时候，它们是为了自身利益而制定的，例如，提高个人形象，避免政府监管，压制不同意见。其中一个案例就是约翰·托泽（John Tozer）事件（见下文）。

案例

约翰·托泽

1989 年，澳大利亚工程师托泽批评考弗斯（Coffs）港口当局将污水注入大海的决议。据他说，地方政府的工程师在对环境影响方面给了人们一个错误的印象，而他们也没有进行妥善调查。随后，这些被质询的工程师将托泽从澳大利亚咨询工程师协会（ACEA）开除。托泽因公开批评其他（相关）工程师的工作，违反职业规范而被指控。由于被吊销执照，他的咨询公司再也不能获得要求具备 ACEA 会员资格的客户合同。

来源：Beder（1993）.

事实上，从自身利益出发来制定行为规范不一定会引起反感，只要规范符合道德标准，并且可以被严格执行。为了确保这一点，各利益相关者都可以一起参与行为规范的制定和实施，这样也可以使行为规范更加完善。

装扮形象(Window-dressing)：未依据实际事实而特意做出一种良好的表象。

如果一个行为规范仅仅服务于公司和职业利益那就是**装扮形象**。如果一个公司在外表现出良好的形象，但又不能代表公司或其员工的实际行为，我们认为这是在装扮形象。在装扮形象的案例中，有可能存在这种情况，即行为规范公布于众的时候，其组织成员并不了解。装扮形象的危险性在理想规范事例中尤为明显，因为他们往往都是比较空泛而模糊的。

二 模糊性与潜在冲突

把行为规范应用到具体场合，有时候面临着概念模糊不清和规则需要具体解释的情况。在特定情况下，根据对这些概念和规则的准确解
47 释，行为规范可能会产生自相矛盾。

从行为规范有关的概念来看，需要进一步澄清和解释的是“忠诚”。例如，NSPE 行为规范要求工程师成为每个雇主或客户的忠实的代理人或受托人。这意味着工程师需要对公司保持忠诚（Harris，Pritchard，Rabins，2005，p. 191）。但什么是忠诚呢？比如说，在本章引言案例中我们所讨论 BART 的三个工程师。难道因为他们说了反对组织的话，他们就不忠诚吗？如果把忠诚解释为盲目的忠诚，答案是肯定的。哈里斯、普里查德和罗宾斯（2005，p. 191）把**盲目的忠诚**界定为“如同雇主自己界定的、把自己的利益置于其他所有的考量之上那样，把雇主的利益放在首位，而不考虑其他因素”。然而这种盲目的忠诚有可能被误导（Martin，

> **盲目的忠诚（Uncritical loyalty）**：超越其他所有的考虑，把雇主的利益放在首位。
>
> **批判的忠诚（Critical loyalty）**：在尽可能地考虑雇员个体和职业伦理的情况下，对雇主利益给以充分关注。

Schinzinger，1996，pp. 193 – 195）。首先，人们可能不赞同雇主的利益。在 BART 案例中，人们可能认为在技术问题上保持沉默不符合 BART 组织的利益，如果是这样，BART 工程师的行为就是忠诚于公司的。其次，人们也会怀疑是否公司利益真的凌驾于其它方面。哈里斯、普里查德和罗宾斯提出**批判的忠诚**概念，由于他们认为"只要是在员工个体和职业伦理规范的约束下，充分考虑雇主的利益"就是忠诚的。

除了含糊不清外，行为规范在规范自身或不同规范之间也可能存在不一致性。如下面三种不同行为规范中的保密和信息披露条款：

1. NSPE（国家职业工程师协会）

除非法律或规范要求，否则工程师在没有雇主或客户事先授权的情况下，不得披露事实、数据或信息。（实践规则 1c）

工程师对违反准则的行为应及时上报给专业机构，如有必要，则报告给政府当局，并配合政府当局取得需要的信息或协助。（实践规则 1f）

2. FEANI（欧洲国家工程协会联合会）

工程师应……遵守保密的义务。

工程师应支持在技术问题上的公开辩论，并有能力发表他们的意见。

3. IEEE（电子电气工程师协会）

我们，电气电子工程师协会的会员……同意承担责任，并做出符合公众的安全、健康和福祉的工程决策，并及时披露可能危及公众或环境安全的因素。

三种规范之间有很大的差别。IEEE 不包含保密义务，而其它两个则包含。相反，FEANI 规范要求在遇到违反规范或公众可能处于危险当中的时候，需要冷静地通知第三方。因为这个规范只是一个大的框架，协会成员所在国家会有更详尽的解释。还要注意的是，NSPE 规范要求，如果违反了 IEEE 准则，各方都应该被通知到。然而，IEEE 规范鼓励 BART 工程师将信息公之于众，NSPE 规范则要求他们通知相关当局，FEANI 准则的描述则不是很清楚。如果有人把“促进公众辩论”解释为告知公众可能存在的危险，那么也可能有人认为在准则 2 的基础上，工程师有权将之公布于众。这个解释使促进公众辩论与保密规则之间存在冲突，尽管可以通过“促进公众辩论”避免，但这个冲突在规则范围内是无法解决的。这种“促进公众辩论”不可公开机密信息，即使该机密信息可能是技术系统的
48 故障。

这个例子在某种程度上说明行为规范的模糊性，不同规范之间的潜在矛盾也是不同的。这也意味着这种模糊性和冲突是可以避免的，NSPE 已经进行了一些努力。此外，NSPE 伦理审查委员会过去刊登一些匿名的案例，对某种特定的行为是否符合行为规范做出判断。[①]

三　伦理可以制定规范吗？

有些作者认为，制定行为规范的观点是错误的，因为他们认为伦理是不可以编成规范的。在某种意义上，这种反对意见是上文观点的一个反映。批评行为规范含糊不清和存在潜在矛盾的人担心这些规范在特定行为上与规定不一致；认为伦理不能编成规范的人往往担心严格的行为规范与伦理会存在冲突。除此之外，我们还考虑伦理不能编成规范的另外三种不同的观点。

一种观点认为，伦理要求个体的道德判断，而不是盲目服从一种规范（Ladd，1991）。康德认为，遵守一种行为规范是有其动机的，就是担心被惩罚，而道德行为则要求个体自主决定（见第三章）。然而，纵使道德要求自主决定，它也不会遵从必然会导致盲从行为的规范。盲从行为指的是在使用行为规范上不加判别。但是，建议性规范与道德自律的人在是否遵
49 循其准则上不存在冲突。规范的强制性方面依然存在争议，因为强制性规范的目的就是要严格执行规范要求。[②]

第二种观点认为，行为规范不具备道德约束力（Ladd，1991）。下面

① www. niee. org/cases/index. htm.

② 然而也有观点认为强制性规范是非道德的。

是一些关于行为规范为什么具有约束力的讨论。即使有人反对行为规范促成达成契约，人们也可能认为行为规范是对现存的道德责任和义务的一种表达。在这种情况下，虽然行为规范规定的道德义务不能凌驾于原有的道德要求之上，但它并不能说明行为规范是多余的。它可能依然是有作用的，比如，提醒人们他们的道德责任和义务。

为什么行为规范具有道德约束力？

行为规范的道德约束力有以下三种解释：

第一种解释是，行为规范在工程职业和社会其它方面之间需要一个隐性契约（Harris，Pritchard，Rabins，2005）。根据这一解释，职业人士提供一个道德理想来换取相应特权，如社会地位、市场垄断和丰厚的薪水。在这种情况下，职业人士已经接受职业规范的约束，因为这相当于他们与社会签订一份隐性契约。该契约明确职业行为规范应该遵守的道德义务。

第二种解释是由迈克尔·戴维斯（Michael Davis）提出，他把职业定义为："职业是从事相同工作的一些个体自发组织，它以一种道德允许的方式，但又超过法律、市场和道德要求下，以公开服务于某种道德理想来谋生"（Davis，1998，p. 417）。这个定义的重要特征表明，职业是一种自愿选择。根据戴维斯的定义，工程师确实需要职业规范。这样的规范是有约束性的，因为作为职业的一员也就意味着你与你的同事已经签署一份隐性契约。契约创建了一个公平竞争的环境，这样所有的职业人士都可以追求道德理想。

第三种解释是行为规范不具备道德约束力，但是它明确相应的道德责任。例如，迈克尔·普里查德（Michael Pritchard）认为，工程行为规范是建立在共同的道德观基础上的（Pritchard，2009）。

类似的观点在企业规范中也可以看到。这可以被视为（1）公司与协
会的合同，或（2）公司与员工之间的合同，或（3）公司和员工都要承 50
担的道德责任和义务。

第三种观点是，假定存在一种放之四海皆准的通用标准来表述道德规范。统一用一种行为规范会受到质疑，因为无论是从学科类别（土木工程、机械制造工程、电气工程和航空航天工程等）来看，还是从相关活动

（研究、设计、检测、维护和维修等）来看，工程都是复杂多样的。然而，反对意见认为应该采用各种针对性的行为规范（Dancy，1993）。基于上述分析，不难看出，在具体情况下需要对行为规范进行具体性解读。

关于上述三种观点，要注意以下两点：首先，这些观点只不过是直接针对强制性规范，而这些规范需要严格规定并强制执行。强制性规范的解释空间是有限的。此外，强制性规范目的是要符合道德规范，或者至少要有法律约束力。这种观点在与建议性和理想性规范相比较时，很少有其说服力。其次，第一和第三种观点是比较合理的。也就是说，在制定行为规范的时候，尽量避免解释的空间是不可能、也是没有必要的。换句话说，某种程度的模糊性和一些潜在的冲突都是可以接受的。

四　行为规范可行吗？

行为规范的部分条款，有时在实践中是难以或不可能去遵循的。比如，职业规范可以为维护或反对雇主的利益提供理由，如本章引言的湾区快速交通项目案例。总的来说，在某个技术项目中，如果对公众的安全、健康或福祉有不利影响，职业规范要求工程师要及时、完整地告知公众。而根据很多国家法律，这种告知公众的责任有可能和工程的保密责任有冲突。如果在这种情况下，工程师在他们工作以外的地方发布这些消息，他们就属于揭发者（见第一章第五节第三部分）

从法律角度上看，工程师和其它员工通常处于一种弱势地位（Malin，1983）。不同国家情况有所不同，但是大多数国家的法律规定，要么劳动合同要求雇员有**保密义务**，要么给予雇主命令员工在这种情况下保持沉默的权力，或二者兼而有之。这样做有两方面原因：第一，保密义务可能出于保护一个公司的竞争优势。第二，避免员工将某些特定的信息公开，而对公司利益造成严重损害。在一些国家，违反保密义务可能会被解雇。另外，其他一些国

51 家如美国，公司可以随意解雇其员工，[①] 但是，员工可以要求公司承担因

> **保密义务（Confidentiality duties）**：雇员有义务保守秘密的信息。

① 国际劳工组织的第 158 条规定认为，“没有任何合法的理由，员工不能被解雇”，“在解雇前，要给员工自我申辩的机会”。美国没有批准该公约。

不公正理由解雇带来的伤害或损失。

保密义务限制

对公司强加于雇员的保密义务有一定限制。第一，在历史上，许多国家的言论自由都是受法律保护的，对言论自由的理解适用于国家和公民个人，而不是公司和员工个人的关系。根据法律，这是公民个体之间的基本关系。然而，法律也趋向于把这种基本权利如言论自由应用于组织和个人，但这并不意味着雇员有绝对的言论自由。需要对保密义务做具体权衡，或在雇员的言论自由权和雇主的合法利益之间找到一个平衡点。第二，在某些情况下，法律要求信息公开，或者向政府或公共检察官举报某些弊端。这些法律要求大于保密义务。第三，根据职业行为规范，有些工程师认为他们有职业责任公开一定的信息。湾区快速交通项目案例就是这种情况，即使有电气工程师职业协会和 IEEE 的支持，但效果也不是很好。第四，员工可以认为是为了公众利益，而公开某些信息。在法庭上，这些策略的成功似乎也是有限的。对此，一些国家已经制定专门的法律来保护揭发者（见下文）。在美国，立法保护揭发者已有 20 年。最近，揭发者得到更大的保护。通过揭露欺诈或滥用税收，揭发者得到巨额的奖励。然而，在某种情况下，揭发者通常只会获得有限的法律支持，且他们最终都几乎失去工作。

保护揭发者

有些国家已经开始尝试依法保护揭发者。美国和英国已经采取一些主要措施（Hassink，de Vries，Bollen，2007）。美国萨班斯 - 奥克斯利法案（SOX）在 2002 年开始强制执行。该法案要求公司在关于财务和审计方面采取内部举报政策；对行为准则涵盖下的违法行为，公司也可以采取相关措施。在 SOX 法案执行之前，联邦揭发者法规只涉及公共部门或相关的具体领域，如安全和环境。

英国 1998 年制定的《公共利益披露法》（The Public Interest Disclosure Act）保护内部和外部揭发者免遭报复，但是并没有关于公司揭发方面的政策规定。2003 年，英国金融服务管理局发布公司管理联合准则，鼓励公
司揭发政策制度化。公司应该遵循该规范，或解释他们为什么没有遵守。 52

如果在许多情况下工程师遵守规范反而遭到被解雇的命运，那么行为

规范是不可信的。对职业规范而言，要求工程师揭发就是一个很大的问题。不过，可以采取一些措施来使这些规范更多地发挥作用。首先，可以完善法律为揭发者提供更好的保护。其次，企业有权在其规范要求的范围内，在特定的状况下告知公众。企业也可以制定一些政策，以便员工确实可以依靠这些规范。一些公司，如化学方面的DSM，已经制定一些揭发政策或揭发程序。[①] 职业协会可以采取一些措施，比如一旦在职业规范与雇主利益有冲突的情况下，对工程师提供法律支持。IEEE 已经这样做过。一些职业机构，如 NSPE 也纷纷发布了遵守职业规范的公司名单。

五　强制执行

对于强制性规范而言，强制执行只是一个不得已而为之的手段。行为规范的积极执行似乎是个例外，尤其对职业规范而言。下面，我们将详细阐述其中的原因，并讨论强制执行的可行性。

职业规范

为什么职业规范经常没有被执行？一个明显的原因是它们常常是建议性的，而强制执行并不是建议性规范的目的。对于缺乏执行的根本原因，选择制定建议性规范而不是强制性规范，是因为职业规范不具有法律地位。而且，对于职业协会，执行职业规范可能也是有限度的。强制执行要求制裁，而职业协会会对其成员所能做出的最严厉的制裁通常是取消其会员资格。制裁的影响也是有限的，因为在大多数国家，职业协会的成员都是自愿加入的，并不必须按照工程师的职业规定操作。一个明显的例外是美国和澳大利亚的咨询工程师协会。在这些国家，如果他们没有被雇佣而想拥有自己公司的话，为了从事他们的职业，咨询工程师必须注册成为该协会的工程师。在其他国家，这种注册对于工程师这个特定群体而言也是必须的。如果注册是必须的，作为一个职业工程师由于没有注册也就丧失了工作资质，也有可能给他/她带来违反职业规范的后果。正如前面讨论的托泽案例，在大多数情况下，职业协会并没有强制执行自己的行为规范。

企业规范

企业规范通常也不具备法律地位。不过，与职业规范相比，强制执行

---

① DSM 预警，即对 DSM 预计的严重不当行为表达担忧的检举政策和程序。(2004)

或至少对规范进行监控在企业规范中更加普遍。在世界上最大的公司中，有52%报告对规范的遵守状况进行监测（Kaptein，2004）。一般来讲，企 53
业规范比职业规范增加更多的强制执行的可能性，这是因为相比职业协会，公司对工程师个人的日常工作影响更大，公司有更多的可能去激励或压制工程师的个体行为。最终，如果工程师违反行为规范，公司可以解雇他们。这种制裁比失去职业会员资格的损失更加严重。

企业规范也可以在外部执行，即可以通过一个外部的组织对其公司的行为规范进行评估，也就是所谓的**外部审查**。越来越多的公司在诸如安全、环境、社会问题和诚信方面，自愿接受财务和咨询公司的审查（Hummels，Karssing，2007）。外部评估的一个优势是有助于阻止企业规范被随意解释和执行。如果没有外部审查，可以想象的是，如果基层员工违反公司行为规范，他将会受到严厉的处罚；而对公司高层和执行规范的人士，则会以比较温和的方式进行处理。外部审查也能提升公司的可信度和形象，它需要一个认证标志，以向客户保证公司符合特定的标准。外部审查或执行可以通过分支机构来执行，这就要求整个商业部门有统一的行为规范标准。在一些国家，化工职业已制定这方面的行为规范。[①] 这种规范有一个额外的优势，只要公司遵循一定的道德标准，在经济或商业上就不会被处罚。

> **外部审查（External auditing）**：根据行为规范，由一个外部组织对一个公司进行评估。

相比许多职业规范，即使企业规范没有被执行，他们也能提供更好的选择来鼓励负责任的行为。原因之一是外部各方可以批评一个公司不遵守它自己的行为规范。当然，这也与职业协会的情况有关，但公司往往对外部批评比职业协会更加敏感。

案例

布伦特·斯帕尔（Brent Spar）储油平台

根据壳牌公司的行为规范，其致力于可持续发展（见附录四）。1999年，壳牌公司决定沉降而不是拆卸斯帕尔储油平台。英国政府同意这一选

① “责任关怀”（www.responsiblecare.org）。

择。但随之而来的是，壳牌公司承受环保组织的巨大压力，特别是绿色和平组织。该组织认为拆除更加环保，而沉降废旧的石油平台开了一个不好的先例。因为绿色和平组织能够动员公众和壳牌产品的消费者，并通过他们“占领”斯帕尔储油平台。面对压力，壳牌公司最终被迫没有沉降储油平台。

第四节　国际境域下的行为规范

54 一　跨国公司的全球规范

上世纪90年代见证了公司行为规范的激增和企业社会责任的日益加强。这些规范出现的时期也反映国家经济角色的重大转变，以及对跨国公司和外国直接投资政策的调整。上世纪70年代，许多国家的政府都在寻求管理跨国公司的活动，因为这些公司在发展中国家的行为遭到广泛批评。当地政府和工会组织声称，跨国公司未能与当地经济、社会和政治目标保持协调。由于失于调控，而把更多的努力放在吸引外国投资上，造成上世纪80年代是一个没有管制的时代。在全球经济中，外商直接投资开始达到前所未有的水平，跨国公司对发展中国家发展前景的影响显著提高。许多发展中国家/政府把外国资本当作经济发展的关键因素，并积极鼓励外商投资。然而，很少国家有实施企业监管的权利。结果，这使一些跨国企业降低投资环境，侵犯人权，并对当地和所在国家的发展毫无益处。认为在发展中国家，促进社会发展的最佳途径是简单地通过贸易和投资来增加经济活动发展的整体水平的观点正在改变。一个新的词语组成经济、社会和环境效益的“三重底线”（3BL或“人、地球和利润”）（Elkington，1994）。正是在这样的背景下，特别是在市场日益自由化的今天，最近一波的自主性规范就不难理解，它超越简单的业务或劳工事务，证明它们是被社会责任感所驱使的（Sethi，Williams，2000；Cottril，2000）。这些行为规范在全球化市场环境下也被认为是关键性的准则（Radin，2004）。上世纪90年代初，美国公司开始引入规范，并在90年代中期推广到欧洲。这些规范努力在两个方面对跨国公司产生影响：社会条件和环境。

然而，跨国公司的很多自主性行为规范在内部运作的经营原则上表达比较含糊。一些组织已经预料到这种情况，他们通过制订**全球行为规范**，促使跨国公司以此为导向来发展或修改其行为规范，尤其是关于发展中国家的投资准则。三大全球行为规范——考克斯邦德表（Caux Pound Table）原则（www. cauxroundable. org/documents/Principle% 20for% 20Business. PFD），经济合作与发展组织的跨国公司指导方针（The Orgnization of Economic Cooperation and Development），以及联合 55
国全球公约。“联合国全球公约”（UNGC）是世界上最大的全球企业组织，它关注的是通过提供一个框架来展示和构建业务和市场的社会合法地位，并致力于将实践和策略与在人权、劳工、环境和反腐败等领域的十项原则结合起来（见下文）。这一原则来自于《世界人权宣言》、《国际劳工组织的基本原则和权利宣言》、《里约环境与发展宣言》、《联合国反腐败公约》。许多跨国公司都参与联合国全球公约。联合国的举措是为了鼓励企业承担责任。虽然约定对公司不直接具有约束力，但是参与进来的公司都希望推动并遵循该公约规定的程序来解决涉嫌违规的行为。

全球行为规范（Global code of conduct）：被推广到全球的行为规范。

联合国全球公约认为，商业、贸易和投资是繁荣与和平的基本支柱。但在许多地方，商业贸易常常与一些严重的问题联系起来，例如剥削、腐败、收入不平等、阻碍创业和创新精神。根据十项基本原则，很多方面都可以建立信任和社会资本，这有助于更为广泛的发展和市场的可持续发展。

联合国全球公约原则

人权

原则1：企业界应支持并尊重国际公认的人权方面的保护。

原则2：确保企业不参与侵犯人权。

劳工标准

原则3：企业应维护结社自由，并对集体谈判权能够有效认知。

原则4：消除一切形式的强迫和强制劳动。

原则5：切实废除童工制。

原则6：消除就业和职业方面的歧视。

环境

56 原则7：企业界应当采用预防性方法来应对环境挑战。

原则8：主动承担更多的环保责任。

原则9：鼓励无害环境技术的发展和推广。

反对腐败

原则10：企业界应努力反对各种形式的腐败，包括敲诈和贿赂。

案例

壳牌，尼日利亚和奥贡：对不可持续发展的研究

“壳牌公司是一个全球性的能源和石油化工集团公司。我们的目标是以对经济、社会和环境负责的方式，帮助世界满足不断增长的能源需求”（www. shell. com）。壳牌公司参与了几个自愿的社会和环境组织的活动，比如联合国全球公约。

2008年6月4日，尼日利亚政府决定取代壳牌石油发展公司（SP-DC）——壳牌尼日利亚子公司——成为奥贡地区石油经营的操作者，以提供一个机会来结束有史以来最长的冲突之一，即跨国石油公司和尼日尔
57 三角洲当地社区之间的冲突。尼日尔三角洲曾经因多种多样的生态系统、肥沃的农田和丰富的渔业而被当作尼日利亚的粮仓。

奥贡和壳牌石油发展公司之间的冲突起源可以追溯到1958年尼日尔三角洲发现石油的时候。当时，尼日利亚仍然处于英国的殖民统治下，奥贡人像三角洲地区其他少数民族一样，曾经提出协议开发。然而即使1960年独立后，他们也并没有被给予真正的石油开采权。

当地有100多口油井，主要都是壳牌石油发展公司负责。在三角洲以外的其他地区，石油勘探和生产对奥贡地区的环境影响也是相当严重。石油泄漏到土地和水中破坏生态环境：村民一天24小时都是在伴生天然气燃烧环境中生活（有些已超30年），空气污染造成酸雨和呼吸问题，地上管道穿过很多村庄和农田。

壳牌石油发展公司拒绝接受环境影响的责任，并且在很大程度上不承

认这个问题。1995年底，壳牌石油发展公司的一份文件坚称："对奥贡地区和其他作业区域环境破坏的指控是不真实的。的确，我们存在环境方面的问题，但这些并不至于造成这种类似灾难的结果。"作为对社区关系批评的回应，壳牌石油发展公司坚称，奥贡地区大多数社会效益和基础设施方面的发展任务是政府的责任，而不是一个石油公司的责任。对于奥贡地区的投诉，它认为已经作出"及时、公正和完整"的回应，但在很多情况下，那些奥贡权利法案所阐述具有政治性的问题，超出其能力范围。

为了改变这种状况，1992年奥贡地区在肯·萨罗－维瓦（Ken Saro－Wiwa）领导下成立奥贡人民生存运动组织（MOSOP）。从一开始，它就采取非暴力的策略。MOSOP宣称，壳牌石油发展公司要承担对他们家园造成巨大破坏的责任，并谴责壳牌石油发展公司在尼日尔三角洲地区对奥贡人和其他人造成的不公正待遇。1995年，维瓦和其他13位组织领导人受到秘密的未经公开的审判，其中9人被处以绞刑。他们被指控煽动谋杀，所以这9人在没有任何上诉机会的情况下被处决。

大多数奥贡人民认为壳牌是这些事件的幕后黑手，但是公司强烈否认参与对奥贡人民的军事镇压。然而，以对他们固有的印象来看，他们的确参与了镇压。奥贡人民决心永远不准壳牌石油发展公司在他们的土地上恢复运营。许多人认为其承诺不使用武力，只会在当地社区的同意下才恢复运营是在故作姿态。从那时起，壳牌石油发展公司和奥贡之间的关系就一
直很紧张。 58

文中提到的一个主要问题，壳牌石油发展公司必须负责的是环境治理。虽然并没有大量研究来确定石油工业对人类生存环境的准确破坏程度，但是大量迹象显示其破坏是相当严重的。非洲人权和人民权利委员会认为，"奥贡的污染和环境恶化已经处于正常水平以下，它使得奥贡人民如同生活在噩梦中"。根据壳牌石油发展公司政策，如果环境破坏事件是由于他们操作不当直接造成的，公司负责清偿；但他们只就操作失败的结果支付赔偿金。当对环境损害是一种蓄意破坏的结果时（根据壳牌石油发展公司的实际运行，这种情况经常发生），公司无须按尼日利亚法律进行赔偿。尽管壳牌石油发展公司没有承诺它会根据联合国环境计划署的调查结果对破坏进行赔偿，但承诺将继续与计划署合作进行环境评估。

来源：International Crisis Group（2008），Boele，Fabig，and Wheeler，（2001）.

二　工程师的全球规范

世界经济的全球化也扩大工程师的工作空间。工程产品和生产设备往往超越了国界。工程师也需要穿梭于世界各地，并需要了解其他国家文化以便与其他国家的工程师交流。同一企业环境中，跨国公司会雇佣不同文化背景的工程师。因此，工程已经成为一个全球性的活动，越来越需要一个全球性的方法和可接受的全球性指南。

> **职业自治（Professional autonomy）**：理想是职业者个体通过仔细而认真的理性推理而得出他们自己的道德结论。

在促进工程伦理规范发展和相关教育活动方面，美国的工程职业已成为全世界的先导者。由于他们的领导，其他国家正在效仿、采用美国的规范。比如，全国职业工程师协会（NSPE）报告说日本咨询工程师协会已经使用他们的规范。他们还认为，其他相似的规范，也将很快被成立于1999年的日本工程教育认证委员会（ABEE）所采用（Luegenbiehl，2004）。不过这种做法可能会适得其反，因为它忽略日本和美国的文化差异。美国的规范基于“**职业自治**”概念基础之上：“把清楚、细致地审视道德问题看作是个体的权利，而不是灌输任何特定的信仰”（Schinzinger，Martin，2000，p. 14）。然而，并不是所有国家的价值观自主度都能像美国一样，比如，日本社会强调集体价值观的教育和社会实践，而不是美国的
59 个体主义。在美国，许多职业人士关注个体的职业发展，而日本的职业人员更致力于公司目标。大多数日本人都有强烈的忠诚感，所以揭发者在日本社会中可能不会被接受。正如工程伦理学家卢根比尔（Heinz luegenbiehl）所说：

理想的（美国）职业模式要求工程师在工程职业上有自主权，以便在面对企业自身利益时对公众有所保护。而另一方面，理想的日本模式要求工程师作为企业有机整体的组成部分来贡献自己的力量，以满足社会需要。在日本模式中，职业自主权是有限的；在西方模式中，职业通过它与社会签订合约来保证工程师工作质量。日本模式的公司提供同样的功能……就工程而言，公司负责、确保工程师的工作质量。工程师作为公司

员工的一分子，他们知道自己的命运与公司紧紧相连。同样的，公司认为自己的利益与国家利益紧密联系在一起。核心需求“公众的安全、健康和福祉”——工程伦理的主要目标，不是建立在个体利益基础之上的，而是通过公司来实现。(Luegenbiehl，2004，pp. 71－72)

其他一些评论家认为国与国之间有很大的文化差异，而且认为起草一份全球性工程师行为规范不会是一个简单的过程（Downey，Lucena，and Mitcham，2007），它需要不断努力去理解和欣赏不同的文化差异（Weil，1998）。我们了解一个相当成功的案例是最近的一个项目，根据北美自由贸易协定（NAFTA），为美国、加拿大和墨西哥的工程师制定共同的行为规范。该项目的目标为：在北美自由贸易协议规定下，研究与工程实践相关的伦理行为；制定一套多方都可以接受的伦理原则。

工程师全球规范面对的主要挑战是在文化差异中寻求共性。正如我们所看到的，作为全球工程师规范，自治不能作为一个毫无争议的普遍接受的基本条件。卢根比尔（2010）根据工程活动的性质和普遍原理，为工程师全球规范提出一些原则（见下文）。普遍的基本假定是，对于所有的工程师而言，即使文化背景不同，必须接受的一个前提是使用理性作为一个有效的决策工具。

全球环境下的工程师伦理原则

• 公众安全原则：工程师应当根据掌握的专业知识，致力于保证公众 60
安全，应避免因技术的发展和推动而造成严重的身体伤害。

• 人权原则：工程师应努力保障人的基本权利，确保其不会因为他们的技术工作而受到严重负面影响。

• 环境和动物保护原则：工程师应致力于避免对动物生存环境和自然环境破坏而导致严重的负面影响，包括对人类生命的长期影响。

• 工程能力原则：工程师应致力于只从事其工作能力范围内的工程活动。

• 科学判断原则：工程师应致力于在科学原理和数学分析基础上作出工程决策，并尽量避免受到外界的影响。

• 诚实信用和公开原则：工程师应致力于让公众了解他们的决策对公

众造成的潜在严重影响，并努力披露真实而完整的信息。（Luegenbiehl，2010）

在理查德·德·乔治（Richard De George）提出跨国公司在国际环境下指导方针的基础上，查尔斯·哈里斯（Charles Harris）为应用于发展中国家工程师活动提出全球规范的一些原则。但是，乔治的指导方针适用于跨国公司和他们的管理人员，它们不能简单地用在普通工程师身上。首先，工程师的负责范围比管理人员小。工程师主要负责设计、生产和技术的实施等，相比负责整个企业运作的管理人员，其范围要窄很多（Harris，1998，p. 324）。其次，工程师做不了管理上的决策，而且在企业的架构中，其决策权相对较少（Harris，1998，pp. 324 – 325）。不过，其中一些指导方针在工程实践上并不是很难适用。哈里斯声称，工程师有责任：

1. 拒绝参与直接的、故意的伤害行为。

2. 全面考虑，避免参与设计、生产和实施制定出弊大于利的产品的技术。

3. 只参与有利于促进国家发展的技术。

4. 不参与违反人权的活动。

5. 在他们职业活动中，尊重所在国（发展中国家/欠发达国家）的文化。

结合路根贝尔在全球环境下的工程师伦理原则（见上文），这些原则可以作为制定或改进国际工程师职业规范的一个起点。

第五节 小结

61 行为规范是组织制定的对其成员行为负责的指导方针。行为规范可以分为理想型（涉及到核心价值）、建议型（支持个体道德判断）和强制型（强制执行的行为）。职业规范是由工程师组成的职业协会制定。职业规范描述工程师的职业责任，企业规范描述工程师作为其员工的责任。大部分职业规范涉及三个领域：能胜任其职业，在专业操作上公正、诚实；对雇主和客户负责；对公众和社会负责。企业规范通常包含一个使命宣言（公司的总体目标）、核心价值观、利益相关者原则和更详细的原则和规则。

针对行为规范也有一些异议：

1. 行为规范有时候会导致装扮形象。
2. 模糊不清，可能具有潜在的矛盾。
3. 伦理规范不能被制定。
4. 行为规范不可以信赖。
5. 行为规范不能强制执行。

我们可以看到异议 2 和异议 3 是彼此参照的。根据伦理规范不能被制定的异议，道德总存在一个判断的问题，这就是伦理规范不能避免含糊不清和矛盾的根据。但这不是说含糊不清和矛盾不能避免，而是可以把这种规范作为一套指导方针，在判断某些事情上可能比一套严格规范更有帮助。异议 2 和异议 3 不能用于理想型和建议型的规范，虽然它们也不太适合强制性规范。异议 5 也一样，因为强制执行是强制规范的唯一目标，但理想型和建议型的规范不是。异议 4 问题很突出，在揭发情况下存在一个特别的问题，或通俗点讲，就是作为职业工程师的责任和作为雇员责任之间的关系。这部分可以通过减弱工程师的职业责任，而只强调作为其雇员的责任来解决，但这同时也削弱职业规范和企业规范。一些公司已经试图如此操作。

随着工程活动越来越国际化，行为规范也日益成为全球性规范。这也提出一些难题，例如如何处理文化差异，美国职业规范中的职业自治模式是否可以参考。不过，似乎也可以制定一个或多或少包含一些能够被普遍接受原则的工程师全球职业规范。

问题研究

1. 软件工程道德规范和计算机协会的专业实践指出“软件工程的动 62
态、苛刻的环境，要求规范具有很强的适应性。然而，即使在这种常态之下，规范依然能够在具体案例中对软件工程师和他们的管理人员通过表达职业道德立场的积极行动给予支持。规范为团队中的个体提供道德理由，并让团队可以作为一个整体提出申诉。规范有助于判定软件工程师或其团队哪些行为在道德上是不当的行为。规范的性质不是简单地裁定可疑行为，它也有重要的教育功能。正如规范在伦理问题上所表达的职业共识，这是一个教育公众和有理想的职业人士关于所有软件工程师应承担的道德义务的手段（http://www.acm.org/about/se－code）。”

这一规范是理想性、建议性还是强制性的？请解释。

2. 举一个职业责任要求做而法律责任没要求做的案例。

3. “规范本身并不重要，制定规范才是一切的根本”表达什么意思？

4. 职业行为规范最重要的目的是什么？

5. 强制性规范的明确目标为什么是强制执行？为什么强制执行通常很难获得职业工程师行为规范的认可？

6. 企业规范是什么？找出三个企业规范的缺点或反对理由。

7. 弗里德曼对企业社会责任批评的两个理由是什么？给出一些反对意见。

8. 正如工程师一样，医生和律师都有职业规范。不过，不同于工程规范，这些规范通常都伴随着法律的惩戒，所以只要医生或律师违反专业准则就会被剥夺从业资格。提出一个赞成的理由和一个反对对工程师采用类似法律强制的理由。

9. 忠诚的价值是什么？忠诚会带来什么问题？在回答这个问题时，仔细考虑忠诚概念。

10. 为了获得英国公众利益揭发法案的保护，揭露组织弊端必须满足一些条件，刑事案件则不需要。比如，没有从案件中获得任何财务收益，也未参与任何犯罪活动。审慎评估这些条件的优点，把它们与第一章第五节第三部分提到的揭发指导方针相比较。

11. 找出一个你自己领域的职业行为规范：

（1）在这个规范中，你能理解本文提及的三个基本内容吗？

（2）在某些方面，规范含糊不清吗？请找出来。

（3）规范条款中是否有潜在矛盾？规范是否包含处理这些矛盾的条款？

（4）你是否同意规范中的职业责任？它是否有所遗漏？

12. 找出一个工程公司的企业规范。在企业规范中描述工程师的职责与在职业规范中的描述有哪些不同（如 NSPE 规范）？比如，这个规范在特定观点上与 NSPE 的职业规范有冲突吗？如果发生冲突，你认为哪个规范应该优先考虑，为什么？

13. 如果全球行为规范是建议性的，你同意工程师在人权方面的责任吗？这些责任对不要从事违反人权的行为有严格限制吗？工程师也有责任要通过它们的工程项目来提高人权吗？

14. 起草一份电子通信（email 及网络使用等）的行为规范，解释并论证你提出的规范。

15. 卢根比尔为工程师全球行为规范提出的一个原则是科学判断的原则。你如何看待卢根比尔提到的外部因素？应该把安全和人类福祉方面的考量算作不影响工程决策的外部因素吗？

16. 美国政府允许飞机制造商如波音公司的员工担任美国联邦航空管理局（FAA）的监察员，负责监督航空工业，以及安全和质量方面的检查。美国政府为什么要这样做？其中有利益冲突吗？波音公司的工程师雇员担任美国联邦航空管理局的监察员是否是不道德的行为？

问题讨论

1. 如果你为工程师做道德培训，你会强调了解法律、公司规章和行为规范吗？或者你会解释确立这些规范的原则吗？在这些规范背后，有共同原则吗？具体有哪些？

2. 对于工程师而言，忠诚与正直哪个更重要？

3. 随着全球化发展，你列出主要的道德问题？

4. 尼日利亚壳牌公司案例表明，行为规范在面对道德决策时就是一纸空文。讨论行为规范在这种情况下是不是只是徒有其表，是否也有积极效果？你可以想办法清除如壳牌、谷歌这样的公司在它们规范中宣称的东西和实际的做法之间的差距吗？跨国公司应当避免到不民主的国家如尼日利亚以避免艰难的道德选择吗？

5. 选择任何一个世界 500 强公司，从公司网站下载其伦理规范。根据联合国全球公约对规范进行评价。

第三章　规范伦理学

65 **学习目标**

完成本章的学习后，读者应该能够

- 区别规范性判断和描述性判断
- 描述规范、价值观和美德
- 描述四种伦理理论：功利主义、康德理论、美德伦理学和关怀伦理学
- 理解对四种道德理论的批评
- 将伦理学理论应用于工程实践中
- 反思这些伦理理论如何影响道德决策

本章框架

第一节　引言　/　60

第二节　伦理和道德　/　63

第三节　描述性判断和规范性判断　/　65

第四节　起点：价值观、规范和美德　/　66

　一　价值观　/　66

　二　规范　/　67

　三　美德　/　68

第五节　相对主义和绝对主义　/　69

　一　规范的相对主义　/　70

　二　绝对主义　/　70

第六节　伦理理论　/　72

第七节　功利主义　/　73

　一　杰瑞米·边沁　/　73

二　穆勒和自由原则　/　77
三　对功利主义的批评　/　80
四　功利主义在福特平托案例中的应用　/　82　66
第八节　康德理论　/　83
一　绝对律令　/　84
二　对康德理论的批判　/　88
三　康德理论在福特平托案例中的应用　/　90
第九节　美德伦理学　/　90
一　亚里士多德　/　91
二　对美德伦理学的批评　/　94
三　道德上负责的工程师的美德　/　94
第十节　关怀伦理学　/　97
一　关系的重要性　/　97
二　对关怀伦理学的批判　/　98
三　工程中的关怀伦理学　/　99
第十一节　应用伦理学　/　101
第十二节　小结　/　102
问题研究　/　103
问题讨论　/　105

67 # 第一节　引言

案例

福特平托（The Ford Pinto）

1978 年 8 月 10 日，在（美国）印第安纳州（Indiana），高盛（Goshen）旁的 33 号高速公路附近，发生一起悲惨的交通事故。一辆卡车追尾一辆 5 年的福特平托（Pinto），车上载着三个十几岁的年轻人：姐妹朱迪、乌尔里希・林恩（年龄分别 18 岁和 16 岁）和她们的表亲唐娜・乌尔里希（18 岁）。碰撞造成油箱破裂、爆炸，致使三个十几岁的年轻人遇难。

随后，爱卡特（Elkart）郡陪审团指控福特犯下刑事杀人罪，这是首次对一家美国公司的指控。在接下来 20 个星期的审判中，法官表示，如果有证据表明福特公司行为中存在"清楚的、有意识和不合理的忽略可能导致伤害，以及漠视并远远低于可接受标准行为"，建议陪审团判福特犯有故意杀人罪。审判焦点围绕在"可接受的标准"方面。20 世纪 60 年代末，福特汽车公司，这个世界上最大的汽车制造商之一，在体积更小、更便宜的欧系车面前节节败退，逐渐失去市场份额。1968 年，公司总裁决定必须立即开始研发轻便、便宜，性价比更高的汽车，这就是福特平托。1970 年，公司决定以低于 2000 美元的价格推向市场，这在当时是一个非常有竞争力的价格。当时，汽车研发通常需要大约 43 个月，由于研发时间较为紧张，公司只给福特平托 24 个月。因为福特平托的成本不得超过 2000 美元，所以一个激进的、更注重造型的工程设计被选中。

68 公司对设计安全没有足够重视，也根本没有制造小型车方面的经验，导致油箱紧靠在后轴后面。后来发现，后轴齿轮结构有偏差，会导致碰撞时将油箱刺穿。在福特平托原型测试中，这个问题在时速低至 35 公里时也常发生。油箱的刺穿造成极大危险，这些测试结果被汇报给福特内部的最高管理层。在其他测试中，发现有另外两种简单的方法可以大大减少油箱破裂的风险。一种可行的选择是改变设计，将油箱放置到轴的上方。据估计，这种设计的更改将使汽车成本价格提高 11 美元。第二个选择是，在油箱上加贴橡胶保护层，这可能比较便宜。然而，由于设计符合政府的安全要求，平托没有进行任何更改，直接安排了投产。

为了证明自己行为的合理性，福特进行成本效益分析。这份成本效益分析的标题为“死亡人数与碰撞造成的燃油泄漏和火灾之关联”，并声称，11 美元的额外成本并没有权衡少量受伤和死亡乘客的社会利益。这份分析解释如下：

成本减少 11 美元，风险设计成本估计近 5000 万美元：180 人丧生，180 人受伤和 2100 辆汽车被烧毁。计算如下：180（亡）×200000 万美元 +180（伤）×67000 万美元 +2100（辆）×700 万美元 =4953 万美元，这就是所谓的社会总效益。

与之相反，增加 11 美元成本：1100 万辆小汽车和 150 万辆卡车需要召回。按照 11 美元改造单价，总计需要 13700 万美元（125 万 ×11 美元）。一份附加报告描述成本和效益分析（见表 3.1）。

表 3.1　　**成本效益表**

效益表			成本表		
补贴	单价（美元）	总计（美元）	销售	单价（美元）	总计（美元）
180 人丧生	200000	36000000	1100 万辆矫车	11/辆	121000000
180 人受伤	67000	12060000	150 万辆轻型卡车	11/辆	16500000
2100 辆车烧毁	700	1479000			
总计	49530000		总计	137500000	

福特公司根据统计数据估算死亡和受伤数字，根据国家公路交通安全 69
管理局报告，把个体生命价值估算为 20 万美元（见表 3.2）。

表 3.2　　**成本构成**

构成	1971 年成本（美元）
未来的直接生产损失	132000
未来的间接损失	41300
医院医疗成本	700

续表

构成	1971 年成本（美元）
其他医疗成本	425
财产损失	1500
保险	4700
法律与法院	3000
雇主损失	1000
受害者伤痛	10000
葬礼	900
资产（损耗）	5000
其他杂项事故成本	200
死亡人均总成本	200725

福特得出明确结论：改进技术，成本多花费 11 美元防止油箱易破裂并不符合社会效益。13700 万美元的安全成本很明显超过 4953 万支出。平托每辆车节省 11 美元，可以多带来 8747 万（13700 万 - 4953 万）美元的社会效益。

1980 年 3 月 13 日，爱卡特郡陪审团认定福特故意杀人罪不成立。不过，在各机构压力下，福特召回 150 万辆车进行整修。为了与受害人和解，这个案件和其他许多类似的平托案件花费福特数百万美金，福特声誉也因此遭受极大的损失。

来源：Birch and Fielder（1994）.

福特观点是有争议的，并引发很多争论。它说明，以货币来计算人的生命价值，忽略了基本人权如生存权付出的代价是沉痛的。因为涉及很多重要方面道德问题，福特平托案件已成为应用伦理学最知名的案例之一。有些人认为福特对平托的设计和营销是完全错误的，而另外有些人认为福特在法律和道德上都应受到谴责。这个案例反映出几个伦理方面的问题：
70 福特缩短平托的研发生产时间是错误的吗？虽然福特没有违反联邦安全标准或法规，但是公司在追尾碰撞方面，特别是油箱放置上将平托做得是够安全吗？福特在安全问题上采用成本效益分析，特别是用金钱来计算生命和痛苦的价值，是否能被接受？应该像福特公司一样制定安全标准吗？福特设计工程师和碰撞测试工程师的职责是什么?

回答这些问题可以用不同的观点。尽管有明显差异，在这些案例的道德争论中仍然可以找到一些一般的模式。而我们已经看到这些案例，如挑战者号案例（第一章第二节）和 BART 案例（第二章第一节），这些关于伦理理论的模式已经被很多哲学家提出来。伦理理论帮助我们理清思路，并提供一个连贯的、合理的依据来处理道德方面的问题，伦理理论的作用是为道德判断提供一定的论据或理由。它给理解和回应道德问题提供一个规范性框架，用以改善道德决策，或至少避免某些缺失，比如忽略问题的某些相关特征，或不加判断地坚持某种观点等。这一章中，我们将介绍三种最著名伦理理论：后果主义、义务伦理和美德伦理。这些理论都有自己的标准，他们可以依据这些标准来判断行动的对错与否。在讨论这三种理论之前，我们将先讨论道德和伦理（第二节），并区分描述性和规范性判断（第三节）。在第四节，我们将探讨伦理的出发点：价值、准则和美德，这几个概念经常在伦理学理论中出现。在讨论这三种最重要的伦理学理论之前，我们会先考察伦理学的两种最极端的方法，规范的相对主义和绝对主义（第五节）。在第六节，我们将说明这三种最著名的伦理理论——后果主义、义务伦理和美德伦理是如何彼此关联的。随后章节（第七节、第八节、第九节）中，我们将讨论这三种理论。在第十节，我们将讨论一个相对较新的伦理方法，即关怀伦理学，来取代业已熟悉的道德理论。最后，在第十一节，我们将明确应用伦理学的立场。

第二节　伦理和道德

给术语“伦理”下一个定义并不容易，几个世纪以来，伦理已有很多的含义。它源于希腊术语“气质”（ethos），可以译为“习俗”（custom）或“道德”（morals），也可以是“信念”（conviction）。“Ethica”表示判断人的行为特征是好的或坏的、明智或不明智的科学。罗马人把“ethos”翻译为拉丁文“mos”（复数“mores”），道德“moral”就是从这个词演化而来。伦理和道德有着同一词源。几个世纪以来，“道德”的全部内容已经成为公认的（团体或文化的）行为规则。在本书中，我们将区分道德和伦理，术语“伦理”专用于进一步深入研究“道德是什么”。

71

伦理（Ethics）：对道德的系统反思。

道德（Morality）：个体或集体对人们的观点、决策和行为所表达的善或恶的总体认识。

伦理是对道德的系统反思。**道德**是个体或集体对人们的观点、决策和行为表达善或恶的总体认识。

本书中，我们将伦理定义为关于道德的系统思考，“道德”界定为对人们的观点、决策和行为所表达的善或恶的总体认识。这种经常使用的“道德”定义大致与社会现行的规则和价值是一致的。

关于道德的系统反思增强我们应对道德问题以及与技术有关的道德问题的能力。然而，伦理并没有给出答案；它反映出人们在道德选择方面所涉及的问题和争论。伦理是寻求道德上“善”的一个过程。

描述伦理学（Descriptive ethics）：描述现行的道德现象，包括风俗和习惯、善与恶、负责和不负责的，以及接受和不可接受的行为等的伦理学分支。

规范伦理学（Normative ethics）：关于进行道德判断并在人们如何行动或生存方面努力提出规范性建议的伦理学分支。

伦理研究既可以是描述性的也可以是规范性的。**描述伦理学**涉及对现有道德现象的描述，包括风俗和习惯、善和恶、负责任的和不负责任的，可接受的和不可接受的行为等等。它是研究特定亚文化或特定历史时期的道德。描述伦理学可以不做判断而讨论外国或报刊中关于人的道德问题。规范伦理问题需要更进一步解释。规范伦理学，是本书谈论的中心主题。根据定义，规范伦理学不是价值中立的，它要对道德作出判断。规范伦理学主要考虑下面问题：实际使用的准则和价值观是否与人们应该如何做事的想法相符？规范性伦理并没有给出一个明确答案。但在道德判断上，不同伦理理论提出各种不同的观点。我们可以根据伦理理论提出的观点来有关的批判性讨论道德议题。

第三节　描述性判断和规范性判断

规范伦理学的一个核心问题是“什么是正确的观点、决策或行为?”回答这个问题，必须对有关观点、决策或行为作出判断，这就是规范性判断。什么是“正确的行为”，或一个“正确的生活方式”。规范性判断是价值性判断而不是描述性判断。**描述性判断**描述这个事情实际情况如何（现在），究竟是什么情况（过去），或会变成什么样子（将来）。描述性判断要么是真实的，要么是虚假的。“挑战者号符 72
合现时代的所有安全标准”的论断是一个描述性判断，这句话是真实还是虚假的呢？因为不可能测试，所以有些描述性判断的真相并不确定。例如“上帝是存在的”。科学对描述性判断的真相起到至关重要的作用。**规范性判断**是一个价值判断。价值判断表示事情是善的或恶的、可取还是不可取的；它们往往指的是世界应该是怎样的，而不是怎样的。这种类型的价值判断常常是道德准则和价值观念。由此产生的讨论就很有意义，而不是个人趣味的判断，如“我不喜欢芽甘蓝”。道德判断的例子是“挑战者号不应该被发射”，“工程师应如实提供测量数据”，以及“偷窃是不好的”。

> **描述性判断（Descriptive judgment）**：描述事情实际如何（现在），究竟怎样（过去），或变成什么（将来）的一个判断。
>
> **规范性判断（Normative judgment）**：关于什么是善或恶、可取或不可取、对或错的判断。

描述性判断和规范性判断之间的区别并不总是那么明显。“不允许受贿”既可以是规范性判断，也可以是描述性判断。如果这句话是法律声明，受贿是违法的，那么它就是一个描述性判断。不过，如果这句话是说贿赂应该被禁止，那么它就是一个规范性判断。

第四节　起点：价值观、规范和美德

规范、价值观和美德概念是我们将在第七节、第八节、第九节中分别讨论的三个主要规范性理论的基础。下面我们将具体讨论这三个基本概念。

一　价值观

价值观帮助我们确定哪些目标或事业是值得努力奋斗的。道德价值观密切联系着一种善的生活和一个公正社会。它们有别于个体的偏好或利益，偏好或利益是个体为自己努力争取的。道德价值观是持久的信念或事业，一般来说并不是仅仅为自己，而是为了一种美好的生活或实现一个公正的社会而努力奋斗。这方面一个典型例子是法国大革命的口号："自由、平等、博爱"。这个口号并没有表达个体偏好——比如"我要发财"——而是表达一种对每个人都很重要的价值观。其他道德价值观例子包括公正、健康、幸福和慈善。价值观并不仅仅局限于人，公司同样也具有。公司常常在他们的使命宣言中制定他们最重要的道德价值观（核心
73 价值观）（见第二章第二节第二部分）。

> **价值观（Values）**：一般来说，是人们认为应该努力奋斗的持久信念和事业，这些事业往往都并不是为自己，而是促进形成一种善的生活或实现一种公正社会。

另外，需要进一步区分内在价值和工具价值。**内在价值**是一种目标内在于自身的价值。**工具价值**是实现内在价值的一种手段。对于斯高治·麦克达克（Scrooge McDuck）来说，钱的价值是内在价值，他把钱看作高于其他任何价值。但是，对于特蕾莎修女（Mother Theresa）来说，钱只有工具价值，是为了实现更好的目标——帮助穷人。一个人可以认为他

> **内在价值（Intrinsic value）**：内在于自身的价值。
>
> **工具价值（Instrumental value）**：一些事情是有价值的，仅仅是因为它是一种手段，或作为手段能够促进实现内在的价值或善。

的工作既有内在价值，又有工具价值。如果工作是为了日益富足的生活，那么它就是一个工具性价值。如果一个人对工作有很大的满意度，那么这个工作就是一种内在价值。

案例

生物识别技术和数据匹配：第三十五届美国橄榄球超级碗大赛

大量观众的赛事，如超级碗，经常会成为恐怖份子袭击的首要目标。由于担心受到攻击或其他严重的犯罪事件的发生，佛罗里达州执法机构开始借助生物识别技术，即使用个体身体特征或个性来识别不同的人。2001 年 1 月，第三十五届美国超级碗采用的是面部识别系统。这个技术就是扫描进入体育场观众的面孔，然后数字化的面部图像会与涉嫌犯罪和恐怖份子中央数据库做比对。当时，这一做法受到主张保护公民自由和隐私的人批评。不过，2001 年 9・11 事件以后，这种技术，如脸部识别，得到绝大多数美国民众的支持。

来源：Tavani（2004）.

在计算机伦理文献中，威胁个人隐私是最受争议的道德议题之一。工具价值和内在价值分别提出两种常用方法来试图证明隐私的价值。最常见的理由是隐私的工具价值，它为我们提供保护、免受伤害。例如，如果大家都知道一个人检测 HIV 呈阳性，那么雇主可能会不愿意雇佣他，保险公司也不愿为他提供保险。然而，如果我们能够证明它具有内在价值，隐私权会更加重要。一些人认为隐私权只有内在价值，而另外有些人认为，隐私是工具，但它不仅仅具有工具价值。例如，计算机伦理学家黛博拉・约翰逊（Deborah Johnson）认为隐私是自主权的一个重要组成部分（Johnson，2001）。自主权是人之为人的根本，也是人类价值观的根本（见第八节）。 74

所以，隐私是作为内在价值的自主权的一个必要条件。约翰逊认为，隐私的丧失会威胁到我们最基本的价值观。例如，如果一个人常常被处于监视之下，这对一个人的个人行为，对他/她如何看待自己都会产生极大影响。

二 规范

规范是规定哪些具体的行为是必须的，哪些是允许的，哪些是禁止的

规范（Norms）：规定哪些行为是必须的、允许的或禁止的的规则。

的规则。这些规则和协议规定人们应该如何对待自己和他人。价值观也经常被转换成规则，这样，在日常生活中，我们应该如何做才能实现具体的价值就是很明显的。

例如，在我们的交通系统中，安全是一种价值观。然而，价值观本身并不足以保证道路的安全。为了达到这个目的，我们需要行为规则或规范，规定在特定情况下，哪些行为是我们必须做的，哪些是不能做的。在交通系统中，“安全”规则主要是由交通法规中的法律规范来定义的。例如，荷兰的规则规定，右转方向的车辆优先行驶。

道德规范是负责任行为的指南。除了道德规范外，还有其他各种规范，如法律规范（如交通规则），戒律礼仪（如吃饭过程中，不要说话），以及游戏规则（如在骰子游戏中，一旦掷出一个六点，在棋盘上只能放一个计数器）。一些道德规则，如“不可杀人”和“不可偷盗”已经演变成了法律。

价值观和规范之间的差异可以描述如下：价值观是抽象的、整体的观点或目标，它们是通过特定的行为努力来完成的；这也是人类最终希望实现的目标。而规范是实现价值的手段，它们是特定行为的具体的、特殊的规则。如果没有规范解释，目标也实现不了。比如交通法规，是为了保证交通安全的需要。此外，如果潜在价值不明确或缺乏价值，规范就是没有意义或是无效的。因此我们可以设想，如果规范是“自行车铃必须是蓝色的”，那么它将在很大程度上被忽视。因为这个规则既没有意义，也没有潜在价值。这些差异总结如下表 3.3。

表 3.3 价值观和规范之间的差异

		价值观	规范
区别	性质	目标	手段
	范围	普遍的	具体的
联系		没有规范的价值观难以实现	没有价值观的规范是无效的

来源：Jeurissen and Van de Ven（2007，p. 57）.

三 美德

美德（Virtues）：某类人的品质或特征。

75 除了价值观和规范外，还有另外一个道德范畴：**美德**。哲学家阿拉斯代尔·麦金太尔（Alasdair MacIntyre）把美德描述为特定类型人的特征或品质，具有以下五个特点。

1. 它们是理想的特质，并表达一种值得为之奋斗的价值观。
2. 它们体现于行为之中。
3. 它们是持久的——它们构成行为结构的一个坚定基础。
4. 它们时常出现，但仅在必要时才使用。
5. 它们能够受到个体影响。(MacIntyre，1984a)

最后一句话说明美德可以通过学习获得，可以对一个人的性格和人格进行塑造。这也可以在一个组织范围内，在我们成长或学习过程中完成。常见美德有正义、诚实、勇敢、忠诚、创造性和幽默等。

我们可以区分道德美德（或品格美德）和知识美德。知识美德注重知识和技能。道德美德是人类的理想特征，能够使人变得更加友善。

通过前面对美德的描述可以看出，它们似乎类似于价值观。许多道德美德的特征也是价值观的特征，如正直和公正。不同之处在于美德的观念主要是指通过人格的健全以真正实现这些价值观。

道德美德是一个负责任组织不可或缺的要素。只要它愿意，一个组织可以树立任何好的价值观，如正直、尊重和责任，但如果其雇员没有道德美德，这些价值观就很难实现。价值观表示一个组织引以为豪的特质（美德）或员工对之的期望——也体现要把员工培养成为什么样子的人。

道德价值观是为了过上善的生活或实现社会公正，帮助我们确定生活中哪些目标或哪些事业是我们值得为之奋斗的。

道德规范的规则是规定什么行为是必需的、允许的或禁止的。

道德美德的特征是让人变的更加友善，或使人过上更加美好的生活。

第五节　相对主义和绝对主义

在讨论规范伦理学的三个重要理论之前，我们先看看两种极端理论 76

（规范的相对主义和绝对主义所形成的道德判断）也是很有意思的。

一　规范的相对主义

规范相对主义认为，所有的道德价值观、规范和美德都是相对的。对一个人是好的或负责任的，对另外一个人来说就不一定是。道德的判断或选择只是一个个体的观点："如果我觉得这样做是好（坏）的，那么它就是好（坏）的。"对这个观点的反对理由由于它是主观的、随机的，以为并不存在客观的，不受时间、地点和文化影响的行为原则。换句话说，根据这一理论，根本不存在普遍的规范，即认为规范并不是普遍适用的，不应得到所有人的尊重。此外，规范相对主义认为各种文化的价值观和规范体系不同，但它们都是平等的，所以不能说一种规范和价值观优于另外一种，这意味着我们必须尊重所有的价值观和规范体系。

> **规范的相对主义（Nomative relativism）**：一种伦理理论，主张所有的道德观点（所有的价值观、规范和美德）都是同等有效的。

这一理论存在三个问题。首先，它似乎存在一个内在的矛盾。该理论认为，不存在普遍的规范，但同时它又在运用一个普遍的规范："每个人都必须尊重他人的道德观点。"其次，它使任何有意义的道德讨论变得完全不可能，因为你总是在诉诸你的言论自由，你的观点与其他观点相比较来说则没有好坏之分。问题是，这是否是一个有效的立场。因为特定的文化习惯，对政治犯的折磨应当被容忍吗？对这种容忍没有道德底线吗？我们不能反对这种为折磨政治犯辩护的相对主义的论点吗？最后，规范相对主义会导致无法或难以容忍的情况。工程师在团队中或在公司中工作，有一个书面和不成文的规定，就是去促进合作（如，准时参加会议）。基于他或她的个人价值观，一个体系如果允许工程师无视这些规则（而其他人必须尊重规则）将导致工作无法开展。

二　绝对主义

另一种极端状况是绝对主义：一种僵化形式的普遍主义。**普遍主义**认为一个系统的规范和价值观是独立于时间、地点或文化的，对每个人都是普遍适用的。**绝对主义**带有宗教的特性，在那里，普遍的规范是由上帝决定的，也被称为教条主义。在特殊情况下，许多类型的普遍主义对违反普遍规范都留有一定余地。与绝对主义相比，绝大多数的普遍主义允许这样的可能，即不是所有的规范和价值观都是普遍的。绝对主义认为，诸如“不可杀人”规范是普遍适用的，但如果发生杀人情况，则是在道德上最需要负责。绝对主义没有任何的例外：规则就是规则。 77

普遍主义（Universalism）：一种伦理理论，声明其系统的规范和价值普遍适用于任何人，而不论时间、地点或文化。

绝对主义（Absolutism）：普遍主义的一种僵化形式，对于规则而言，没有任何例外情况。

绝对主义有三个主要问题。首先，我们不能有这样的观念，即用一个通用的规则规定所有情况下的最佳操作。尽管“不可杀人”是一个普遍的规范，但出于自卫杀人是正当的。第二，绝对主义没有回答规范冲突问题。比如，揭发者案例（见第一章第五节第三部分），一方面你有保密的义务，但另一方面你也有警告社会有关风险的义务。你应当执行哪种普遍适用的规则呢？第三，绝对不容许任何独立的道德判断，因为它往往源于教条主义。独立的道德判断是 17 和 18 世纪启蒙哲学的核心。启蒙哲学家如边沁、穆勒、康德，鼓励人们摆脱偏见和教条主义模式。这个想法的初衷是允许人们设计自己的行为规则。人类作为理性的行动者，不应该盲目地遵循传统的道德准则，如上帝决定的道德。

基于以上讨论，既然伦理是道德的反映，而我们又要做出合理的判断，那么我们可以说，仅仅基于规范相对主义或绝对主义做出的选择至少在道德上是可疑的。下面章节我们要讨论的伦理理论，相比规范相对主义或绝对主义都要合理。其中两种理论理论都起源于启蒙哲学传统。

康德总结启蒙哲学的本质：“启蒙是人类从自我枷锁的不成熟状态下解放出来。不成熟状态就是不经别人的引导，就无法运用自己的理智。当其原因不在于缺乏理性，而在于不经别人的引导就缺乏勇气与决心去加以运用时，那么这种不成熟状态就是自己所加之于自己的。‘要有勇气运用你自己的理性！’这就是启蒙运动的座右铭”。（Kant，1990［1784］）

第六节　伦理理论

我们将讨论三种主要的伦理理论，并尝试把它们综合起来运用。这三种理论是后果论（功利主义）、道义论（义务伦理）和美德伦理。从人类的行为结构与其适用伦理理论的角度，我们可以将这些理论彼此区分（见表3.4）。

人类的行为结构意味着为了某种目的，一种行为是由一定的行动者（个人或机构）执行以期达到特定的结果。因此，我们可以从三个方面来评估每一个道德行为：行动者、行为和结果。

表3.4　　**伦理理论的差异**

	行动者	行为	结果
理论	美德伦理	道义论	功利主义
理论基点	美德	规范	价值

如果我们评估行为本身，可以运用道义论（希腊语：义务或责任）：义务伦理。理论出发点是规范。确保你的行为符合普遍的规范（规则或原则）是道德上的义务。例如，一个普遍规范“黄金法则”，可发现于各种
78 宗教文本中：“你怎样待人，你也希望别人如此待你”。

如果观察一个行动者的特点，并在行为上做道德判断，我们可以运用美德伦理。这里指的既不是偶然的行为，也不是行为的后果，而是个体行动的特质，并由此判断这种行为在道德上正确与否。这一道德理论的出发点是美德，它使人们认识到一种美好的生活。

如果我们在特定行为的道德判断上忽视行动者及其行为，而只考虑后果，那么这就只适用于后果论。你应该选择可以产生最好结果的行为。道德理论的出发点是价值。后果论者专注于他们应该努力的正确的目标或事务，比如，促进快乐、避免痛苦，或实现抱负等。

在上述伦理理论中，有各种解读。在接下来的三个章节，我们将讨论每种理论最著名的解读：代表后果论的功利主义（第七节），代表道

义论的康德理论（第八节）和代表美德伦理的亚里士多德的美德理论（第九节）。

第七节 功利主义

在**后果论**中，对某行为进行道德判断的核心依据是该行为所带来的结果。行为本身无所谓正确还是错误，只有行为的后果与道德相关。我们将把相关讨论限制在一种后果论即**功利主义**的范围内。功利主义的特征在于它只衡量行为的结果，而不衡量行为的价值——人类的快乐、幸福、福祉。因此功利主义是一种一元论的后果论。当然，现实中也有多元类型的后果论，即对行为的评价必须权衡各种不同的价值。

一 杰瑞米·边沁

杰瑞米·边沁(Jeremy Bentham)是功利主义的创始人，功利主义一词来源于拉丁语 utilis，意思是有用的。功利主义将行为产生的结果作为道德判断的核心依据：有用的行为是正确的，无用的行为是错误的。接下来的问题是“对什么有用?”换句话说，行为的目的是什么？这个目的必须具有内在价值，因此目的本身必须是好的。这意味着功利主义主要关注的是价值；这个概念的本质特征是“好的”，紧随其后的道德正当性也有赖于这个概念。与边沁伦理学有关的价值理论是**享乐主义**：“快乐”是唯一的好事情，其他的事情都是工具性的。 79

> **后果主义/后果论（Consequentialism）**：作为一种伦理理论，认为对行为进行道德判断的核心依据是行为的后果。
>
> **功利主义（Utilitarianism）**：后果主义的一种类型，以功利原则为基础。在功利主义理论中，对行为进行判断的依据是行为带来的快乐和痛苦。功利主义认为应该选择给绝大多数人带来最大快乐的行为。

> **享乐主义（Hedonism）**：享乐主义认为，快乐是唯一本质上善的事情，其他事情都是工具性的。

人物

杰瑞米·边沁（1748—1832）

功利原则是对任一行为同意与否的原则，是增加或减少所有利益相关方的快乐的依据。换句话说，功利原则判断这一事情或行为是促进快乐的还是造成痛苦的。这里所说的任一行为，不仅包括个体行为，也包括政府的每一项措施（Bentham，1948［1789］）。

1748 年 2 月 1 日，杰瑞米·边沁出生在英国伦敦。在他学龄前，他的父亲教他拉丁文、希腊语和音乐。家庭教师还教他法语和文学，并让他阅读费奈隆的《忒勒马科斯历险记》。这本书深刻影响了边沁，确立了他强烈的英雄情结，终其一生他的理想是谋人类福祉 。12 岁时，他到牛津大学女王学院学习古典语言和哲学。作为一个害羞但聪明的孩子，他很快就被大家称为“哲学家”。边沁回顾这段时光时感觉很惊恐，他认为牛津的许多讲座是无用的，在浪费时间；他觉得唯一有用的是逻辑学课程。在这里他被培养成一名律师，但是在多年的法律实践后，他却越来越关注哲学
80 的发展以及立法和司法的科学理论形成。因为没有改善人们的生活，法律制度被他狠狠地批评。即使任何一方都没有反对性行为，法院也可以因“性犯罪”而对人们进行谴责。边沁认为这是没有道理的：如果是双方自愿的行为，并不应该被当作是犯罪。为了取而代之，边沁试图建立一个合理的、清晰的、一致性的法律制度，它基于伦理知识而非传统或习俗。他把他的伦理观命名为“功利主义”，并将其放在《道德与立法原理导论》（1948［1789］）中。由于边沁的伦理观点和传统基督教义有冲突，所以他非常反对基督教。他认为基督教是一种苦修的行为，快乐会被谴责。据他所说，基督教是人类幸福的主要障碍，并阻碍功利主义的实现。

边沁是最早主张男女之间完全平等、同性恋合法化以及有同性恋倾向人享有平等权利的哲学家之一。此外，他也是公认的最早动物权利的支持者之一。边沁认为，必须把承受能力而不是理性能力作为如何对待其他生命的基准。如果把理性能力作为标准，那么许多人包括婴儿和残疾人就应该被视为其他物种。

在当今社会，边沁最为人熟知的是他设计的“圆形监狱”。这是一个
81 圆顶形的监狱，监狱看守人员可以看到所有的囚犯。犯人们要待在窗户朝

里开的房间内。这样监狱看守人员可以看到所有的犯人，但犯人看不到监狱看守人员。这个想法很简单：如果一个人处于全视角的监管下（而看不到监视他的人），那么他们不仅可以被控制，而且可以变得非常自律。边沁对这个圆形监狱痴迷二十多年。

边沁于 1832 年 6 月 6 日去世，享年 85 岁。边沁的遗体和蜡像仍然存在伦敦大学学院的一个玻璃柜内。在大学董事会会议期间，他的蜡像头部就会从柜中取出，这样他就可以参加会议，因为边沁将他的财富捐赠给大学的条件就是允许他参加董事会会议。

边沁把快乐和痛苦称为人类的君主。提供快乐，避免痛苦就是善的；提供痛苦，减少快乐就是恶的。边沁把经验当作是道德的核心。他认为，人的天性是追求快乐，避免痛苦，这是最基本的事实。此外，人们知道什么可以带来快乐，什么会导致痛苦，以及快乐要如何实现。基于这种经验，在没有权威（立法者或上帝）干涉情况下，人们可以形成自己的道德判断。

善和恶唯一的道德标准是边沁所谓的**功利原则**：最大多数人（社区成员）的最大幸福。这是个体和集体（如企业或政府）行为的唯一必要的原则。边沁为我们提供一个道德行为的理由。如果他们的行为与功利原则一致，诸如道德上的“合适”“负责”“正确”才有意义。根据边沁伦理学，最大的幸福可以定量测定。他认为，我们可以计算出预期的快乐或痛苦，甚至可以相当准确地指出一个行为可以产生多少快乐或痛苦。在这里，快乐和痛苦是可衡量的，也是可以计算出来的。在这方面，他提到一个**道德权衡表**，甚至制定详细的表格。他列举一些情况，如强度、持续时间、确定性和行为程度（见下文）。应用这一理论解决道德问题就是要制定一个道德权衡表。在这里，必须权衡每一个行为所产生的成本和收益。能够带来最好结果（最大功利）的行为是首

> **功利原则（Utility principle）**：选择行为的原则是能够为最大多数人带来最大的幸福。
>
> **道德权衡表（Moral balance sheet）**：权衡表是指衡量每一行为可能带来的收益和成本（痛苦和快乐）。边沁建议制定这种表格来确定行为的功利后果。成本收益分析是这种权衡表一种常用的方法。

选。边沁认为，因为这些经验表明许多事情可以（几乎）表现为买卖，所
82 以金钱甚至可以用来表达快乐和痛苦的数量。

如何衡量快乐和痛苦的价值

追求快乐、避免痛苦是立法者最终的目的，人也有必要了解快乐与痛苦的价值。快乐和痛苦是工作的产物，因此必须能理解它们的力量，换句话说，就是要能理解它们的价值。就个体自身而言，根据下面四种情况，考量自身的可能或多或少的快乐或痛苦的价值。

- 强度
- 持续时间
- 确定性或不确定性
- 接近的或遥远的

这些情况在评估快乐或痛苦本身时也需要考虑。但当任何快乐或痛苦的价值被认为是被用来评估行为的倾向或目的时，也要考虑其他两种情况：

- 感染力，或有机会被赋予同样的感觉：即如果它是快乐，就会快乐；如果它是痛苦，就会痛苦。
- 纯度，或有机会不必遵从相反的感觉：即如果它是一种快乐，可能带来的不痛苦程度；如果它是一种痛苦，可能带来的不快乐程度。

然而，这最后两个特点被视为是快乐或痛苦自身的属性。因此，在严格意义上它们没有考虑快乐或痛苦的价值。另一个，即：

- 影响程度，也就是说受到影响的人数；或（换句话说）谁会受到影响。

详细考虑整个社区的利益受到影响的所有行为的一般趋势。计算过程如下。从任何一个利益受到直接影响的人开始，并考虑：

1. 第一个事件产生的每和不同快乐的价值。
2. 第一个事件产生的每种痛苦的价值。
3. 第一个事件后，每一种快乐的价值。这构成第一种快乐的感染力和最初痛苦的非纯度。

83 4. 第一个事件后，每一个痛苦的价值，这构成第一种痛苦的感染力和最初快乐的非纯度。

5. 总结一方所有快乐的价值，和另一方所有痛苦的价值。相对于个

体利益而言，在权衡表中，如果偏向快乐的一方，将促进行为整体上善的趋势，如果是偏向痛苦的一方，行为整体上会有恶的倾向。

6. 考虑和利益有关的人数，并重复上述过程。计算表现善趋势的人数，这一行为对个体而言，在整体上趋势都是善的。然后对每个人计算一遍，考量整体趋势也是善的一面；再次对每个人计算一遍，考量到整体趋势是恶的一面。在权衡表中，对于相关的个体或社区而言，如果偏向快乐的一方，行为总体上趋善；如果偏向痛苦一方，就会带来总体上恶的趋势。

在这一过程中，严格执行之前的每一种道德判断或每一种立法或司法步骤是不可能的。不过，或许可以这样认为：在这些场合，在其过程中可以尽可能地接近这些标准；越接近这些标准，这样操作就会越准确。（Bentham，1948［1789］）

上述计算背后的想法是非常简单的：如果行为产生快乐，那它就是道德上正确的行为；如果带来痛苦，那它就是道德上错误的行为。找出哪些行为可以给大多数人带来最大的幸福，我们需要计算所有个人的快乐和痛苦。这并不是简单的事情，因为快乐不能客观衡量。首先，不同人的快乐无法比较；快乐是一个相当主观的术语。一个人可以享受莫扎特的作品，而其他人则可能完全不同。其次，行为也不容易比较：读一本好书胜过吃冰淇凌吗？而采用这种快乐主义者的计算方式，往往会导致一些问题，因为它并不清楚这个经验会对每个人带来多大程度的快乐。社会交往、我们的健康或隐私给我们多少快乐呢？因为这是不明确的，所以对人的行为的道德判断也是很困难的。例如，一个污染环境的公司，如果这个公司以更环保的方式作业，这将减少利润和员工的数量。然而，如果这个公司并没有以环保的方式作业，那么破坏环境就会对公众健康造成严重影响。看起来也不可能为这两种选择制定量化的道德权衡表：继续延续现状或改用环保的方式作业。

二　穆勒和自由原则

约翰·斯图亚特·穆勒（John Stuart Mill）扩展并修正边沁的思想。84
不同于边沁，穆勒的思想主要表现在两个方面。穆勒认为，在应用功利主义计算时，必须考虑其质量：快乐的形式可以量化比较，但少量的快乐优

自由原则（Freedom principle）：自由原则是指只要不否认或妨碍他人的幸福，个体都有自由努力争取自己的快乐。

于多量的快乐也是有可能的，因为前者发自天性，比后者更有价值。穆勒认为，“我们更愿意相信，人的不快乐也胜于猪的快乐，苏格拉底的不快乐也好于傻子的快乐”（Mill，1979［1863］）。不幸的是，在什么更有价值的问题上，穆勒在对什么使人快乐方面并没有给出答案。他只是指出：就明智人士而言，追求“更高”的欲望超过追求“较低”的欲望，如身体或动物的欲望。满足欲望，完成一项研究比每天晚上看电视剧“让世界转动”或每餐想吃多少就吃多少更有价值。第二种区别是对批评的回应，如果计算表明，大多数人的快乐大于少数人的不幸，但并不能常常保证每个人的快乐。这可能会导致对少数人的剥削和虐待，因为边沁功利主义并没有指出如何区分人们之间的快乐与痛苦。穆勒认为，我们必须选择可以带来最大快乐的行为，但又不与人性和尊严有冲突。对于后者，他提出了**自由原则**：只要不否认或阻碍他人的快乐，每个人都可以自由地追求自己的快乐。穆勒用醉酒的事例说明这一原则：只有当醉酒的人开始伤害别人时，其他人才有权干涉。穆勒原则也为当今软毒品（甚至是海洛因）的合法化讨论提供理论基础。穆勒认为，软毒品的销售和使用不应当是刑法问题，因为这违反自由权利。他认为，软毒品事实上有害健康，但不能考虑立法干预，因为立法者无权干涉个人的决定。穆勒是在醉酒的基础对这一原则进行说明。

> 例如，在一般情况下，醉酒并不适合立法干涉；但是我认为，如果一个人在饮酒后对他人有暴力行为，立法干涉就是合理的；而这个人应被特殊的法律所约束。如果后来发现他喝醉了，他就应当接受惩罚；在这种情况下，如果他承认了另外一个犯罪事实，那么他将对他
> 85 的犯罪行为承担更为严厉的惩罚。（Mill，1859，chapter 5）

不伤害原则（No harm priciple）：个体在不伤害他人的情况下有权做自己想做的事情。这一原则也可称为自由原则。

自由原则也被称为**不伤害原则**：“一个人有权做自己想做的事，但是不能有害于他人。”然而，这一原则也不能完全适

用于任何情况，因为任何道德问题都可能伤害他人或至少有伤害他人的风险。

人物

约翰·斯图亚特·穆勒（1806—1873）

自由之所以称之为自由，就是只要不试图剥夺或妨碍其他人的利益，我们就可以选择自己的方式来追求对我们有益的东西。无论是身体上、智力上或精神上，每个人都是自己健康的守护者。相比强迫他人过似乎美好的生活而言，人类通过相互妥协来过自己的美好生活，则是更大的赢家。（Mill，1859）

约翰·斯图亚特·穆勒出生于1806年，他是詹姆斯·穆勒（James Mill）的长子，是个神童。詹姆斯·穆勒对孩子抚养有特殊的理念。在儿子3岁时，他就教授儿子希腊文，4岁教授拉丁文，不久后，又教他数学。12岁时，约翰·斯图亚特·穆勒写了一本关于古罗马历史的书。穆勒是他教父杰瑞米·边沁功利主义的支持者。18岁时，穆勒成立青年功利主义者协会，举办一些关于功利主义原则的演讲和讨论。20岁时，穆勒精神崩溃，并患有严重的抑郁症。他发现边沁功利主义并没有使他快乐。在这以后，他偏离了边沁的观点。

1823年，在他父亲的授权下，他开始在东印度公司工作。这个工作给他提供很多学习和写作的机会。1830年，穆勒遇到23岁的哈丽特·泰勒（Harriet Taylor），他们都被彼此深深地吸引。然而，哈丽特已经嫁给了商人约翰·泰勒（John Taylor），她决定不能因为感情而牺牲她的家庭。
不过她的丈夫最终允许他们定期见面。根据穆勒的证言，他们对彼此的爱 86
是纯粹柏拉图式的。1849年，约翰·泰勒去世，哈丽特没有理由不再婚。1951年，他们举办了婚礼。穆勒认为，哈丽特的意见对他有很大影响，特别是在社会哲学的工作方面。穆勒和哈丽特一起呼吁女性解放，并提倡女性有投票权。1869年，穆勒出版《妇女的屈从地位》一书，这是当时妇女选举权经典的理论陈述。1858年哈丽特死于阿维尼翁。1866年到1868年，穆勒当选为议会的议员。不过因为他支持自然资源的公有制、发展劳工组织、义务教育、计划生育、结束奴隶制度、妇女平等等，他被当作是激进的议员。他在1867年改革法案中关于妇女选举权的倡议促进妇女选举权运动。他逝世于 1873 年。

约翰·斯图亚特·穆勒是十九世纪最有影响的英国思想家。穆勒的著作《论自由》(1859) 是他对政治思想的主要贡献。他提出，个人或政府的自我保护是影响其他人自由行为的唯一原因。除了防止对他人的危害外，国家没有其他合法的理由迫使一个人按照政府的意愿做事。

三　对功利主义的批评

尽管功利主义因其简单性在直观上有很强的吸引力，但它仍然受到许多批评。前面我们讨论了两个重要方面：快乐不能客观地衡量和功利主义会导致剥削。接下来，我们将讨论其他四种批评观点。在许多情况下，功利主义者利用这些批评来完善功利主义。

第一种批评是后果无法客观被预测，而且后果往往是不可预料的、未知的或不确定的。一个显而易见的解决方案是使用结果预期和相伴性快乐。在二十世纪，提出可使用以数学为基础的统计学方法来解决问题。

第二种批评是**分配正义**的问题。分配正义是指某种重要物品的公正分配，如收入、快乐和工作。功利主义可能导致成本和利益的不公正划分。政治哲学家约翰·罗尔斯（John Rawls）认为，功利主义出现这个问题，是因为他们没有认识到个体基本的独立性（Rawls，1971）。相反，功利主义把社会作为一个整体，幸福的增加要以“最大多数人的最大幸福”为标准。即使在穆勒功利主义配方之下，涉及幸福分配的问题还是被忽视了。这是一个
87 棘手的问题，因为许多问题都涉及到技术问题，如技术风险和收益应如何合理分配（见第八章）。尽管面对罗尔斯的批评，功利主义者仍在尝试不同的方法去关注公正和福利的分配。例如，西季维克（Henry Sidgwick）认为，虽然社会幸福总量应放在考虑的首位，但是它应该是幸福的最公平分配，每个人都能够在各种情况下选择平等的幸福（Sidgwick，1877）。其他

> **分配正义（Distributive justice）**：在重要的物品上，诸如收入、快乐和工作方面，进行公正的分配。

> **边际效用（Marginal utility）**：随着物品或服务（例如收入）的增加，额外效用也随之增加。

功利主义者认为，古典功利主义强调的最大多数人最大幸福不需要这一条款，因为它会带来公正、平衡的福利分配。现代功利主义者理查德·黑尔（Richard Hare）提到两个原因。第一，一个富有的人相比贫穷的人，每增加 100 欧元的收入，他们的幸福也会随之减少。这种现象在经济学中被称为边际效用（例如，边际效用指收入增加而带来效用的增加）。穷人收入的改善比那些已经是富人收入的增加会带来更大的幸福感。第二，收入不平等会带来嫉妒，甚至痛苦，因此应尽力避免（Hare，1982）。

第三种批评是功利主义忽视人与人之间的私人关系。在边沁快乐主义权衡中，它把每个人当作匿名的个体。谁获得快乐是无关紧要的，它只统计获得快乐的总量。换句话说，只计算幸福的总数，而不计算特定人的个人幸福。为此，穆勒将边沁的追随者称为理性机器。在日常生活中，有些人的幸福比其他人的幸福会对我们产生更大的影响。如果你遭遇海难，你必须在挽救你的朋友和著名外科医生之间做出选择，功利主义理论表明选择外科医生是正确选择，因为他对社会更有用。这个选择忽略了一个事实，一个人是具体的追求幸福的个体，而且这实际取决于谁会让他更幸福。因此，问题变成我们对与我们有亲密关系的人有特殊的道德义务，且我们想要使其幸福。

最后，即使某些行为没有带来快乐，它们在道德上也可以接受；而有些行为虽可以带来最大的快乐，但道德上却不可以接受。在下一节中，我们会看到，康德一直认为说谎是不道德的，即使在某些情况下会带给他更多的或更大的乐趣。功利主义认为，即使最基本的规则，比如《世界人权宣言》（1948）制定的人权，如果积极的影响大于消极的影响，也是可以打破的："以结果判断手段。"功利主义的理由是，因为会有积极的结果，所以一个工程师可能被要求改变职业行为的基本规则。例如，一个工程师被要求在报告中伪造他的测量结果，因为正确的测量结果可能会造成很大的负面影响，如损害赔偿或破产。根据传统功利主义者的观点，这种行为在一定情况下是合理的。这种传统观点被称为**行为功利主义**，因为它是以 88
个体行为的结果作为判断依据。为了解决这个问题而提出一个变种的功利主义：**规则功利主义**。规则功利主义承认道德规则的存在，因为没有它们，生活会很复杂。每种情况，我们都会判断它在道德上正确与否，因为每种情况都有些许不同。与着眼于行为相反，规则功利主义着眼于规则的后果来增加幸福。虽然在特定情况下伪造测量结果会增加社会效用，但是规则功利主义者不会允许这样做，因为规则规定“测量数据应当正确地显示”一般会促进社会幸福。如果规则经过检验是促进社会幸福的，那么它就转化成道德规则。在规则功利主义内部存在若干变种，有一种变种的道德规则被视为条件规则（它们更像大拇指规则），以及一种无条件规则（适用于任何情况和任何人，所有的人都无例外）。规则功利主义接近义务伦理学，尽管它们的概念基础有很大不同。但这是下一节的主题内容。

行为功利主义（Act utilitarianism）：功利主义的传统方法，是根据行为的后果或预期的后果来判断行为的道德与否。

规则功利主义（Rule utilitarianism）：功利主义的一种变种形式。判断道德与否的标准是基于行为所依据的规则的后果进行判定。这些规则，而不是行为自身，应该带来最大的效用。

四　功利主义在福特平托案例中的应用

在福特平托案例中，福特公司提出行为功利主义的论点，是通过进行成本收益分析来证明有缺陷的车辆没召回和改装是合理的。根据福特公司的成本效益分析，改造所有车辆的社会成本高于预期事故造成的社会成本。需要特别注意的是，成本效益分析是指社会成本，而不是福特的成本。为此，福特的说法是功利性的而不是以自我为中心的。

福特平托案例清楚地说明存在一些反对功利主义的意见。首先，福特把各种痛苦（死、伤）与一定数量的金钱联系起来是相当随意的，即使这些金钱数字来自于政府的文件。其次，人们可能会问，如何估算可靠的数字，比如死亡人数。这些估算数字的变化可能改变成本效益分析的结论。除了这些异议，这个案例也说明一些更基本的功利主义的反对意见。福特仅仅是基于总体社会福利或幸福的考虑而作出决策，其采用的策略是通过允许一定数量的人的死亡或受伤来获得整体社会福利，而对这些伤亡福特本来应该阻止的。也有人认为，福特平托案例揭露剥削和滥用权利，因为他们是以受害者的牺牲来优化整体的社会福利（结果证明手段）。此外，该案例表明功利主义观点可能会导致放弃一些基本原则，如“你不能给生命定价”或者穆勒的自由原则。根据自由原则，福特应当召回，并修理这些汽车。

在这个案例，可以通过应用规则功利主义来克服一些反对意见。那么，你可能会问，是否要遵循以下规则，如“如果它是不安全的，公司必须召回”或者“公司应当生产安全的汽车”，来实现幸福的最大化。似乎 89
是这样一种情况：因为规则要求，福特在道德上有义务召回这些汽车，而从长远看社会上每个人都会因此受益。所以，在规则功利主义的情况下，在特定场合，一个行为效用最大化并不代表它在伦理观点上是正确的。

第八节　康德理论

> **义务伦理学（Duty ehtics）**：也可称为道义伦理学，即判断行为道德与否的标准在于行为是否遵守一定的道德规则（法律、规范或原则）。

根据**义务伦理学**（也被称为道义伦理学），如果行为符合道德规则（法律、规范或原则），不管结果如何，这种行为在道德上是正确的。在各种义务伦理理论之中，有两个重要区别：第一个重要区别在于一些理论的道德规范制定主要依据一个原则（一元论义务伦理）。其他的多元化理论的道德行为规范是基于多个原则而制定。第二个重要区别在于道德规则的基础或本源。这些规则可以是由上帝赋予的，如在《圣经》或《古兰经》中，或诉诸于相关各方当事人都含蓄地认可的社会契约（如公司准则），或者是基于理性的理论论证。

最著名的义务伦理体系是由康德（Immanuel Kant）提出。自亚里士多德以来，争取快乐或福祉已经成为伦理的基础（例如边沁和穆勒）。康德认为，道德律或规范伦理学不能把快乐当作基础。快乐是个体的事情，在他/她的一生中，每个人的快乐都是在变化的。而且，很难判断什么可以增加快乐，所以争取快乐可能会导致不道德行为的发生。因此，康德认为义务能够为伦理学提供一个更好的引导。

康德伦理学的一个核心概念是自主（Autonomy）。康德认为，通过推理，一个人应当可以判定什么行为在道德上是正确的。这种自主可能独立

> **善良意志（Good will）**：康德伦理学的一个核心概念。根据康德理论，如果我们的行为符合绝对律令，则可以说是善良意志。康德认为善良意志是唯一的不受条件约束的意志。

于外部规范，如宗教规范。其背后的想法是我们应当自己制订道德规范并遵守它，这是我们的义务。基于道德义务和对道德规范的尊重，我们更应该遵守这一规范。只有这样，我们的行为才具有**善良意志**。按照康德的说法，如果我们的行为符合道德规范，我们就可以说这是善良意志。因此，善良意志的概念不同于善的目的。

康德认为，因为道德规范具有有效性，不受时间和地点等条件约束，这也意味着在任何情况下，一种道德规范对每个人都是无条件适用的（或
90 绝对适用的）。通常，一个规范遵循形式是“你要……”，如“你不可杀人”，或“你不应该说谎”。与绝对的规范相反，一个假言（有条件的）规范仅在某些情况下适用。一个**假言规范**通常有以下形态：“如果你想达到这个目标，那么你必须这样做。”这种规范的一个例子是：“如果你不想背叛你的朋友，那么你就不要说谎。”这种行为的规则（“你不能撒谎”）不是无条件的，但也只能在一定条件下可以应用（“你不想背叛你的朋友”）。

> **假言规范（Hypothetical norm）**：一个有条件的规范，也就是说，一个规范仅仅适用于一定的条件，常见的表达是“如果你想得到X，你必须去做Y”。

一　绝对律令

康德认为，所有的道德规范都源于一个普遍法则，这就是他的一元论义务伦理。这一原则是所有道德判断的基础，被称为**绝对律令**。这一律令是一个规定的行为或一个强制性规则。通过理性论证，任何一个有理性的人都应当能够判断一个可选的行为在道德上正确与否。康德以多种方式制定绝对律令。

> **绝对律令（Categorical imperative）**：在康德理论中，规范“做A”成为普遍法则在于它是所有道德判断的基础。

绝对律令的第一种表述**普遍法则**，如下所述：

> 依据准则而行动，并符合你的意志，那么这一准则应该成为一个普遍法则。

普遍法则（Universality principle）：绝对律令的第一种表述：依据准则而行动，并符合你的意志，那么这一准则应该成为一个普遍法则。

一种准则就是一个规定某些行为的实践原则或主张。康德指出，准则应该是无条件的，应当能作为一个普遍法则应用于每一个人，而不会引起矛盾。我们必须要求自己遵守普遍适用的法则。也许一个女人决定回收瓶子或罐头以帮助改善环境，她应该问问自己行为背后的准则或规则——回收容器以帮助改善环境是否对所有人都适用。这种情况下，并没有明显的问题，她一直希望每个人都遵守她行为背后的准则。然而，当你违背诺言的时候，就不同了。在一定情况下，有时候为了更加方便而不遵守承诺。一个人失信于他人，道德上是否可以接受呢？行为准则是："我打破承诺，这样会更加方便我做事。"绝对律令指出，如果我能让大家在没有矛盾的情况下打破承诺，那么它在道德上是可以接受的。打破承诺的唯一可能在于人们是否信任作出的或坚持的承诺。如果为了方便就违背承诺变成普遍的规则，那么没有人会相信还有人会遵守承诺。现在的矛盾是你不希望违背诺言，而又想把可以违背承诺当作一个普遍法则。如果后者变成事实，那么诺言就失去了意义，承诺就也没有用。 91

根据康德理论，绝对律令也意味着存在一个平等假设和普遍的人类价值。他对自主和自我立法的思考，使他认为所有理性的自由意志是人权的基础。**平等假设**被定义为待人平等的处方，也就是同等的关怀和尊重（Dworkin，1977，p. 370）。认识到人类平等并不意味着在各个方面都要一致对待，除非有明确的同等对待的道德要求。涉及这些问题的意见分歧是：有多少不同的需求？它们如何与竞争性需求保持均衡（比如基于自由的原则）？例如，如果我们推进待人平等，物品应该如何分配？

平等假设（Equality postulate）：规定平等地对待他人，也就是，平等的关怀和尊重。

康德认为，绝对律令的第二种表述，等同于第一种表述。

绝对律令的第二种表述**互惠原则**，如下所述：

你的行为使你对待人类时，不管是对待自身还是他人，都把人作为最终目标，而不只是一种手段。

互惠原则（Reciprocity principle）：绝对律令的第二种表述："你的行为使你对待人类时，不管是对待自身还是他人，都把人作为最终目标，而不只是一种手段"。

在绝对律令的第二种表述中，人类不同于客观物体或动物不是没有原因的，因为人类可以思考，所以对人类而言，律令表现为"推理性"或"理性"。这一律令表明每个个体必须尊重其他人的理性，且不能误导其他人的理性。换句话说，康德在这里强调人类理性的本质：自由、明智、自主性。他们不能只被视为一种手段，也就是说，我们决不能为了我们自私的目的，只是把他们"用"为手段。他们不是被使用的对象或工具，把他们当作工具来使用就是没有尊重他们的人性。比如说，我向别人借钱，并承诺会还给他，虽然我知道我不会还钱。在本例中，我把我做出的承诺当作一种手段，而不是作为一个目标。我在误导他，或者说我在误导他的理性。事实上，我没有提供足够的信息说我不会履行承诺，因此他不能作出理性的选择。如果他知道我不打算还给他，可能他不会借给我钱。我使用他的理性作为一种手段来达到自己的目的。互惠原则在本质上是强烈反对家长式作风的（见家长制，第一章），一个人（一个理性的人）应有权自己做出决定。

互惠原则告诉我们，我们应当把人当作人，而不是"利用"他们。然而，我们需要仔细解释利用人或仅仅把人视作一种手段的想法。把人作为一种手段和把人仅仅作为一种手段之间的差异并不总是很明确的。假设有人由于宗教的原因反对服药（比如一个信奉基督教的科学家），然而医生
92 为了这个人健康考虑，强迫其用药。现在医生把患者的福利当成对待病人唯一的手段，根据互惠原则，矛盾的是它可能是合理的，但同时也是不可接受的。需要注意的是把人当作目的并不仅仅意味着做他/她想要的事情。如果消费者想以一种价格购买汽车，而销售员不愿意以此价格进行销售，这并不说明销售员把消费者不当作一种目的。如果销售员告知消费者汽车的价格和汽车的状态，销售员就是把消费者当作一种目的。

人物

伊曼努尔·康德（1724—1804）

世界上没有什么是想不到的，除了良好的愿望，没有什么有资格被称为美好的。智慧、才智、判断以及其他才能，可能被命名为勇气、决心、毅力或气质。在许多方面，它们无疑都是正面的、美好的、可取的；但这些大自然赋予的礼物，如果利用起来，也可能变得极其糟糕和有害，因此，这些被称为品质的特质也并不总是善的。（Kant，2002［1785］）

康德是有史以来最具影响力的哲学家之一，是贫穷的马鞍制造商的九个孩子中的第四个孩子。康德1724年出生于东普鲁士的哥尼斯堡（Konings-bergen）大学城，当时，这是一个富有的贸易地区。他成长在一个虔诚的基督教传统的家庭，在以后生活中他却强烈反对这种传统。在哥尼斯堡完成大学预科教育后，他首先研究神学，然后是哲学、数学和物理学。1746年，康德完成学业后，做过许多家庭的教师；1755年，获得硕士学位后，他成为哥尼斯堡大学的一名教师；46岁时，成为逻辑和形而上学教授。康德非常钦佩开明的普鲁士国王弗雷德里克（Frederick），但在1794年，由于他的宗教哲学思想，他和国王的继任者起了冲突。康德勇敢地捍卫科学家在思想自由和学术出版方面的权利。康德终年80岁（1804）。康德的生活被认为是高度自律的，他有很大的工作热情和严格的日常生活作息/方式哥尼斯堡居民都能以康德每天散步的时间来设置时钟。这种生活方式的原因是他糟糕的身体状况，他试图通过严格的日常生活方式来改善身体状况。 93

康德的思想和理论代表哲学史上的一个转折点，因为他从根本上改变我们关于世界的人类知识的思考方式。基于这样一种思想，他建立系统化的哲学理论：我们所处的世界并没有独立于我们而存在，我们自己的思维对它的形式和结构负责。这引入一种观念，即人类思维作为经验的积极的发起者，而不是被动接受者。正如康德所言，它预示着使客体成为可能，而不是客体使之成为可能。这个想法，用他的话说，是一场哥白尼式革命。在尼古拉斯·哥白尼（Nicolaus Copernicus）——现代天文学的创始人——之前，天文数据被用来解释太阳围绕地球旋转。相反，哥白尼通过数据解释地球是围绕太阳旋转的。在道德哲学中，康德同样提出一个革命性的想法。在道德上，我们不需要遵循由上帝提出的律令或永恒的道德原则；相反，我们必须源于我们自己的实践理性的法则来理解道德。康德伦理学，主要在《实践理性批判》（1788）和早期的《道德形而上学的基础》（1785）中进行详细阐述，其中作为基础的著名原则是“绝对律令”——无条件的义务源于道义的概念。

二　对康德理论的批判

对康德理论存在两种主要的批判。康德认为，所有的道德法则都可能来自绝对律令，问题是这些所谓的法则是否是明确的和一致的规范体系。正如我们早些看到的揭发者案例，经常会有一些矛盾冲突的规范。另外一个事例是，在一种紧急的情况下，通过撒谎也许能救一个朋友，但这意味着打破规范。要么你打破道德规范，要么你必须始终说实话，或者你在人们需要帮助的时候，打破规范。康德理论没有这种变通，因为康德在他的理论中不允许任何异常存在。

为了解决这个问题，威廉·戴维德·罗斯（William David Ross）提出一种道德义务的多元化理论（Ross，1930）。罗斯认为，我们通常所说的“善”往往有两个层面：第一眼看起来似乎是善的和我们仔细审思完后认为是善的。规范的第一层被称为**显见规范**，第二层被称为不言自明的规范（直截了当的义务）。通常情况下，显见规范就是不言自明的规范，但并不是所有的显见规范都是这种情况。
举例来说，比如，你对你的学生承诺下周结束前会检查他们的学习情况。后来，你的一个好朋友陷入困境需要帮助。而事实上你已经对你的学生承
94 诺要检查学习且不会取消。这两种规范是显见规范，仔细观察一下就会发现，规范“你必须帮助你的朋友”是一个不言自明的规范，而另外一个（“你必须信守承诺”）不是。

显见规范（Prima facie norms）：指可适用的规范。除非它们被已证明为更为重要的规范所取代，我们在任何事情中都要考虑这些规范。

请注意，这里我们必须权衡不同的规范：信守承诺的规范和帮助朋友的规范。我们永远不会知道我们认为不言自明的规范是否真的是不言自明的规范。我们尚不清楚应该如何权衡规范。罗斯指出，我们的选择从来都不会超过我们的判断。虽然这可能是令人不太满意，但它的确尊重我们道

德世界的复杂性。在义务伦理学中，常见的显见规范事例有以下几种。

- 关于忠诚方面的规范：应该信守自主做出的承诺。
- 关于互惠方面的规范：这可以参考诸如积极或消极意义上的黄金法则（对待别人要像你要求别人对待你的那样/不要像你不喜欢别人对待你的方式对待别人）。
- 关于团结方面的规范：帮助有需要的人，而不管他们的成就，或对社会或对你个人是否有用。

第二个问题是义务伦理。康德理论因此常常引起异议，严格遵守道德规范可能会造成忽视他们的行为造成潜在的负面影响，如童工案例。

案例

童工

1998 年，荷兰社会党（SP）开始抵制宜家家具，并要求宜家保证孩子永远不会参与宜家产品的生产。然而，童工的支持者如世界儿童权力的西奥·克尼朋贝格（Theo Knippenberg）认为，对广大的孩子而言，如果他们的家人没有其他的生存方式，这种抵制行为实际上伤害了孩子（Knippenberg，1999）。克尼朋贝格发现过去对童工采取的行动最终弊大于利，因为他们剥夺孩子们为自己争取一个比较好的生活机会。由于失业，许多孩子最终沦为奴隶或卖淫者。此外，贸易和工业发展有助于改善孩子们的工作条件，如工作时间、医疗保健、培训等。

这个案例表明，一方面，坚持严格道德原则的价值：使用童工是不可宽恕的。社会党相信这一原则的道德力量，正如康德理论所述的，不计后果。另一方面，功利主义者强调严格遵守这一原则的负面效果。克尼朋贝格认为，在废除童工的后果面前，违反原则根本就不算什么。这个例子表明，这两种理论一般都会引起我们的道德共鸣，但他们在道德行为正确性方面而言，可能带来截然相反的结果。罗斯的方法可以为僵化的康德理论 95
提供一个解决方案。罗斯认为，一个规范之所以是不言自明的、取决于在何种情况下一个人可以发现自我。在特定情况下，我们必须做得更多是一种义务。显见规范“童工是不允许的”，在这种情况下不是不言自明的规范，因为情况是要求我们要为孩子们提供一个美好的未来，防止他们沦为奴隶或妓女。规范“孩子们不应该被迫沦为奴隶或卖淫者”是不言自明的规范，而“童工是不允许的”则不是。

三　康德理论在福特平托案例中的应用

应用康德第一个绝对律令普遍法则看福特平托案例，我们必须考察福特的准则“福特在明知汽车不安全，在没有告知消费者的情况下将平托推向市场”是否具有普遍性。为此，我们必须解释这一准则能否成为一个普遍法则，并且可以在没有矛盾的情况下果断地被应用。普遍法则可以解读如下：“在没有告知消费者的情况下，营销不安全的汽车是允许的。”如果这是一个普遍法则，营销汽车将变得不可能，因为有理性的人不会再购买一辆车，他/她已经不相信汽车是安全的。那么很明显，这一准则不具有普遍性，因此，福特不能这么做。

第二个绝对律令，互惠原则告诉我们，人们不应该被视为纯粹的工具。正如我们所看到的，这个原则意味着尊重人们的**道德自主**，让他们自己作出选择。由此可见，福特应该告知消费者，否则，人们对是否买这辆车他们无法进行自主理性的判断。如果消费者已经知道福特也认识到平托的安全问题，他们就会三思而后行。由于没有被提前告知，从而削弱消费者的理性判断，而他们也仅仅被当作一种工具（而不是当作人）来实现福特的目标：增加福特的营业额。福特不仅危及人们的生命，更为严重的是福特也没有告知司机有关的风险。

> **道德自主（Moral autonomy）**：个体自身通过理性能够判断什么是道德上正确的行为。

第九节　美德伦理学

功利主义和康德理论都是判断行为标准的理论。**美德伦理学**不是把行为而是把行为者个体的品质当作道德判断的出发点。该理论指出，善或理想的特质，是人们应该拥有或努力争取获得的道德目标。不像前面两种理论，美德伦理学不仅仅针对理性，而更多的强调把伦理学和心理学结合起来推进性格特征的发展。 96

> **美德伦理学（Virtue ethics）**：一种关注行为个体品质的伦理理论。这一理论指出善或理想的特质，应该是人们拥有或不断追求的道德目标。

美德伦理学是基于人类的观念，即人的性格可以通过适当地培养、教育和树立好的榜样来塑造。中心主题是把人培养成道德高尚和负责任的人，使他们能过上美好的生活。为了这个目的，培养良好的性格特征，包括智慧和个体的性格特征都是至关重要的。这些特征被称为美德。它们不仅说明如何过上美好的生活，也指明什么是美好的生活。美德的例子是可靠性、诚实、责任、团结、勇气、幽默、正义感等。

一　亚里士多德

美德伦理学源于悠久的传统，且已经通过古希腊哲学家苏格拉底、柏拉图、亚里士多德流传开来。亚里士多德是把美德伦理学作为一个领域进行研究的第一人。亚里士多德认为，人类行为的最终目的是要争取最高的善：幸福。这可以翻译为“**美好生活**”。这并不是指可以带来快乐的情境（古典功利主义的目标），而是做一个好人。也就是说，作为人类应该引导生活，精益求精，这是人类本性的一部分。人类具有理性，也是幸福所在。如果我们想成为幸福的人，我们必须充分利用我们的理性能力。亚里士多德认为，善不仅是由相关的理性活动决定的，也是通过道德的活动来实现的。因此，美好生活是一种积极的生活，它是与实现个体独特的人类潜质的必要美德相一致的。

> **美好生活（The good life）**：最高等级的善或幸福，实现个体独特的人类潜质的状态。根据亚里士多德理论，美好生活是人类行为的终极目标。

人物

亚里士多德（公元前384—前322）

美德，是关注如何选择手段的一种状态。对于我们来说，这是由一个理性原则来决定，并通过该原则由人类的实践智慧确定的。现在，美德作为一种手段，在过度索取和过度缺乏两种缺点之间进行选择；并且，反过来，它也是能够在感情和行为方面的两种极端状态之间发现并选择中间状态的一种手段。因此，就美德的实质和本质的定义而言，美德是一种手段，是
97 探求什么是最好的、正确的和极致的一种手段。(Aristotle，1980 [350 BC])

公元前384年，亚里士多德出生在马其顿的斯塔基拉（Stageira）。其父亲是马其顿国王阿敏塔斯二世（Amyntas Ⅱ）的私人医生。因此，他有时被称为斯塔基拉。亚里士多德来自医学世家，这可能解释为什么他对物理学和生物学感兴趣。公元前367年，亚里士多德进入雅典柏拉图学园，并在此学习20年。公元前347年，政治环境迫使亚里士多德离开雅典，先是搬到阿索斯（小亚细亚北部海岸），然后去了莱斯博斯岛的米蒂利尼(Mitulene)。在那里，他迷上了水生动物。比起他的前辈，亚里士多德在生物学上表现出更大的兴趣。他意识到，不研究低等动物的生活，人类生物学永远不可能被理解。而直到十九世纪，亚里士多德在生物学领域中关于水生动物的研究都是无与伦比的。

公元前343年，亚里士多德去了马其顿的佩拉，负责培养13岁的亚历山大大帝。尽管在公元前339年，他就被任命为学园领导，但直到公元前334年才回到雅典。公元前323年，在吕克昂城市东北部，亚里士多德成立了自己的哲学学园，并将其冠名为逍遥学派，这个名字取自亚里士多德在行走中教学的习惯，他的学生经常称他为漫步者（逍遥学者）。

公元前323年，亚历山大大帝死亡的消息在雅典引起对马其顿的强烈反对，迫使亚里士多德逃离“以阻止雅典人民犯下反对哲学的第二次暴行”。亚里士多德所指的是公元前399年苏格拉底的审判。公元前322年，亚里士多德在卡尔基斯去世，享年63岁。

亚里士多德是西方哲学中最重要的奠基人之一。他是建立西方哲学体系的第一人，其中包括道德哲学和美学、逻辑学和科学、政治学和形而上学。例如，他被认为是最早研究形式逻辑的人，直到十九世纪数理逻辑推进之前，他的观念一直是西方形式逻辑的主要形式。他的作品《尼各马可伦理学》（*Ethica Nicomachea*）是最容易读懂的作品之一，也是西方哲学中第一部系统地提出伦理学方法的著作。在托马斯·阿奎那把亚里士多德思想与基督教教义结合之前，虽然欧洲基督教忽视他而赞成柏拉图，但亚

里士多德思想仍是一些道德哲学的起源——即所谓的“幸福伦理学”。在康德出现前，它一直在哲学中占据统治地位。

亚里士多德认为，每一种道德美德（亚里士多德称为品格美德）都是一种平衡。一种道德美德是两个邪恶的极端之间的平衡，例如，勇气是懦弱和不计后果的行为之间的平衡，慷慨是吝啬和败家子之间的平衡，而骄傲是顺从和傲慢之间的平衡。这是一个古老希腊概念的表达：如果一个人希望达到最佳的人体状态，一个至关重要的限制即必须保持平衡，不能靠左或靠右。一个勇敢的人不能在危险的情况下装作懦夫，但他/她也不会鲁莽和忽 98
视危险。亚里士多德认为，道德美德不是天生的，也不是超自然的，他们可以通过培养行为而习得。换句话说，就像所有艺术一样，他们可以通过练习获得道德美德：“在做前，我们必须学习如何做，我们也可以边做边学。例如，人通过建筑成为建造者，竖琴玩家通过玩竖琴成为玩家。所以也就是说，什么样的行为决定成为什么样的人，做事温和的行为被认为是温和的人，做事勇敢的行为被认为是勇敢的人。”（Aristotle，1980，[350BC]，1130a）

人们必须寻求一种中道，但这不是一件简单的事。亚里士多德认为，人们本能地知道他们想要什么，不应当做什么。此外，中道取决于一定环境的具体情况。换句话说，在某种情况下是善的，在另外一种情况下不一定是。不同于柏拉图（和后来的康德），亚里士多德认为，善有时是比较模糊的。然而，人们在寻求中道上也并不是无能为力的。具备知识和美德的人是具有**实践智慧**的人，在涉及对成功的人生有好处的和有用的方面，他们能够作出正确的选择。亚里士多德认为，在具体复杂的生活情况下，一个聪明的人能认识到他必须要做的事情。实践智慧意味着一种道德判断能力，这是一个中道。道德美德和知识美德齐头并进。

实践智慧（Pratice wisdom）：知识和美德能够帮助个体做出正确选择的行为。它也包括有能力在两个极端之间选择正确的行为。

亚里士多德的影响遍及叙利亚及整个伊斯兰世界。从十三世纪开始，因为基督教哲学家托马斯·阿奎那将美德伦理和基督教教义融合在一起，所以亚里士多德的作品开始对欧洲产生影响。托马斯·阿奎那区分七大美德，包括四项基本美德，审慎、节制、正义和坚毅。这些美德是自然的、本质的表露，对每个人都有约束力；另外还有三种神学美德，信仰、希望、仁爱，这些都是超自然的，它的对象即上帝，与其他美德的对象是截然不同的。由于后来产生的新的伦理学都主要集中讨论规则，而较少关注美德，使得美德伦理自1600年以来被遗忘。近年来，特别是在哲学家阿拉斯代尔·麦金太尔（Alasdair MacIntyre）影响下，人们才对美德伦理学的起源表现出越来越大的兴趣。

二　对美德伦理学的批评

威廉·弗兰克纳（William Frankena）认为，美德伦理学与义务伦理学并无本质的不同（Frankena，1973）。他认为，每一种美德都伴随着一种道德规范，每一种道德规范都有一种美德。然而，似乎并非所有的义务行为都可以归结为美德，反之亦然。美德塑造人的特性，并对行为的背景提供洞察力。一个人好的性格特征可以提高期望值，但是他们没有对行为的判断提供一种标准。比如，在道德讨论中，有这样一种争论，即因为一个工程师是正直的和可靠的，所以把他的行为定义为符合道德的，这并不能被
99 接受。此外，很难检验工程师是否按照正确的目的行事。因此，美德伦理学在如何解决一件事情上，并没有给出具体的线索，而功利主义和康德伦理学则与之相反。与上述观点相反，我们认为正确的美德的确可以促进负责任的行为，稍后讨论的勒曼萨尔（Le Messurier）案例就是一个证明。

最后，和康德一样，我们怀疑我们是否可以简单且毫不保留地表明一种美德本身是好的。康德举例说一个冷血的精神病患者具备一定程度的良心和激情，自我控制和冷静的思考的美德，使他比那些没有这些美德的人更加可怕。

三　道德上负责的工程师的美德

可靠、诚实、负责任和团结是相当普遍的美德。大多数美德是有道德的、负责任的工程师需要具备的。如果我们要更加具体地审视工程师需要的美德，那么我们必须专注于工程实践。相比上面提到的，迈克尔·普里查德（Michael Pritchard）列出许多更加具体的美德，而这些都是道德上负责任的工程师要求具备的（见下文）。

道德上负责任的工程师必须具备的美德

- 专业知识/专业化
- 具体明确的沟通
- 合作
- 能够作出妥协
- 客观性
- 接受批评
- 持久力
- 创造力
- 追求质量
- 注重细节
- 认真报告工作的习惯（Pritchard，2001）

在职业行为规范的规定中经常提到这些美德。欧洲国家工程协会联合会（FEANI）职业行为规范指出美德如诚实和公正。虽然，这些列表中的美德，并没有清楚地说明它们是如何在工程实践中实现的，但是某些美德
确实可以对工程工作的质量和工程师道德诚信方面产生重要的影响（见下 100
文工程师勒曼萨尔的案例）。

案例

工程师勒曼萨尔

威廉·勒曼萨尔（William LeMessurier）设计的花旗集团中心在1977年建成于纽约曼哈顿。这是一个创新的设计，因为摩天大楼建立在位于建筑地基各边中间的九层高柱子上。这种不同寻常的结构设计用来容纳在花旗大厦角落里被保持原样的教堂。

在施工期间，由于焊接的高成本，承包商决定用螺栓而不是焊接固定，而为了避免可能造成的延误，并没有把这个改变告知勒曼萨尔。事实上，这种更弱的连接并没有被当作是一个问题，因为使用螺栓在技术上也是正确的选择。在原设计中，选中焊接是因为这种焊接可能减少摩天大楼
的晃动，以提高未来居住的舒适性。勒曼萨尔听说这种改变后，并不担心 101
安全风险，因为使用螺栓连接也符合安全要求。

一个月后，这种想法改变了。1978 年，勒曼萨尔接到一个学生的电话，他说他的教授告诉他这种结构是危险的，指出这些柱子应该放置在建筑物地基的顶角上。勒曼萨尔解释这些柱子之所以位于每一边中间位置，是为了可以让摩天大楼比标准结构更好地应对暴风雨。在此之后，他决定在给建筑工程师的讲座上，介绍处理设计和安全方面的技术问题。

勒曼萨尔严肃对待学生和教授的言论，他决定进行超出标准之外的其他风阻测试。从这场智力游戏中，勒曼萨尔得出一个结论，即这种建筑并非如他所认为的那样安全。一场每隔 16 年发生一次的风暴可能使其中一个连接松散，并可能导致整个建筑倒塌。不过幸运的是，勒曼萨尔知道如何解决这个问题。

在他得出这个结果后，就立即告知律师、保险公司、首席设计师、花旗集团和市政厅的首席执行官。出乎意料的是，各方高度配合，让勒曼萨尔提议的修正方案得以执行。该建筑现在比刚开始施工的时候的方案更加安全、可靠。

因为有太多的活动，围绕这个崭新的建筑风险不能被忽视，所以勒曼萨尔也告知媒体相关情况。因为担心媒体能把它变成一个故事来讲，勒曼萨尔以高度怀疑的态度也涉及媒体调查。在公布这个消息后，大楼设计被改变以承受更猛烈的风暴，而因媒体发生罢工，这件事没有得到进一步关注。

来源：Morgenstern（1995）.

对于很多工程师而言，勒曼萨尔关于花旗银行大楼的行为展现了工程界最高的美德。然而，很多人想知道为什么勒曼萨尔值得这样的赞美，而向当局报告错误是他的职业责任。普里查德指出，勒曼萨尔的行为起到模范作用，有以下两个原因值得称赞（Pritchard，2001）。首先，需要很大的勇气来报告错误，当然不主动报告也会受到很大程度的谴责，而这个报告可能会对他的声誉造成很大的损害。其次，勒曼萨尔不仅报告这个问题，而且还提出一个解决方法。在普里查德看来，这是一个具有美德的工程师应该具备的特征。

通过认真对待学生和教授的反对意见，勒曼萨尔也表现出另外一个优点：接受批评。并不是因为建筑符合安全标准就忽略批评，相反勒曼萨尔决定检查每一件事情，并重新计算。这表现出他对公众安全的奉献精神。这个案例也说明，美德可以在工程师的专业实践中指导其负责任的行为。

第十节　关怀伦理学

关于在一个特定情况下选择正确的行为方式，我们试图通过使用功利主 102
义和康德理论来作出一个平衡的道德判断。在这些伦理学理论中，提出抽象原则和一般原则，比如功利原则和互惠原则（或普遍法则）。问题是，它并没有注意到道德情景下特定的社会环境。这些理论假设了一个独立而理性的行动者是在真空中作出决策的，是在没有考虑特定的情况下作出的决定。

关怀伦理学——最初的灵感来自卡罗尔·吉利根（Carol Gilligan）的作品（Gilligan，1982）——强调道德的发展不会是通过学习一般的道德原则而获得的。它的基础是人们在特定的环境下学习规范和价值，并且人也是具体的有情感的人。认识到对方的弱点，把自己放在他/她的位置去理解他/她的情感，你可以在那个特定的时间了解什么是好的或坏的。关怀伦理学侧重于人们生活和现实的经验，可以从不同的角度来看待相互的关系，并且指出人们的能力和缺点也影响道德决策。

> **关怀伦理学（Care ethics）**：一种强调关系重要性的伦理理论，并且指出道德的发展不是由学习普遍道德原则而获得的。

一　关系的重要性

关怀伦理学认为我们生活的具体细节有道德意义，在我们制定“善”的普遍原则时，细节往往会被忽视。我们可以看到功利主义往往忽视个体的关系，但是，十分有必要对我们的个体关系进行分析。我们和我们的孩子、亲戚、朋友和同事有特殊关系，这些关系也预示着特殊的责任和道德义务。解决道德问题首先应理解个人对集体的责任，必须始终专注于人们之间关系的维护。除了这种关系以外，公司里也可以有特殊的关系，如与员工、供应商，和住在工厂附近的人等。

关怀伦理学的关键在于人们之间的相互关联，以及对彼此的共同责任和关怀。人们彼此联系，通过这种联系，有人会关注你，人们会感到彼此之间的责任，由此产生关怀。关怀包含所有典型的人类活动，即维护、持续和修复我们的世界，所以我们可以拥有最好的生活（Tronto，1993）。虽然在这种描述中，关怀主要被看作为一种行为，但是把关怀当作一种特定的态度或动机来看待也是很重要的。

关怀伦理学与美德伦理学有一些共同的基础。关怀伦理学把个体的相互关系和能够提供关怀的人的态度联系起来。一个人已经具备合理的态度
103 包括同情、关注和关怀，这些美德推动人们有感情地参与并承担责任。此外，这两种方法都是为了美好的生活；美德伦理学是基于良好的性格品质，关护伦理学是基于关怀。

关怀伦理学特别侧重于人们彼此之间的关系。在人际关系中，对弱点和独立性的认知起到很重要的作用，尤其是如果关系不对称的时候，比如父母和孩子之间的关系，雇主和雇员之间的关系，医生和病人之间的关系等。因此，认识到我们拥有的人际关系的类型和在这种关系中所扮演的角色也是很重要的。角色决定我们可以预期相互照顾的程度，也决定在我们的行为中是否应当考虑其他因素。除此之外，了解人们如何回应彼此之间的弱点也是很重要的。我们在何种程度上作出适当的回应和我们承担责任的方式，并不能表明要提前使用规则，但必须结合具体情境回答因关怀需要而提出的问题。

二　对关怀伦理学的批判

一个经常听到的对关怀伦理学的批评是，它在哲学上是含糊不清的，这主要是由于目前还不清楚“关怀”到底意味着什么。“关怀”这个词在许多具体情境中使用，也用来表示多种态度或行为。因此，它是很不规范的。关怀伦理学的前提是关怀本身是好的，因此它既没有告诉我们正确的态度或行为，也没有告诉我们正确的追求方式，关怀伦理学是根据“好的关怀”而不是根据原则对情境做出判断。但问题是什么会使“关怀”成为“好的关怀”呢？最后，在特定情况下，关怀伦理学像美德伦理学一样，并没有给出具体的指导建议，而功利主义或康德伦理学则相反。关怀

伦理学更关注的是通过提供关怀表达人的态度，而不是解决一个具体道德问题的方法。

三　工程中的关怀伦理学

虽然在工程伦理方面试图建立关怀伦理学的方法仍然处于起步阶段，但关怀伦理学强调关怀（如安全性和可持续性）的责任，以及其他工程师共同关注的问题，这说明它对工程实践也有所贡献。作为一种可能应用到工程中的社会伦理（见下文），关怀伦理学的思想也可适用于公司 它能够促进形成公司的目标和使命，也可对公司的社会责任活动产生重大影响。商业环境的一个基本特征，员工是在处理各种不同关系过程中工作。一个公司也会与各种团体或机构打交道，以至于关系如此多样，有时会带来相互矛盾的预期。员工与客户或承包商，与雇主、消费者、供应商，有时甚至与自然环境也有关系。这时对于作为企业一分子的雇员或雇主来说，这里的关键点是他们必须能够最优地处理好与其他机构或团体的利益和权利关系。当必须问到他/她如何处理企业利益和其他权利之间的关系时，这也必须通过同情、关注和关怀的态度来实现。 104

工程的社会伦理

> **工程的社会伦理（Social ethics of engineering）**：工程伦理的一种方法，它是聚焦于工程中的社会安排而不是个体决策。如果这些社会安排符合一定的程序规范，那么对结果的决策就被认为是可以接受的。

大多数工程伦理的方法专注于个体。这些方法在工程师参加与道德相关的工作时，往往容易忽视与他人之间的关系。一个社会伦理的方法应该注重这种关系，并探讨在工程决策时的社会安排。相关的社会安排的例子包括一个设计团队或工程公司的组织方式，以及利益相关者之间关系的构成方式。例如，在第一章讨论的挑战者号灾难的案例中，值得注意的是航天员没有参加讨论，他们并不知道发射前一晚的争议。

理查德·德文（Richard Devon）在工程师参与集团活动流程方面提出一些参与规范，这里也涉及到非工程师，这些规范是：

- 能力
- 认知，建设团队所必需的跨学科的技能和广度
- 民主化的信息交流
- 民主的团队
- 服务导向
- 多样性
- 配合度
- 创造力
- 项目管理技能

一些规范与迈克尔·普里查德提到的（第三章第九节第三部分）具备道德上负责任的工程师的美德相当相似。其主要区别是，美德常被看作是个体的品质特征，而这些规范被视为组织过程和社会安排的水平。

一种社会伦理的方法强调在组织过程中处理道德问题的程序规范，而不是适用于个体的实质性道德规范。它对达成的决定留有余地，“一个人可能对结果不满意，但能够接受它，因为这一过程被组织认为是最能接受的方式”（Devon，1999，p. 91）。

来源：Devon（1999），Devon（2004），Devonand Van de Poel（2004）.

在第三章第七节中，关于童工案例，可以应用关怀伦理学的观点进行以下推理。因为孩子们参与宜家产品的生产，宜家也与这些孩子建立关系。孩子们是非常脆弱的，依赖于宜家：如果宜家停止使用童工，那么后
105 果是孩子们最终可能会沦为奴隶或妓女。宜家有责任照顾这些孩子。在这种特定情况下，这种关怀可能涉及改善工作条件，提供医疗保健，发展教育计划。在这个关怀伦理学应用的案例中，我们看到，是否应该废除童工的问题已经转变成其历史情境问题，关怀伦理学也使得宜家解决孩子们的生活成为最重要的问题。另外一个例子，在大规模失业、兼并、收购、业绩下滑或企业搬迁情况下，雇主对雇员的关怀问题。雇主有一种与雇员的关系，让雇主和雇员之间遵循一定的关怀义务，它应该包括在公司内部积极调转员工，或在公司外寻找合适的工作场所。这两个例子可以很明显看出，关怀伦理学的方法对企业中的负责任企业家提出很高的要求。

在福特平托案例中，福特与消费者之间建立了关系。这种关系是不对称的，因为一般而言，消费者对所有和福特平托相关的技术都没有明确的、清晰的概念，且消费者依赖于福特提供的信息。福特应该认识到消费者的这一弱点，因此福特有责任告知消费者汽车安全或（不安全），或福特不应当把汽车推向市场。

第十一节　应用伦理学

一些哲学家认为，应用伦理学本质上是普遍的道德原则或理论应用的特定情况（参阅 Gert，1984；Hare，1988；Smart，1973）。然而，出于多种原因，这种观点是有歧义的（参阅 Beauchamp，1984；MacIntyre，1984b）。其中之一是并没有一个被普遍接受的道德理论，而在特定情况下，不同的道德理论可能会产生不同的判断。但是，即使有一个普遍接受的理论、框架或原则，它是否可以直接应用于特定的情况，也是值得怀疑的。例如公平分配原则，在许多具体情况下，并不清楚公平分配到底意味着什么。又如，技术风险的公平分配是什么意思？每个人都应该同样的安全吗？每个人都应当有相同的最低限度的安全吗？或者某人的安全权利依赖于他/她支付的税收金额吗？在风险分配上，所有这些都可以被看作是公平分配原则的应用，但显然这些答案显示出不同的道德观。毫无疑问，通过进一步阐述“公平分配”和发展一种伦理理论，这一部分困惑在理论层面上可以解决。不过，这是否会解决所有的应用程序方面的问题似乎也是令人怀疑的。这就引出了第三点，一般来说，伦理理论的发展不会独立于特定情况下发生。相反，理论的发展是为了在特定情况下，形成系统化的判断，并为这些判断提供合理的依据。所以，如果我们遇到新情况，当然可以尝试运用我们已开发的伦理理论，但是在新的情况下，即使发现我们发展至今的理论可能存在缺陷，我们也应该对此持有开放的态度。

如果伦理理论没有提供那些可以直接应用就能得到正确答案的道德原则，那么伦理理论的作用是什么？应用伦理学有这样的作用吗？伦理理论的作用，首先，是有助于发现伦理方面的问题或情况。不同的伦理理论强 106

调不同方面的情况；例如，后果论关注行为的结果如何与道德有所关联；道义论理论关注承诺、权利和义务方面的道德重要性；美德伦理学提醒我们某些品质特征可能与道德有所关联。伦理学理论也表明某些理由或原因在道德判断中发挥作用。这些观点应该也是合理的，因为不合理的观点会阻碍理性的讨论。因此，规范论证是下一章的主题，它可以在伦理判断中，帮助区分善的或恶的论点。

第十二节　小结

当道德是关于什么是善的和正确的观点的总和时，那么伦理学是对道德的批判性反思。规范伦理学不仅描述什么是道德，也对道德作出判断，并试图回答这些问题，如：我应该成为什么样的人？我应该如何行事？因此，规范伦理学试图得到某种规范的判断。然而，这不是一个指导手册或明确的准则，你可以用来寻找如何在困难的情况下行事的答案，相反，这是一个由各种局部冲突的伦理理论在如何采取行动方面构成的特殊区域。西方哲学中，三个最有名的伦理理论是后果论、道义论和美德伦理学。美德伦理学侧重于行为人和他/她的品质特征，道义论侧重于行为本身，后果论侧重于行为的结果。

功利主义是一个主要的后果论观点。它通过行为结果来衡量一个人价值：快乐或幸福。它是基于所谓的实用原则：最大多数人的最大幸福。功利主义要求编制道德权衡表或成本效益分析来确定最好的行为结果是什么。尽管有直观上的吸引力，功利主义仍然受到严厉的批评，这些批评在通常情况下适用于其原初的理论。有一种批评观点认为功利主义会导致剥削，为了解决这个问题，穆勒制定自由原则：每个人都可以自由地追求他/她自己的快乐，只要他们不否定或妨碍他人的快乐。另外一种批评观点是，行为有时是对或错与结果并没有关系，例如说谎。规则功利主义试图处理这个批评：它侧重于行为规则的实用性，而不是个体行为的效用。其他对功利主义的批评主要是幸福是难以衡量的，结果也是很难预测的，它忽视快乐和痛苦的分配，而且忽视人际关系。

康德是道义论的主要代表人物。他制定一个行为判断的正确性原则，即该原则与这些行为的实际结果没有关系，普遍法则是：仅根据律令才能作出的行为，同时你可以将其变成普遍的法则。康德认为，这个原则基本上与他的互惠原则相同：对待人类的行为，无论是自身还是其他人，在每种情况下都应视作目的，而不仅仅是一种手段。对康德理论的两种主要批评是，它忽视规范之间的冲突，而且太死板。处理这类批评的一种方式是把规范都视为显见规范，而不是把它当作普遍规范去适用各种情况。 107

美德伦理学侧重于行为者的品质而不是他/她的行为或行为的结果。这可以追溯到亚里士多德，但至今仍然与工程师有关，相关的工程师美德包括专业性、客观性、接受批评、毅力、创造力和关注细节等。对美德伦理学的主要批评有：美德不会告诉你如何做，美德也不是无条件的善。首先，美德伦理学家可能回答说，有美德的工程师的行为是完全不同于那些没有美德的；其次，他们可能也会说美德伦理学不仅包括单独的美德，而且也包括实践智慧：在复杂情况下进行道德判断的能力。

我们也简要讨论第四种理论，即关怀伦理学：它不注重抽象的原则，而是注重人与人之间的关系。这与工程师有关，因为他们常常与许多部分地依赖于工程师的利益相关者一起参与复杂的项目。关怀伦理学应用到工程中的一种方法是诉诸规则，即在工程上的社会安排应当符合对所有利益相关者的关怀。

伦理理论的多样性表明，在什么是正确或错误的问题上没有一个单一的答案。但是，人们也不应该因此得出什么行为都可以的结论。根据这些理论，一些事情在道德上可能是正确的，也有可能是错误的。此外，尽管理论不同，但在具体情况下，通过更精确地分析，并对某种行为提出可行的理由和论证情况下，伦理理论对区分伦理问题依然是有所帮助的。即使用一种或多种理论也不能保证作出正确的决定，但是如果一个道德决策忽略伦理学理论以及其它相关的伦理问题，在一般情况下显然是不道德的。

问题研究

1. 指出一些价值和规范之间的差异，以及价值和美德之间的差异。
2. 下列陈述哪些是描述性的，哪些是规范性的？

(1) 人们应该接受核能的风险。

(2) 大部分同事发现这项建议是不可接受的。

(3) 火星上存在生命。

(4) 从法律角度来看，进行揭发的工程师通常处于弱势地位。

3. 描述“规范相对主义”的主要思想，对规范相对主义的批评是什么？

4. 穆勒认为，康德道德理论是一种带着面具的后果论，因为不管康德自己怎么说，行为结果的确在他的道德理论中发挥重要的作用，尽管事实上康德自己否认结果和他的理论相关。你如何看待穆勒的观点呢？你认同它的观点吗？解释一下为什么认同或不认同。

5. 描述边沁功利主义的主要思想，穆勒对边沁理论作出什么批判？

6. 什么是规则功利主义？为了完成一个课程，描述规则功利主义者如何判断我是否可以从互联网上“复制和粘贴”成我的作品。这与行为功利主义对此事的判断有何不同？

7. 描述关怀伦理学的主要思想。关怀伦理学对功利主义和康德理论有何批判？

108 8. 某工程师在工作上帮助他的同事，而这个同事又相当漂亮。这个工程师想“为什么没有和她有一腿？”而恰巧她是个康德主义者，这个工程师提出：“如果你想表示对我的尊重，那么你应当到我的房间和我一起喝一杯。否则你只是把我视为达成目的的一种手段，而做纯粹的康德主义者，可能并不是你想要的那样！”

(1) 康德理论中，把人仅仅视为一种手段是什么意思？

(2) 康德理论中，把人视为一种目的是什么意思？

(3) 如果她是一个纯粹的康德主义者，应该如何回答？

9. 假设在没有付费的情况下，可以从互联网上下载有版权的音乐。再假设音乐制作人（艺术家）不希望他们的音乐在没付费的情况下被随意下载。

(1) 康德如何解决在没付费的情况下下载音乐这一行为在道德上是否被允许的这个问题？详细解释一个康德主义者会说什么。

(2) 功利主义会有不同的答案吗？为什么有，或没有？

10. 詹姆斯是生产航空发动机公司的一名工程师。该公司正在研发一种新型发动机FANX，詹姆斯负责FANX的测试，他正在对新航空发动机的可靠性做一系列关键的测试。昨天，詹姆斯的老板比尔要求詹姆斯在一周内完成他的测试报告，因为一个重要的潜在客户下周将来他们公司拜访，并且想看看第一份测试报告。詹姆斯的第一个反应是拒绝比尔的要求：他不可能在一周内完成测试报告，首先他需要做更多的测试。詹姆斯认为，这些额外的测试对深入地认识 FANX 可靠性是至关重要的。比尔告诉詹姆斯放弃其他试验的计划，并要求立即开始写他的报告。之后会有更多的时间做其他测试。比尔还告诉詹姆斯，如果詹姆斯拒绝，他会请艾瑞克写这份报告。詹姆斯坚持说，他真的需要更多时间，而且，他也反对找艾瑞克，因为艾瑞克并没有测试的知识，不能写出一份合理的报告。会议结束后，詹姆斯联系艾瑞克，艾瑞克回答说他认同比尔的观点，如果比尔让他这么做的话，他将完成测试报告。

假设，第二天詹姆斯决定听从比尔的命令，立即去完成测试报告，放弃其他测试。

（1）以功利主义观点看，詹姆斯的选择是正确的吗？解释为什么是或不是。

（2）如果在这种情况下，应用康德的绝对律令，詹姆斯应当做什么？给出你的答案。

（3）作为一个测试工程师，比如詹姆斯，相关的美德是什么？最好提出四点。

（4）这些美德支持哪些行为？给出你的答案。

（5）你认为哪一种规范性理论最能处理这种道德问题？为什么？

问题讨论

1. 有没有一种在任何情况下都不能被打破的绝对规则？证明你的观点。

2. 选择生活中你认为符合道德标准的行为。从美德伦理学、康德理论和功利主义方面讨论这件事情。

3. 如何作出符合道德的决策？

4. 在做道德选择的时候，我们应当考虑哪些潜在的后果？我们应当做哪些工作来确保评估结果是正确的？

5. 我们总是要在道义上做到最好的吗？道德上可接受的和英勇行为之间有差异吗？

第四章　规范性论证

109 学习目标

完成本章的学习后，读者应该能够

- 描述各种合理的论点，并从中找出有效的论点
- 描述论证方案，以及相关关键问题：类比论证、方法结果论证、因果论证、归谬论证、性质判断论证
- 明确不同的道德理论所采用的不同论证方案（功利主义、康德理论和美德伦理学），并评估这一方案是否可接受
- 评价在技术风险的可接受性上，相关道德讨论观点的合理性（荒谬性）

本章框架

第一节　引言　/　107

第二节　有效论证　/　110

第三节　演绎和非演绎论证　/　114

第四节　伦理理论中的论证　/　115

　一　类比论证　/　116

　二　功利主义抗辩中的论证　/　117

　三　康德推理的论证　/　120

　四　美德伦理学的推理论证　/　125

第五节　谬误　/　127

　一　伦理讨论中的一些常见谬误　/　127

　二　风险的谬误　/　129

第六节　小结　/　131

问题研究　/　132

问题讨论　/　133

第一节　引言

案例

金门大桥自杀屏障的利与弊 110

旧金山金门大桥（Golden Gate Bridge）在 1937 年建成时，跨度为 1280 米（4200 英尺）。它是世界上最长的悬索桥，也被认为是一个最好的、最漂亮的桥梁设计的范例。美国土木工程协会把金门大桥誉为当今世界七大奇迹之一。然而，这座桥也是美国最受自杀者欢迎的地方。自从 1937 年以来，至少有 1300 人跳桥自杀，平均每年 20—25 人。① 事实上，预防自杀从桥梁设计开始就一直备受关注。1936 年，总工程师约瑟夫·施特劳斯（Joseph Strauss）如是说："护栏有 5 英尺 6 英寸高（约 1.7 米），这种结构能够确保行人没有得以攀爬大桥的扶手。桥上有复杂的通信和巡逻系统，任何行迹可疑的人都能够立即被抓住。跳桥自杀既不可行，也不可能。"然而，由于某些原因，护栏高度在具体设计时被降到 1.2 米（4 英尺），这样攀爬护栏，跳桥自杀比较容易。 111

早在 1940 年，董事会提出修建一个"反自杀屏障"，但是出于审美和成本上的考量，该提案没有通过。另一个考虑是，屏障可能会因风的阻力而造成危险，并使桥梁结构变得不稳定。从那时起，安装自杀屏障的提议每 10 年就会被提一次，但是均告失败。下面，我们将考虑一些主要的反对者（反对安装屏障）及支持者（赞同安装屏障）的观点。

审美争论

反对者：金门大桥因透明性和宽广的视野而备受赞扬。任何屏障的设计都会破坏美观。例如，建筑师杰夫瑞·海勒说："当你向前看的时候，你会看到这所有的网格，这将是不幸的；向下俯瞰道路，它将成为一个牢笼……为此我们将付出高昂的代价。"

支持者：在屏障设计时可以将审美因素考虑进来。

---

① 由于许多案例没有报道，许多人相信真实数字远大于此。

有效性争论

反对者：一道自杀的屏障不会起作用，因为想自杀的人可以选择去别的地方结束生命。

支持者：大多数想自杀的人的行为都是一时冲动的，自杀被阻止时，他们往往会寻求帮助，求死的欲望就会变淡。根据加州大学伯克利分校理查德·森德（Richard Seiden）博士的一项研究，那些去金门大桥试图自杀的人将“去其他地方”的说法并没有数据支持。从 1937 年到 1971 年，他研究 515 位被阻止从桥上跳下去的人，发现只有 6% 的人仍然选择自杀。

经济争论

反对者：屏障是不值得花费的成本。即使屏障每年可以挽救 20 到 25 个人的生命，这也不能抵上总值达到 5000 万美元的建筑成本外加每年的运营和维护成本。

支持者：人的生命不能用金钱来衡量。此外，对匿名受害者的成本效益分析也是错误的：你也许认为 24 条生命不值得花费 5000 万美元，但如果事情发生在你的女儿、儿子、姐妹、兄弟、朋友、丈夫、妻子等身上的时候你还会这么认为吗？

自主权争论

反对者：一个人不应该妨碍人们自杀的自由：“如果我要从桥上跳下去，我认为任何人都没有权利阻止我”。

112 支持者：自杀的决定通常是在冲动下作出的。一位批评家说：“我的确相信人们有自由的意志，社会不应当干涉他们的自由。然而……这些人是精神病患者，他们的疾病是可以治疗的。但是，如果我们让他们跳下去，他们就无法治愈了。”

责任争论

反对者：尽力阻止自杀不是协会或桥梁董事的责任。而且，用建筑结构来解决社会问题也是错误的。杰夫瑞·海勒（Jeffery Heller）说：“你不可能纠正世界上所有的悲伤和邪恶。”

支持者：这是协会和桥梁董事的责任。正如美国自杀协会前主席杰罗姆·摩托（Jerome Motto）的座右铭：“如果一个工具，在你的控制下被用来带来悲惨的死亡，那么在道义上你必须防止其滥用，防止自杀的屏障是道义上的责任。”根据这一座右铭，“这与自杀的数据或成本是否会改变，或是它……是否漂亮无关……应该说，‘协会正在讨论，并且我们也关心你的生命。’”

2008 年 10 月 10 日，董事会投票以 14 比 1 决议同意安装不锈钢网，这个不锈钢网将被放置在甲板以下 6 米处（20 英尺），任何崩溃的人都会跳到它上面。估算成本是 5000 万美元。钢网的建设预计将需要几年时间，且在一些额外的研究进行之后，该项目才会启动。

来源：www. sfgate. com/lethalbeauty/（2009 年 6 月 29 日）。报价来自 www. sfgate. com/cgi - bin/article. cgi? f =/c/a/2005/11/03/MNG F1FCP631. DTL 和 www. mentalhelp. net/poc/view_ doc. php? type = weblog&id = 456&wlid = 6&cn =9。除非另有说明，引用并不指明评论人的职业背景。

从这些例子我们可以看出，争论目的首先是为了证明或反驳。论证是一种定向的行为，可以是辩护意见（如企图证明解释）或反对的观点（如试图反驳）。通过自己的方式，这两种行为有助于发挥论证的重要功能。在这一章中，我们将讨论一些论证理论，特别是要考察如何证明或反驳一种观点。

伦理学理论在结构上显然是争论性的。人们常说我们需要这些理论来证明我们的道德判断。虽然道德论证的必要性是毋庸置疑的，但是大部分伦理学论著并没有关注到论证形式。本章的主要目的是，在各种论证类型基础上，描绘出一个画面，即如何确定发生的行为在伦理理论中是正确的或错误的。我们将限定于三大主要理论：功利主义、康德理论和美德伦理学（见上一章）。从规范性立场出发“行为 A 在道德上是可以接受的”。113
我们会在论证文献中看到在伦理学理论上使用不同的论证方案（Van Eemeren，Grootendorst，1992；Kienpointer，1992；Schellen，1985）。因为某些关键问题属于特定方案，所以在检查一种论证是否合理时，识别论证的方案是非常重要的。通过这些问题，我们可以看出论证是否可以经受住批判的审查。

在本章第二节中，我们将明确**论证理论**中的一些基本术语，并讨论一个问题：论证在什么时候是有效的。在第三节中，我们将讨论演绎论证和非演绎论

论证理论（Argumentation theory）：通过一个跨学科的研究去分析和评估论证。

证的区别。在第四节中，我们评估在三种伦理学理论功利主义、康德伦理理论和美德伦理学中使用的论证，并且我们将通过类比论证对经常发生的论证方案给出更多的细节。在最后一节，我们讨论一些谬论，特别是关于技术风险可接受性方面的谬论。

第二节　有效论证

在我们讨论有效论证之前，有必要先澄清一些论证理论方面的术语，即研究人类如何在论证基础上，能够处理并且应该得出结论。我们界定的第一个术语是论点，同时它也是一个基本的逻辑概念。

> **论证（Argument）**：一系列的陈述，其中一个陈述（结论）要根据其他陈述（前提）推导出来。
>
> **结论（Conlusion of an argument）**：在论证论据基础上得到的确定陈述。
>
> **前提（Premises）**:为结论提供论证或支持并且是已经确证的（或假定的）陈述。

论点是一系列的陈述，是由某人（结论）根据其他人（前提）提出的观点。

因此，**结论**是以其他论点的陈述为基础的确定性陈述；并且这些其他论点确定（或假设）为接受这一结论提供支持或理由，是为**前提**。一个陈述性语句可以是描述性或规范性的判断（见第三章）。提问（如：几点了?）、命令（如：留下!）以及感叹句（如：目标!）都是非陈述性的。

一般而言，论点正式的表达如下：

114 P_1，P_2…，P_n，所以 C

P_1，P_2…，P_n 是前提，而 C 是结论。前提的数量是不同的，但在实践中的数量会比较少。

论点可以通过效果来判断：一种论点在何种程度上，可以达到预期的结果？我们可以通过两种分析方式来确定。

1. 修辞分析：论点对观众而言具有说服力吗？证明是正确的比其正确本身更加重要。

2. 逻辑分析：这个论点有效吗？

从理性角度思考，论证的主要目的是为其结论提供证明，这也是为什么我们不用修辞性分析的原因。

逻辑学，作为一门学科，关注的主要是论证，即分辨出坏的论点与好的论点，或从糟糕的论点里面区分出相对好的论点。这样，逻辑的目的就是分析、拓展，并使原则和方法系统化，以便其区分有效的和无效的论点。原则上讲，这种区分并不困难。**有效论证**指论点的结论从其前提中必然可以得出；而无效的论点则是前提并不能推出结论。

> **有效论证（Valid argument）**：从前提必然推出结论的陈述：如果前提为真，结论必然为真。

P_1：如果下雨，街道会变得潮湿

P_2：下雨了

C：街道变潮湿了

一个观点由陈述和连接词两部分构成。“如果……，那么……”是一个条件性陈述句，语句中在“那么”之前部分称为前提，“那么”之后是后果。P_1 是一个条件陈述，“下雨”是前提，“街道变潮湿”是后果。

从这一观点来看，如果前提是真的而结论是假的，那么这是很难想像的。因为如果结论是假的，那么并没有下雨（或 P_1 是假的）。从**假言推理**得出有效论证的实例如下：

> **假言推理（Modus ponens）**：形成一个有效论证，也就是，从前提为“p”和“如果p那么q”中得出结论“q”。

如果 p，那么 q

p

因此 q

p 和 q 可以代表任何一个陈述。前提是真的时候，论点是有效的，也确实为其结论提供确凿的理由。所以，前提和结论是相关的，除非结论也是真实的，否则前提的真是不可能的。事实上，一种有效论证的定义就是要界定术语的真和谬误，但这没有提及前提的真实性。前提是假设性的：如果前提为真，在有效论证中，那么结论一定是真实的。

以下的论证常常与演绎推理的实例有混淆，这里，对结果的肯定是错
115 误的。

P'_1：如果下雨，我就呆在家里

P'_2：我将待在家里

C'：下雨了

谬误（Fallacy）：一个论证中的错误或缺陷。

一个论证中的错误或缺陷被称为**谬误**（或似是而非的论证）。以上的论证是无效的，前提是真的并不能保证结论也是真的。例如，因为我想看我最喜欢的电视节目，所以我将待在家里。这种情况下，两个前提都是真的，但是结论并不必然为真，这就与有效论证的定义存在冲突。反例表明，论点前提为真并不能保证结论为真。这一反例就是使用一个强有力的方法证明论点的无效性。

否定后件推理（Modus tollens）：有效论证的一种形式，也就是从前提“如果p则q”和“非q”中推出结论“非p”。

另一个众所周知的有效论证形式是**否定后件推理**，这种情形的例子如下。

P''_1：如果下雨，我就待在家里

P''_2：我将待在家里

C：没有下雨

否定后件推理的第一个假设是一个条件（“如果下雨，那么我就待在家里”），而第二个假设（“我将待在家里”）否定第一个假设的结果。结论（“没有下雨’）否定假设，也就是说否定“如果”条件的假设 P''_1：“下雨了”。如果一个人从“如果下雨，我将待在家里”和“没有下雨”这两个假设下得出“我不会待在家里”的结论，那么否定前提的谬误就会发生。

通常在论证中，一个结论还要面临两方面挑战。一是假设是否为真，二是论证是否有效。关于最后一种方法，我们看到的例子是：肯定结果的谬误。即使假设“如果下雨，我将待在家里”和“我将待在家里”都是真实的，结论“下雨了”也可能是假的。第一种论证的结论（演绎推理的一个实例）只能由前提非真来挑战。测试前提真实或谬误一般来说是常

识或科学的任务，因为前提可以是任何相关主题。逻辑学家对陈述的真与假或内容不感兴趣，而是对论证有效性的确定有兴趣（即使论证的前提可能是非真）。对这一结论挑战的可能性如表 4.1 所示。

例如，金门大桥自杀屏障的案例的论证都来自于自主性的论证。

P_1：有些人想自杀

P_2：如果有人想自杀，那么没人有权去制止他/她

C：没有人有权阻止一个人（想自杀的人） 116

表 4.1　　挑战结论的可能性

	所有前提为真	某些前提为假
有效论证	不能挑战结论	可以挑战结论
无效论证	可以挑战结论	可以挑战结论

这个论证是有效的。所以，如果我们想挑战结论，我们只能通过证明前提是不真实的来实现。在这个例子中，支持者争论的第二个前提说明自杀的人有精神疾病，而这些人应当接受治疗；而如果我们（协会）让这些人自杀，他们就不能被治愈了。

在实践中，人们可能会看到一些前提或结论并没有被明确规定，因为在论证中提出者和接受者之间存在一些共识或背景，必须假定作为论证情境的一部分。考虑一下这个例子："今天我不去上课，因为我生病了。"正式的说法，可以表达如下：

P_1：我生病了

C：今天我不去上课

前提 P_1 并没有给出充分的理由来得出这种结论。我们需要增加一个前提以保证结论的真实性。我们可以合理地提出缺失或未明确说明的前提（相关的常识）"如果我生病了，那么我就不能去上课"，来使论证有效。如果我们重新确定一个论证是否是有效的，我们必须添加所有缺少的前提或结论。然而，在没有明确说明的前提方面，相对于接受者来说，提出者提出的可能会是另一种前提，从而导致误解。

第三节　演绎和非演绎论证

有效论证是演绎的一个特点，也就是说，结论是封闭在前提中的：结果、结论在逻辑上不能强于论证所依赖的所有前提。因此，有效论证是单
117 调的，即添加新前提也不能改变任何逻辑上有效性的结论。

日常实践中的许多论证根本不构成演绎论证，因为在增加新信息时，我们经常改变我们的结论。约翰继承他妻子财产的结论，是基于这样一种假设："如果约翰的妻子去世，约翰将继承她的财产（其它的不知道）"；并且如果我们添加这样一条信息，即约翰杀死他的妻子，前提"约翰的妻子去世"也会改变。非**演绎论证**（也被称为非单调论证）得出的结论在逻辑上强于其前提。换句话说，如果前提为真，对结论的支持也是有限度的。在这种情况下，总会出现这样一种状况，即前提为真并不保证结论为真，添加新的前提可能加强或弱化其结论。接受结论是基于利用非演绎论证的**合理性原则**的考量。例如，我们必须假设，约翰在早上8：00到9：00吃了蛋糕，因为蛋糕消失时，他是当时唯一在房间里待过的人；动物不能进入有蛋糕的托盘，可以排除其它所有的解释。所有可能的解释被排除在外，直到得出合理的假设，即的确是约翰吃了蛋糕。这个非演绎论证试图通过枚举和补充论证来说明，所有的怀疑可能性都没有存在的基础。即在这种情况下，可以接受的结论就是约翰吃了蛋糕。在这个论证中，由于存在间接性，一定范围的不确定性依然存在（实际上没有人看见约翰吃了蛋糕）。

> **演绎论证（Deductive argument）**：前提为真，结论必为真。
>
> **合理性原则（Plausibility principle）**：在非演绎论证中，原则是枚举法和补充论证能使结论合理（可接受）。

一个经常出现的非演绎论证，在科学上被称为**归纳论证**：从特殊到一般。我们试图通过测试结果的方法来支持实证法

> **归纳论证（Inductive argumentation）**：非演绎论证的一种类型。从特殊到一般的论证。

的真实性。一个标准的例子是气体的波义耳定律：压力乘以体积是恒定的（$p \times V = c$）。在有限数量实验研究基础上，波义耳得出结论：所有压力和体积的乘积必须是恒定不变的。在这种情况下，我们可以通过以下**关键问题**来检查结论的合理性程度：

> **关键问题（Critical questions）**：属于一定类型的非演绎论证的问题，用来检验结论合理性的程度。

1. 实验可以得出相关的结论吗？
2. 是否有足够的实验支持结论？
3. 有否存在反例呢？

如果所有这些问题的回答都是肯定的，我们可以说这是一种**合理论证**，而不是一种有效论证。只有在演绎论证的情况下，我们才可以说这是有效论证。由于非演绎论证的间接性本质，也存在一定程度的不确定性：不能排除气体的后续测量不符合波义耳定律。演绎论证完全排除任何可能的疑问，它是直接的（不是枚举法和补充论证）；如果前提为真，不可能存在
结论非真。 118

> **合理论证（Sound argumentation）**：一种论证方法，即相应的关键性问题能够得到肯定回答，因此如果前提真，那么得出的结论也是合理的。

与归纳论证有关的谬误是草率归纳（rash generalization）。例如，由于以过少的观测为基础而得出一般陈述，这样的归纳也是不合理的。在下一节，伦理论证中使用的特殊的论证方案中，我们就会碰到一些谬误。

第四节　伦理理论中的论证

在本节中，在实用—辩证方法的基本论证方案基础上，我们考虑评估的三种伦理学理论——功利主义、康德伦理学和美德伦理学中的论证（Van Eemeren，Grootendorst，1992；Kienpointer，1992；Schellens，1985）。在此之前，我们将讨论伦理论述中经常使用的论证方案：类比论证。这种论证也经常被用来填补一些政策或道德的真空，尤其在现代科技方面更是如此。

一　类比论证

> **类比论证（Argumentation by analogy）**：非演绎论证的一种类型。论证是通过与另一个判断清晰的情况相类比，假定判断也能适用于类似的情况。

在**类比论证**中，我们试图获得一个未知或新情况下的道德评估，该评估是基于这样一个情况，即道德评估是明确的，且比较是充分的。与现代科技相关的道德问题，往往是搜寻一个已经在道德上评估过的传统案例。上世纪九十年代初，讨论的一个例子是黑客试图访问他人的计算机网络。一些黑客认为他们的行为在道德上是可以被接受的，因为他们的目的只是帮助系统管理员追踪系统中的错误。然而，反对者可能通过类比论证来否定这个观点："你不能去服装店放火烧这些衣服，来查看消防安全程序是否到位。"这是基于一个隐含的前提，放火烧衣服来测试安全在道德上是不可接受的。类似的，黑客也是不可接受的。

类比论证具有非演绎特性，因为我们是在比较基础上得出的结论。在选定例子的情况下，我们也不能断言它也适用于类似的情况（显然相同情况下，有些事情也是不同的）。使用下面提到的关键问题，我们可以确定
119 假设与论证是否合理。

类比论证

如果有这样一个例子，那么它也适用于类似的情况。

正式表述

- 情况 q 与情况 p 具有可比性（类比的前提）
- 如果情况 p 发生，适用于 r
- 那么，如果情况 q 发生，也适用于 r

关键问题

1. 下面两种情况可比较吗？
- 有相关的、重要的相似之处吗？
- 没有相关的、重要的差异吗？
2. 能够确信例子的情境是真的吗？换句话说，"如果情况 p 发生了，

那么也适用于 r”。这是真的吗？

如果类比论证是合理的，所有的关键问题都必须是肯定的回答。在先前有关黑客的例子中，支持者（捍卫立场）必须积极地回答第二个关键问题，即在服装店放火烧衣服来测试防火程序安全在道德上不可接受的主张，必须被接受为事实。事实上，一些重要的相似之处也是显而易见的：这两种情况的目的都是为了测试某一系统的安全性。然而，在“不存在相关的、重要的差异”这一点上是有问题的，黑客入侵并没有造成损害，而举例是有损害发生的——这是一个重要的（显著的）差异。这种差异是高度相关的，因为服装的损害与道德的接受性是相关的，而黑客并没有物品的损害，因此类比是不成立的。所以我们说是谬误：是错误的类比。

一个更好的类比是，黑客可以与非法进入相比较：违背他/她的意愿，故意进入别人家里。因为“造成损害”作为一个问题已经被删除，所以重要的差异也消除了。人们认为，不管是否造成损害，某人未经许可进入他人家里在道德上是无法被接受的。我们看到这个类比被用于 1993 年荷兰计算机犯罪法案，而黑客被看作是非法进入的现代形式。这也反映在计算机非法入侵的术语和描述中：“违背所有者/管理员的意愿，故意进入计算机系统或它的一部分系统。”

二　功利主义抗辩中的论证

功利主义以假设来确定一种行为是否是道德上可接受的，可以表述如下：

当且仅当行为被合理地预期能够为绝大多数人带来最大的幸福，那么这一行为在道德上才是可以接受的。 120

在功利主义抗辩中，**目的—手段论证**是最为重要的论证方式。根据一个给定的目的，手段是用来实现这一目的。这个论证是非演绎的，因为结论并没有嵌入前提之中。也许有其它手段来实现这个目的，这意味着不需要选择 y 手段（见下文）。因

> **手段—目的论证（Means-end argumentation）**：非演绎论证的一种类型。论证出于既定目的，而手段是用来实现这一目的。

此，当我们应用目的—手段论证的时候，我们必须为手段 y 的选择创造合适的理由，而不是为同样可以达成该目的的其他手段创造合理的理由。

目的—手段论证

如果你希望实现目的 x，那么你必须推进手段 y。

正式表述

- x（目的）
- 实施行为（手段）y 可以实现目的 x（目的—手段前提）
- 因此，实施手段 y

关键问题

1. 行为 y 能真正实现目的 x 吗？
2. 行为 y 可以实施吗？
3. 行为 y 会导致不可接受的负面影响吗？
4. 有没有其它（更好的）行为实现目的 x？
5. 目的是可以接受的吗？

众所周知，功利主义的目的是：最大多数人的最大幸福；方法对它而
121 言是一种行为。功利主义的目的是很抽象的；根据可能行为的结果，可使目的变得更加具体。带来最好结果的行为是会给最大多数人带来最大幸福的行为。在功利主义中，目的的制定与第五个关键问题是不相关的：界定出的功利主义的目的是值得为之奋斗的，至少对于坚持功利主义的人而言是这样的。根据文中采用的论证，关键问题或多或少地存在一些相关性。在功利主义中，关联性最大的关键问题是第一个：行为 y 真的可以实现目的 x 吗？回答这个问题需要考虑两个重要方面。首先，我们必须证明行为可以带来预期的结果；其次，结果是最好的，即，“最大多数人的最大幸福”。前一个是说**因果论证**的重要性，因为是一个特定的行为带来的预期结果。换句话说，在行为和结果之间有一个因果关系。在下文中，我们给出因果关系论证的形式化描述。第一种类型是论证的非演绎的变体：结果（结

因果论证（Causality argumentation）：非演绎论证的一种类型。由一定行为产生预期结果的论证。

论）没有嵌入前提（行为）中。第二种类型与之相反，即因果论证的演绎类型："如果 p 为真，如果 p 产生 q 的结果也为真，那么 q 也为真。" 这个论证显示与演绎推理的相似性。在许多情况下，把非演绎论证转变为演绎论证也是有可能的。然而在这两种情况下，合理性的问题都有可能发生。因果论证的第一个描述，我们能否确定 q 就是行为 p 预期的结果，这个事实说明合理性原则是很明确的。在第二种类型中，它隐藏在因果关系的前提之内。

我们将通过金门大桥自杀案例的介绍来说明因果论证在功利主义中的推理。反对者认为"不安装一个自杀屏障"的行为在道德上是可以被接受的，因为屏障的价值不值所花费的成本。因果论证包含以下前提："行为会导致以下可预期的结果：20 到 25 人将无法挽救，或 5000 万美元建设成本以及每年的运行和维护成本。" 属于这个因果论证的的关键问题也是与之高度相关的。在这一案例中，他们提出如下问题：与安装屏障相比，不安装屏障每年真的会产生 20 到 25 人的死亡吗？建设成本真的有 5000 万美元吗？20 到 25 人的数字的估算依据是什么？

因果论证

在这一论证中，使用这样一个事实，即特定的情况或行为会产生特定预期的结果。

正式表述

- p（行为或情况）
- 所以：q（预期的结果）

或

- p
- "p 造成 q" 或" p 会带来 q 的结果"（因果关系的前提）
- 所以：q

关键问题

1. 特定的情况或行为真的会带来预期的结果吗？ 122
2. 有什么问题被遗忘了吗？比如，预期结果方面。
3. 你如何确定预期的结果，它是合理的吗？

接下来，我们需要通过比较评估的方式来确定一个最好的结果。如果所有可能预期结果的行为都已经确定（其中每次用的都是因果论证），这样就可以做出判断，也可以做出比较，使用成本效益分析来选择最好的结果。边沁认为用金钱来表达比较的结果是一种合适的方式。根据定义，最好的结果是最大多数人的最大幸福。请注意，这个比较的判断也得到论证的支持，其中关键的问题也是绝对相关的："我们可以用金钱表达所有的结果吗?"它在金门大桥自杀屏障案例和福特平托案例中发挥很大的作用（见第三章第一节）。

因为在许多情况下，不可能确定所有行为的预期结果，一些功利主义者运用另一个标准：总效用（快乐）和无用（痛苦）的加和必须是积极的。根据这个标准，我们可以在不需要考虑所有可能行为的情况下，判断某一行为是否适当，以及道德上是否是可以被接受的。

在因果论证中常见的谬误包括错为因果（Post hoc ergo propter hoc）的谬误和滑坡谬误（Slippery slope）。错为因果的谬误是从两个先后发生的事件中简单地导出因果关系。例如，"昨天我看到一只黑猫，然后我看到一起车祸。因此黑猫会带来噩运"。滑坡谬误的论证涉及：一个小小的原因会带来深远的影响。例如，"你不应该赌博。一旦开始，你将无法停止。不久你就会失去所有的钱财，而变得一无所有。"与错为因果的谬误相比较而言，如果手段达不到目的，那么目的手段论证的谬误就会时有发生。

三　康德推理的论证

康德理论对于判断一种行为在道德上是否可以被接受是通过如下假设来实现的：

当且仅当行为符合第一个绝对律令时，该行为在道德上才可以被接受。

或

当且仅当行为符合第二个绝对律令时，该行为在道德上才可以被接受。

我们将从第一个绝对律令开始考察，然后考察康德推理中的第二个绝对律令。

第一个绝对律令（普遍法则）

第一个绝对律令如下："依据准则而行动，并符合你的意志，那么这一准则应该成为一个普遍法则"。如果我们希望维护行为 h 在道德上是正确的，那么我们首先要采取否定其它的行为（非 h），因此"不要做这些行为"。下一步，只要你把行为 h 当作普遍法则，我们就可以通过与非 h 的行为产生的矛盾来表明非 h 的行为在道德上是不可接受的（即，行为原 123
则要么是允许的要么是禁止的）（查阅 Korsgaard，1996）。因此，我们可以说 h 行为在道德上是可以接受的。康德提供一些关于如何导致这一矛盾的例子，最著名例子就是前面提到的虚假承诺。

> 另一个例子，他发现自己迫切需要借钱，他知道无法偿还，除非他坚定地承诺在一定时间内偿还，否则没人愿意借给他。他希望做出这个承诺，但他仍然有一些良知来拷问自己："通过这种方法摆脱困境难道不是非法的，和义务也是不相符的吗?"假设他决心要这样做，那么他的行为准则可表述为："当我觉得我需要钱的时候，我会去借钱，并承诺偿还，虽然我知道我永远不会这样做。"现在自爱原则或自我优势原则也许与我全部的未来福利是一致的；但现在问题是"这对吗?"然后，我把自爱的建议变成普遍的法律，就会有这样一个问题："如果我的格言成为普遍法则，又会怎么样呢?"再然后，我立刻意识到它永远不能成为一个普遍法则，因为它必然会自我抵触。假设把每个人在困难之下都能随意做出承诺而并不遵守承诺当作普遍法则，那么承诺本身以及应该遵守承诺也变得不可能，因为没有人会相信别人对他承诺的任何事情，而只会嘲笑这些虚伪虚荣的话。（Kant，2002［1785］）

在这个例子中，康德表明如果你确实需要钱，"我不会遵守承诺"这种行为在道德上是不可接受的。他所显示的准则"如果我需要钱，我可以不遵守承诺"就会导致自我矛盾的发生。只要这是一个普遍法则："如果他/她需要钱，任何人都可以不遵守承诺。"（我们简称为"a"）。根据这个普遍法则，我们可以得出不遵守承诺是合理的（简称"p"），因为我已解决钱方面的问题。另一方面，我们可以得出不遵守承诺是不合理的（毫无意义的）（非 p 是 p 的否定），因为没有人会重视他/她的任何承诺。承诺不再有任何意义，因为每个人都可以打破自己的承诺。从违背承诺既合理又不合理这一矛盾之中，我们可以推断出“非 a”：你不能把“如果我需要钱，我就可以不遵守承诺”当作普遍法则。因此，一个人必须要遵守自己的承诺。

归谬证明（Proof from the absurd）：一种演绎论证方式，是通过表明相反命题会导致一个自我矛盾来证明命题的方式。

这一间接的证明方法也被称为**归谬证明**（拉丁语为“导致荒谬”）。在这里，假定要证明的命题是不真实的，并据此推断出这一自我矛盾①。这种论证方法中最古老的例子之一关于$\sqrt{2}$不是一个有理数的解释，见下文。

2 的平方根

假设$\sqrt{2}$是一个有理数。这个假设意味着整数 $m/n=\sqrt{2}$（n 不等于 0），那么$\sqrt{2}$可以被写作不可约分数 m/n（分数不能再化简）。也就是说 m 和 n 没有共同大于 1 的公约数。$m/n=\sqrt{2}$，即 $m=n\sqrt{2}$，所以 $m^2=(n\times\sqrt{2})^2$，也等于 $2n^2$。因为 $2n^2$ 是偶数，所以 m^2 也是偶数。即 m 本身也是偶数。因为 m 是偶数，存在一个整数 k 满足 $m=2k$。因此我们在 $m^2=2n^2$ 中，可以用 2k 来替代 m，即公式可以改成 $(2k)^2=2n^2$，即 $4k^2=2n^2$，也可以简写成 $2k^2=n^2$。因为 $2k^2$ 是偶数，所以 n^2 也是偶数，即 n 也是偶数（换句话说只有偶数才会得出偶数平方）。

所以，m 和 n 都是偶数，与 m/n 得出的不可约数自我矛盾。既然我们已经发现这个自我矛盾，那么开始的假设$\sqrt{2}$是有理数就是错误的。换句话说$\sqrt{2}$不是有理数。

间接证明是论证的一种演绎形式。结论“非 a”完全由以下前提支持，即“假设 a 导致 p”和“假设 a 导致非 p”。对于形式语言（如数

---

① 直觉主义逻辑并不能导出荒谬的证明，因为直觉主义逻辑不接受亚里士多德排中律（A 或非 A 必有一是真的）。

学），归谬证明是没有问题的。不过，当我们把语言的内容（如我们日常使用的语言）转换成形式语言时，否定，尤其是双重否定，可能就显得特别难。比如说，一个男人对他的妻子说“我不相信，这不是真的。”从逻辑的角度来看，应该等于说“我信任你”，因为双重否定 a 在逻辑上等于 a。可能这个人的意思并不意味着它可能就是这样。“信任”这个词含蓄地指出了一个值的尺度，即从“非常值得信任”到“非常不值得信任”。在第一个绝对律令应用中寻找自我矛盾，我们也遇到类似的问题：我们可以从否定一个道德上不可接受的行为推断出一个行为在道德上是可以接受的吗？谎言在道德上被视为是不可接受的行为，是不是说通过定义一个人不说谎，其行为在道德上就是可以接受的呢？我们很可能会否认这一点，因为“道德上可接受”是指一个价值尺度（Willimas，1973，ch. 11）。从以上我们日常使用的语言来看，归谬证明不能定义为演绎论证，因为根据仔细观察，结论并不总是嵌入前提中的。通过对关键问题的回答，我们可以 124
确定什么程度的论证是合理的。

归谬证明

该命题通过对命题的否定产生的自我矛盾来证明（陈述的不一致）。

正式表述

- 假设 a（逻辑上）导致表述不一致 125
- 所以：非 a

关键问题

1. 假设 a 确实会导致不一致的表述吗？

2. 非 a（非 p）的确是 a（或 p）的否定吗？换句话说，可以从“双重否定的 a”中得出 a 吗？

在安伯托·艾柯（Umberto Eco）的小说《玫瑰之名》中，有关于归谬证明的一个很好的例子，表明这个方法不仅仅适用于科学。它始于小说中的巴斯克维尔的圣方济会修士威廉，从修道院院长那里听说，修士阿德尔摩前几天去世了，可能是因为从窗户上掉下来的，他被葬在教堂墓地当中。威廉从这个信息得出一个结论，窗户必定是关闭的（见下文）。

玫瑰之名

> 如果窗户是打开的，你应该马上想到他可能是自己从窗户上跳下来的。从外面，我可以看到，这些窗户是不透明的玻璃大窗。在这种规模的建筑当中，那种类型的窗户通常不会达到一个人的高度。因此，即使窗户是敞开的，对这个不幸的人来讲，斜靠在窗户上失去平衡也是不可能的；所以自杀是唯一可能的解释。在这种情况下，你不应当允许将他被葬在墓葬圣地。但既然你给予他基督教葬礼，那么窗户就必定是关闭的。（Eco，1983）

在这个例子中，威廉认为窗户是开着的，这一假设导致自相矛盾。一方面，如果窗户是开着的，修士阿德尔摩就不应当被允许埋葬在圣地；且另一方面，既然院长给予他一个基督教葬礼，他就被允许埋葬在圣地（一个基督教葬礼）。因此，最初的假设（窗户是开着的）是错误的，也就是说窗户是关闭的。

在推理上运用康德伦理学理论论证，特别是归谬证明来督促我们在审视的时候，找出自我矛盾的确切形式，例如，康德主义者关于骗人的许诺的规则。康德认为，如果没有自我矛盾，个体规则是不能被构想并赋予意志的。不过，正如康德所说，不道德的行为很难明显表现出是“自相矛盾的”。

第二个绝对律令（互惠原则）

对第二个绝对律令（互惠原则）解释如下：“不论是对自己或任何其它人，一个人在每件事情上都必须把其当作目的，绝不仅仅只当作是一种手段。”这意味着我们应当尊重个体自由以及他人作出的深思熟虑的选择。

126 其次，作为必要的责任或严格的义务，他想对别人做一个虚假的承诺，由此可以明显看出他把一个人仅仅视作一种手段，而没有把这个人当作目的。作为我自己的一个目的，我向他提出一个承诺。而这个承诺并不能说明我对他的行为方式，因此对他自己来说，这一许诺也不包含行为的目的。（Kant，2002［1785］）

在这个论证中，康德使用目的、手段的论证模式：如果我的目标是从别人那里获得资金而不用还回去，那么我可以通过虚假的承诺或误导某人（手段）来加以实现。接下来，我们必须提出这一问题：那个我向其做出承诺的人是否同意我的这种手段并给我不用归还的资金呢？如果答案是肯定的，那么行为在道德上是可以接受的，但是如果答案是否定的（在这个案例中），那么该行为在道德上就是不可接受的。

请注意，用在目的、手段的论证中的“目的”概念不同于用于第二个绝对律令中的“目的”。在这个律令中，目的是尊重自由而作出深思熟虑的选择：你必须告知某人，你在把他当作达成目的的一种手段，这样，有疑问的人可以在深思熟虑的情况下选择是否合作。

四　美德伦理学的推理论证

在美德伦理学中，下述假设是用来判断一种行为在道德上是否是可以被接受的：

> 当且仅当是一位有道德的行动者在特定情况下做出应该做的行为时，这种行为才被认为是道德上可以被接受的。（Hursthouse，1991）

当然，问题是我们如何界定一位有道德的人。可以定义如下：一个有道德的人，其行为也是有道德的，就是说，一个人具有并且践行美德（Hursthouse，1991）。要判断一个人的行为在道德上是否可以被接受，并不是所有的美德都同等重要，因为这要由一个人的已有地位和预期的他/她的地位所决定。因此，一个有道德的销售人员必须具备友好和礼貌的美德。一个有道德的设计师需要具备其它如创造力的美德。友好和礼貌的美德与设计师关联不大。

丹尼斯·莫伯格（Dennis Moberg）认为，美德责任、忠诚和信任，与组织中的有道德的雇员是息息相关的（Moberg，1997）。判断一位雇员的行为在道德上是否正确，我们必须确定，如果他/她是一个有道德的雇员，他/她是否会采取有道德的行为。但是，你如何知道有道德的雇员会如何做呢？为此，我们需要有道德的雇员的例子。但是，首先需要确定你选择的例子是否真的是有道德的雇员。为了达成这一目的，我们要使用**品质判** 127
断论证。

品质判断论证（Characteristic-judgement argumentation）：非演绎论证的一种类型。论证是基于对某人品质或某事特征所具备的一定认识而形成的判断。

品质判断论证

如果某人或某事 X 表现出一定的特质 s_1，$s_2 \cdots s_n$，那么对某人或某事的判断 A 就是合理的。

正式表述

- X 具有特质 s_1，$s_2 \cdots s_n$
- 特征 s_1，$s_2 \cdots s_3$ 是 A 的典型特质（品质判断前提）
- 因此，A 适用于 X

关键问题

1. 提到的特质可以证明是 A 的判断吗？
2. 提到的特征是 A 的所有典型特质吗？
3. A 还有其他必要的特质吗？
4. X 具备的特质可以证明非 A 判断吗？
5. X 具备这些提到的特质吗？

为了表明员工是有道德的员工（即，A 适用于员工 X，因此她必须是有道德的），我们需要证明员工具有道德责任感、忠诚和信任（X 具有特质 s_1，$s_2 \cdots s_n$）。这些美德是一个有道德的员工的特质（品质判断前提）。从它遵守的美德伦理学的假设来看，员工采取的行为在道德上是可以接受的。

品质判断论证是非演绎论证的性质，因为结论并不一定遵循这一前提。因此，一个员工可能具备有道德的员工的典型特质，但他也可能不是一个有道德的员工。前四个关键问题是与此相关的。上述论证是否合理取决于关键问题的回答。此外，论证的合理性与该员工是否真的具有的美德有关——最后一个关键问题也是与此相关的。

第五节 谬 误

本书中，我们把论证中的谬误定义为错误或缺陷。一种谬误可能看起
来是正确的，但是通过检验证明并不一定是正确的。认识谬误非常重要，
因为它可能会误导我们。一个懂得认识谬误的人更容易取得论证的成功， 128
而且不会落入骗子的言语幻境当中。

本节我们将讨论一些常见的，在伦理争论中经常用到的谬误，而且这些谬误也常出现在关于技术风险是否可接受的公众辩论中。

一 伦理讨论中的一些常见谬误

虽然谬误没有一个被普遍接受的分类标准，但是还是有形式和非形式谬误两种类型。形式谬误是纯粹由形式（因此得名）或论证结构决定的。任何无效的论证（第四章第二节）则是非形式的谬误。在这一节中，我们将重点讨论非形式的谬误。非形式谬误是基于上下文和论证内容的思考。非形式谬误经常用于伦理讨论之中：如人身攻击、法律和道德的困惑、“稻草人”、一厢情愿的想法、自然主义谬误、隐私谬误和歧义谬误等。

人身攻击

这种谬误致力于试图通过消极的方式提出一些问题来诋毁一种论点，这种方式是攻击论证的支持者，而不是攻击论证本身。这种推理是错误的，因为必须聚焦于论证本身而忽略使用这一论证的人的品质。在某些情况下，个体品质能够通过他/她的诚信问题有所展现。例如，如果有人已被证明是一个病态的说谎者，那么他/她说的任何话都是不可信的。然而，这样的攻击力是微弱的，因为即使病态的说谎者有时也可能说的是事实。

法律和道德的困惑

法律与道德的困惑可以简单地表述为“如果不是非法的，它就是符合道德的”。然而，伦理比法律更具包容性。法律不能禁止所有不适当或有伤害的行为。有外遇没有被禁止，但这并不是说这种行为道德上是可以接受的。同样的还有说谎、背叛和裙带关系。

“稻草人”

“稻草人谬误”是试图错误阐述一个人的真实意图，并推断出原初的论点是一个糟糕的论证。通常这种错误阐述的论证是原论点的歪曲的、夸张的或愚蠢的版本。假设有人批评核能源的利用，反对者会有如下反应：“就个人而言，我认为能源电力供应是最重要的。”反对者认为对方不坚持好的能源电力的供应，但是不应该从他对核能的批评上得出这一结论。

一厢情愿的想法

一厢情愿的想法发生在一个人根据他/她设想的情况而不是实际的或合理的可接受的证据来解释事实、报告、事件、知觉等时。因此，持有者给出唯一的证据是他/她对某些事情的愿望。这常常可以从那些坚定地支持某些原因的一些人的态度、地位和评论中找到一些例子。比如，“上帝
129 当然存在，因为我完全相信他是存在的。”

自然主义谬误

自然主义谬误是仅基于描述性语句从而推导出规范性语句。我们可以简单地表述如下：从“是”推导出“应该”。谬误背后的原因是，我们必须一直接受事物“本来就是这样”的事实。例如，“在荷兰，偷盗自行车道德上是可以接受的，因为自行车被偷的越多，买的就越多。”所以，一个合理的规范性结论总是需要一些规范的前提。

隐私谬误：“如果你没有做错事，你就没有什么可以担心的”

这个说法认为，隐私权只保护那些有事情需要隐藏的人。不幸的是，这个观点并不成立。首先，错误的信息可能极大影响你的生活。例如，因为犯罪记录机构数据出错，一此人因而被解雇或其事业的发展受阻，他们因为数据库出错而被视为罪犯。在数据库中，把一些人错误地标示为“罪犯”的荒谬现象越来越普遍（Whitehead，2008）。

其次，如果一个人的信息公开，那么他因此可能遭受更大的歧视。例如，如果一个人被检测出 HIV 呈阳性，而且这被公开了，那么雇主可能不愿意雇佣他，保险公司也可能不愿意为他投保。

歧义谬误

歧义谬误玩弄词或短语的含义，因此往往是很幽默的。接下来的故事就说明这一点：

一个船长对大副酗酒很生气，一天，他在日记中写道："今天大副喝醉了。"为了报复，大副在他的日记中写道："船长今天很清醒。"通过词语"今天"，暗示着船长一般都处于醉酒状态。(Copi and Burgess-Jackson, 1990, p. 117)

当他/她使用含混不清的单词或短语时，这个人就犯了这种谬误。也就是说，如果一个词或短语有一个以上不同的意思（模棱两可）或无明显的意义（模糊的），对这种单词或短语，你务必要小心，因为别人可能对这个词语的解读与你想表达的意思发生显著的差异，从而因此产生谬误的推论。

二　风险的谬误①

在对技术风险是否可接受的公众辩论中，存在一些具体的谬误。在这一节我们将讨论这些谬误，其中 X 和 Y 代表一个活动、产品或技术。在第八章讨论技术风险的可接受性时，我们再阐述大部分谬误。

规模谬误

X 是可接受的

Y 比 X 风险更小

所以，Y 是可以接受的 130

例如："你必须接受核能源，因为其风险小于驾驶汽车的危险。"这一谬论也是基于错误的类比。如果 X 和 Y 在相同的决策方案中是互相替代的，类比就只能通过正确的方式进行，而我们通常不会在核能和驾驶汽车之间作出选择。

自然的谬误

X 是非自然的

所以，X 不应该被接受

该谬误与自然主义谬误相对应。规范表述只来自于描述性表述。该谬误背后的想法是任何非自然的都是错误的，问题在于关于"自然"的解读是不明确的。"自然"可用于许多不同的情况。加热的牛奶是自然的吗?

① 参见 Hansson, 2004a.

煮沸的被污染的水在饮用前是自然的吗？核能是自然的吗？一种广义自然定义认为，我们人类文明的所有产品都是自然的产物，因为我们也是一种生物。或另外一种极端看法是只有人类史前文明之前的产品才是自然的。

鸵鸟谬误

X 不会产生任何可察觉的危险或是没有科学的证明 X 是危险的

所以，X 不会引起任何不可接受的风险

这一谬误的反例是石棉，一种隔热产品。通过长时间的观察，石棉被证明有一些极其有害的副作用，如肺癌和胃癌。这一谬误的要点是：只要风险没有被揭露出来，那么风险就是不存在的。

延迟谬误

如果我们稍微等待一下，我们就会知道更多关于 x 的情况

所以，关于 x，不应当现在下结论

这是关于技术风险可接受程度最危险的谬误之一，因为其前提是“如果我们稍微等一下，我们将会对 x 有更多了解”几乎都是真实的。结果就是，总是可以推迟决策，以避免降低风险的措施。在信息相当不完整时，尽早做出决定比在后期深思熟虑做出的决定可能会更好，因为这个问题可能会变得更加糟糕。

技术官僚的谬误

X 是多么危险，这是一个工程问题

所以，工程师应当决定 X 是否是可以接受的

事实上，工程师有能力决定技术风险的性质和程度，但这种能力并不等于他有能力决定技术风险在道德上是否可以被接受。技术风险的可接受性反映出工程师不仅需要具备技术知识，同样也需要具备道德能力。（见
131 第一章第五节第二部分）

定价的谬误

我们必须衡量 X 的风险及好处

所以，我们必须给 X 风险一个定价

前一章福特平托案例就是一个这种谬误的例子。有许多事情我们无法简单用金钱来衡量，包括那些涉及人的生命的损失。此外，没有合理的价格可以有效地代表技术风险的价值，因为这也要视情况而定。在第六章，我们将讨论一些金钱替代品在权衡技术风险上的利与弊。

第六节 小结

在伦理学的辩论中，我们经常会面对自己和其他人提出的论证。评估这些论证的最好方式是证明我们自己的观点，如果有必要，可以反驳别人的论点。在这一章，我们已经了解论证理论的一些基本原则，它有助于区分不好的论证与相对好的论证。

我们已经从论证理论中区分出两个主要分支：演绎论证和非演绎论证。在演绎论证中，我们可以把论证分为有效论证和无效论证。当且仅当论证的结论遵循必要的前提时，一个论证才是有效的。然而，伦理学辩论中很多论证是非演绎的：假设（如真实的）只是对结论提供有限度的支持。如果结论在给定的假设下貌似可信，我们就认为这一论证是合理的。为了评估非演绎论证，我们采用语用辩证方法的论证方案。在这一章，我们在伦理学争议中已经看到一些论证方案：

- 归纳论证
- 类比论证
- 手段目的论证
- 因果论证
- 归谬证明
- 品质判断论证

在论证方案的帮助下，我们已经构建一套方案，即伦理理论（功利主义、康德伦理、美德伦理学）如何得出一种行为在道德上是否是可以被接受的结论。每种论证方案都有自己的关键问题，这些问题可以用来检测论证的一个特定部分是否是合理的，并可以承受批评的审查。如果一个论证是不合理的，那么会有错误或不足发生，我们把这个称之为谬误。关于技术风险的可接受性方面，我们已经提到几种谬误，如自然谬误和技术官僚谬误。

论证的技巧也是有价值的，因为它们有助于丰富道德思考。这里，对
不好的论证的认知也是非常重要的，因为我们必须尽量避免在没有充分理
132 由的情况下去说服别人。而用好的论证来说服别人也是同样重要的，通过
这种方式就可以达成道德上可接受的最佳行为或决策。

问题研究

1. 有效论证和合理论证之间的区别是什么？分别举有效论证和合理论证的例子。

2. 描述自然谬误，并举例说明。

3. 结合上下文，说明自然谬误可以合理使用吗？

4. 解释为什么“你要么站在我们这边，要么就是反对我们”是一个谬论。

5. 2000 年 7 月 25 日，一架从巴黎飞往纽约的协和式飞机发生了一次严重的事故。它在起飞时坠毁，机上 100 名乘客和 9 名机组人员，以及地面 4 人全部丧生。事故发生后，协和飞机停止飞行一段时间。假设，有人认为：“协和飞机暂停服务没有任何意义。协和式飞机的安全记录相当好，这是 31 年来第一次事故。以每公里来计算，坐协和式飞机旅行比坐汽车更安全，因此没有理由认为协和式飞机的风险是不能接受的。”我们怎么看待这一谬论？讨论为什么这个论证是不合理的？

6. 在功利主义抗辩中，目的手段论证是最重要的。那么在一个抗辩中，什么是手段？什么又是目的？

7. 在美德伦理学中，什么样的假设可以决定一种行为在道德上是可以接受的？

8. 下面是由奥林匹克食品部门发给股东的年度报告的一部分，一个冷冻食品处理程序：“随着时间的推移，因为组织学习如何将事情做的更好、效率更高，所以处理成本有所降低。例如，在彩色胶卷处理中，3.5 英寸的打印成本从 1970 年 5 天服务的 50 美分，降到了 1984 年一天服务的 20 美分，同样的原则也适用于食品处理。由于奥林匹克食品部将庆祝它 25 岁生日，我们可以预期，以我们丰富的经验将可以使我们花费最小的成本就可以获取最大的利润。”

（1）这个论证主题如何称呼？

（2）决定该论证是否合理的关键问题是什么？

（3）该论证合理吗？

9. 关于金门大桥案例，有人认为："自杀屏障不会有效，因为想自杀的人会很容易转去其他地方。"

（1）这个论证主题如何称呼？

（2）决定该论证是否合理的相关关键问题是什么？

（3）该论证合理吗？

10. 关于金门大桥案例，请解释在美德伦理学中可以找出支持者的负责任论证。你可能会问，攻击这一论证的关键问题是什么？

问题讨论

1. 讨论在金门大桥自杀屏障案例中，支持者和反对者使用的论证优势是什么？

2. 有一种说法，污染往往是发展要付出的代价：在欧洲和美国，工业废物在重要的经济扩张时代，基本是不受监管的。你认为今天有正当的论点来证明在发展中国家对这部分的限制是合理的吗？证明你的观点。

3. 所有道德上的分歧都可以通过论证来解决吗？如果不能，那么应该如何解决？

第五章　伦理周期

133 学习目标

完成本章的学习后，读者应该能够

- 理解道德问题都是结构不良的问题
- 解释伦理周期的分析步骤
- 解释在道德决策中伦理周期的作用
- 将伦理周期应用到工程中具体的道德问题上
- 在涉及工程实践的道德问题上，分析和评估复杂的后果与动机
- 描述多元反思平衡以及分析相关反思步骤
- 仔细考虑并与他人讨论道德问题

本章框架

第一节　引言　/　135
第二节　结构不良问题　/　136
第三节　伦理周期　/　138
　一　道德问题陈述　/　141
　二　问题分析　/　143
　三　行为选择　/　145
　四　伦理评估　/　146
　五　反思　/　148
第四节　案例　/　149
　一　道德问题陈述　/　151
　二　问题分析　/　152
　三　行为选择　/　153
　四　伦理评估　/　153
　五　反思　/　156
第五节　集体的道德审议和社会安排　/　158
第六节　小结　/　160
问题研究　/　161
问题讨论　/　162

第一节　引言

案例 134

吉尔班黄金

吉尔班城（Gilbane）把污水处理成农业肥料的历史已有75年，每年为每户家庭带来300美元的税收优惠。鉴于这种税收优势，生产的肥料被称为“吉尔班黄金”（Gilbane Gold）。在过去15年里，吉尔班城有一家生产电脑配件Z公司，它是通过税收优惠吸引过来的公司。这个公司对城市也非常重要，因为它创造很多就业机会。然而，在生产过程中产生的铅、砷，通过工厂的污水一起被排放出来。

砷和铅是重金属，沉积在人体中，可能会对健康造成负面影响。如果铅和砷含量积累在吉尔班黄金中，可能会造成长期的负面影响。因此，该城市对污水中铅和砷的含量设置的限制比联邦法律严格10倍。

汤姆·瑞查兹（Tom Richards）是一位独立的环境顾问，受雇于Z公司，发现Z公司使用传统方法测量出来的污水中砷和铅浓度低于新的更可靠的方法所测出的结果。但是，旧方法是城市法规规定的，而城市官员在
被告知这个问题后，并没有反对继续使用旧方法。此外，即使采用新的测 135
量方法，Z公司也可以很容易地通过稀释污水来达到城市法规规定的要求，因为法规仅仅指出浓度，而不是绝对含量。不过一些人认为，“这是法律的一大漏洞。”当瑞查兹进一步追踪这件事时，Z公司决定不再与他续约。

一个年轻的工程师戴维·杰克逊（David Jackson）现在负责Z公司污水中砷和铅的排放问题。同时，Z公司与日本一家公司签订一份合同，这份合同将会使公司增产500%。杰克逊非常关注排放问题，并向管理层提出这个问题，但是被告知公司没有钱解决：因为这样，工厂几乎不能盈利。而且，经理戴安娜·科林斯（Diane Collins）认为，只要公司符合法律要求，就没有必要承担更多的责任。尽管如此，杰克逊仍然担心污水处

理厂不可能处理好排放的大量的砷和铅。既然作为一位专业工程师，他负有把“公众的安全、健康和福祉放到至高无上的地位”的责任，对公众说出真相应该是正确的。而事实上，杰克逊也通过当地一家电视台13频道报告这一问题。[①]

吉尔班黄金是一个虚构的案例，其中一个年轻工程师在困难情况下必须决定如何做。在你参加工作成为一位工程师后，你也可能会遇到类似的情况，这种情况要求使用我们前几章介绍的工具来作出道德判断。但是，道德判断并不是一个可以简单应用伦理学理论就可找出你要做什么的直接或线性的过程；相反，这是表达一个道德问题、形成可能的解决方案、并对这些方案进行伦理判断的过程。然而，道德问题凌乱的特征并不排除系统化的方法。在这一章中，我们将描述一个解决问题的系统化方法伦理周期，这也证明道德问题和道德判断的复杂性。我们的目标是提供解决道德问题的结构性方法，这可以指导帮助我们对这些问题作出合理的分析。在本章第三节，我们将描述伦理周期。第四节我们将通过一个例子来说明伦理周期的有效性。第五节我们将讨论，作为个体道德判断的一个主要部分，伦理周期在道德问题上如何融入集体讨论中。但是，首先我们会注意到这样一个事实，道德问题是结构不良的，这说明其混乱而复杂的特征。

第二节　结构不良问题

正如设计过程一样，道德问题的解决也是一个困难的、复杂的过程。
136 工程伦理学家卡·惠特贝克（Caroline Whitbeck）[②] 引入设计类比概念。惠特贝克认为，主流伦理学一直是由理性的基础主义方法所主导（Whitbeck，1998b）。因此，伦理学主要集中于对道德问题的分析和道德终极理性基础的追求。这意味着我们现在所知道的道德领域通常是寻求一个

① 这个案例是根据国家职业工程师协会和国家工程伦理研究院提供的一段视频虚构出来的。

② 惠特贝克在道德问题上，以设计师的角度为我们提供一个令人信服的草案，但这一类比并没有充分发展起来。这个类比的说明可更加详细和完整（Dorst，Royakkers，2006）。

或数量有限的几个基本道德原则，并倾向于建立问题的不切实际的决策方案。惠特贝克认为，理性的基础主义方法是不必要的还原论而造成的误导。她认为道德哲学应该宽容地对待不同的方法，尽量克服把处理道德问题仅仅当作是分析预设的道德问题的观点，而通过合理性原则作出最佳选择。

一般而言，你不需要完全赞同惠特贝克对于道德哲学的批评意见，而是要去欣赏她尝试提出的设计类比。通过核心概念结构不良问题，这种类比可以更好地被理解。而结构优良的问题（如基本的计算方法）通常有一个明确的目标、可替代性选择的最佳的正确方案、规则或方法，同时将差不多产生直接了当的回答。**结构不良问题**在于其组成部分不够明确，问题表述前后不一，而只能在问题的解决过程中重新界定问题。在结构不良设计问题的案例中，考虑可能的解决方案将有助于进一步澄清问题，并可能对这个问题进行重新界定（Cross，1989）。此外，结构不良问题可以有几种替代的（好的、令人满意的）解决方案，但彼此并不容易相互比较（查阅 Cross，1989；Rittel，Webber，1984；Van de Poel，2001）。这都是基于这样一个事实，结构不良的问题没有单一的标准要求，即把可能的解决方案从最好到最差进行统一顺序排列（Simon，1973）。另外一个特点是，给行为的所有可能的替代方案作出一个最终清单，这一般也是不可能的（Simon，1973）。在某种意义上看，这意味着解决方案都是暂时的。

结构不良问题（Ill-structured problem）：一个问题没有得到明确表述，问题表述前后不一，只能在问题的解决过程中重新界定问题。

对于惠特贝克来说，理性基础主义的根本错误在于他们没有认识到道德问题是结构不良的。通过将道德问题设定为“多项选择”问题（我们有一个固定数量的可替代选择，其中，只有一个是正确的），道德哲学家含蓄地表明道德问题都是结构良好的。作为替代方案，惠特贝克提出将道德问题的结构不良当作考虑道德问题解决方案的出发点。鉴于设计师必须一直处理结构不良问题的这一事实，惠特贝克认为设计师和工程师在他们的领域内处理道德问题的时候，我们可以从他们那里学到很多常常在传统上与“设计”无关的东西。

从设计中学到的最重要一个经验是，解决实际问题不仅仅是分析问题、选择和维护一个特定的解决方案，而且还要提出（新的）解决方案，惠特贝克将之称为“综合推理”。设计师参与设计过程，在这一过程中，可能出现新情况，不确定性和未知因素都被界定为问题情境特征，所以设
137 计师需要同时寻求几个可能的解决方案。从设计中学到的另一经验是，设计师似乎能够迅速地解决明显的冲突要求。惠特贝克认为尽管一些道德问题可能无法解决，但从一开始就提出这些道德问题是一种误导，“因为它限制类似于任何设计工程师那样解决问题的努力的尝试，即同时满足潜在的相互冲突的因素”（Whitbeck，1998a，p. 56）。

除了道德问题与设计问题（以及其他的结构不良问题）具有这些特征之外，道德问题有其自身的特质，而这些特点使问题变得更加复杂和难以应付。其一就是识别道德问题，这需要明确什么是道德和伦理的概念。而对这一概念的理解是伦理理论一部分，主要依赖于不同的伦理理论强调与道德相关的现实的不同内容。然而，尽管存在这些差异，伦理理论在道德的关注或问题上，仍有很多共同之处。基于共识和个体自我的理论承诺，我们估计可能先界定一个道德问题，并在以后道德问题的解决过程中逐步加以完善。

道德问题的第二个特点与第一个有关。不同的伦理理论不仅与道德问题的识别和表述有关，也与评判有关。理论的多样性揭示在道德问题上，不同的人有多元的道德观念是合理的。不过，这并不意味着任何解决方案都适用于一个道德问题。如果他们是基于对道德问题的系统推理，考虑不同的观点和理论，并持有批判和反思的态度，那么在这种情况下做出的解决方案就会比较好。

第三节　伦理周期

解决道德问题是一个比较困难而复杂的过程。然而，这并不排除以一种系统化的方法去识别、分析以及解决道德问题的可能性。这种系统的方法可能会被要求避免仅仅依靠纯粹直觉而形成的道德判断，而应努力去理

解道德问题或去证明行为的正当性。我们建议的方法——伦理周期，旨在改善道德决策，或至少努力避免某些捷径。例如，这些捷径包括忽视问题的某些相关特性，或仅仅只是陈述一种观点而没有任何理由。

伦理周期是构建和完善道德决策的有效工具。伦理周期可以帮助你对道德问题做出系统的、全面的分析，并证明你最终决策道德的正当性。最后在特定情况下出现的道德问题，其解决方案是直接找出在道德上是最好的或至少在道德上是可以被接受的行为。但是，伦理周期也很难保证确实能够提供这样一种解决方案，因为人们可能在什么是最好的道德行为或什么是可以接受的道德行为上持不同意见。在第五章第五节，我们将做进一步讨论。 138

> **伦理周期（Ethical cycle）**：通过对道德问题进行一个系统而全面的分析，从而构建和完善道德决策的一种方法。这将有利于形成一个道德判断并证明最后道德决策的正当性。

伦理周期包含一系列“步骤”（见图 5.1）。重要的是，通过区分这些步骤来强调，道德问题的解决并非是一个线性过程。相反，正如图 5.1 中反复循环所显示的，它是一个迭代过程。例如，周期是首先从描述一个道德问题开始。在许多实际情况下，只有在通过区分利益相关者，借助伦理理论对事实情况做进一步深入研究以后，道德问题才会变得比较清晰。换句话说，形成对道德问题的一个好的表述，是在其它步骤中递进的一个迭代过程。不管怎样，首先陈述一个道德问题，对于使流程进行下去是很重要的。

阿格拉

阿格拉（AGORA）是一个以网络为基础进行伦理和技术教育的工具（见 www. ethicsandtechnology. com）。阿格拉作为 ICT 创新项目的一部分被开发出来，已经通过荷兰三所技术类大学的联合验收（埃因霍温科技大学、屯特大学、代尔夫特理工大学），而且也获得荷兰冲浪基金的资金支持。这个项目可以使学生通过伦理周期，深入地培养他们的道德认知和技能。该项目的主要部分是以伦理周期为核心，致力于案例分析能力的锻炼。

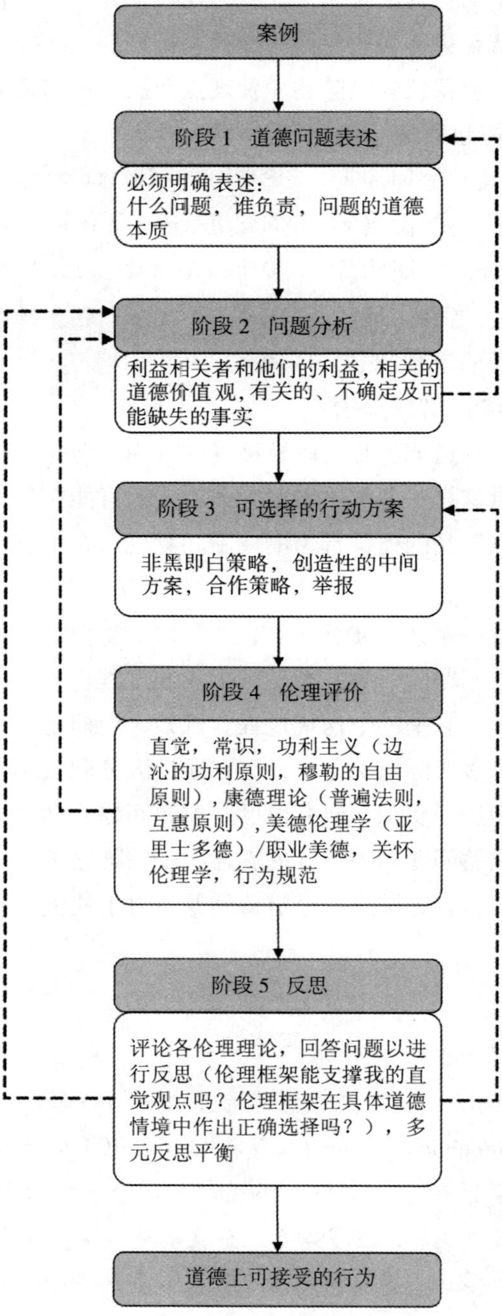
案例
阶段1　道德问题表述
必须明确表述:
什么问题，谁负责，问题的道德本质
阶段2　问题分析
利益相关者和他们的利益，相关的道德价值观，有关的、不确定及可能缺失的事实
阶段3　可选择的行动方案
非黑即白策略，创造性的中间方案，合作策略，举报
阶段4　伦理评价
直觉，常识，功利主义（边沁的功利原则，穆勒的自由原则），康德理论（普遍法则，互惠原则），美德伦理学（亚里士多德）/职业美德，关怀伦理学，行为规范
阶段5　反思
评论各伦理理论，回答问题以进行反思（伦理框架能支撑我的直觉观点吗？伦理框架在具体道德情境中作出正确选择吗？），多元反思平衡
道德上可接受的行为

图 5.1　伦理周期

伦理周期中的步骤正如所有可能的步骤一样，在阿格拉中都表现出来（见图 5.2）。这可以被看作是一个完整的步骤，而在教学中或想要获取什么，教师都可以从中选择一些模块做模型分析。比如，老师可以选择仅仅只对功利主义进行分析，而不是让学生执行所有的步骤。[①]

案例描述	问题表述	问题分析	可选择的行动方案	伦理评价	反思	讨论
案例描述	问题表述	利益相关者	可选择的行动方案	常识	直觉上的比较	
		利益	问题重新定义	道德规范	反思	
		事实	直观的问题	行为功利主义	更深入的问题	
		缺少的信息		规则功利主义		
		不确定的事实		帕雷托		
		价值观		康德分析		
		价值观冲突		尊敬度测试		
		责任		自由度测试		
				美德		
				美德分析		

图 5.2　阿格拉对应于伦理周期步骤的所有分析步骤概览

一　道德问题陈述

伦理周期是以**道德问题的**阐述为起点的。道德问题的特点之一是存在两个或更多积极的道德价值或规范，它们不能同时完全实现。伦理学家通常将这些情形称之为**道德困境**，而不是道德问题。原来“困境”的意思是“双命题”（双重选择），这意味着只有两种行为选择。然而，道德困境的关键特征不是可选择行为的数量，而是事实上，所有可能的行为在道德上都是不能令人满意的。道德主体似乎在道德上注定会失败；不管她做什么，她都会犯错（或不能做她应该做的事）。关于道德

道德问题（Moral problem）：存在两个甚至更多的积极的道德价值或规则，这些道德价值或规则不能同时完全适用于产生的问题。

道德困境（Moral dilemmas）：是道德问题最主要的特征，道德主体关于某些行为只有两种（或更少的）选择，而不管他如何抉择在道德上都有错误。

① 主要考虑阿格拉的发展与项目特征，我们参考 Dan der Bur and Van de Poel（2005）。

困境的一个著名例子是来自威廉姆斯·蒂伦（William Styron）的“索菲选
139 择”（Sophie’s Choice）（Styron，1979）。索菲和她的两个孩子都被关在纳粹集中营。到达时，她被冠以“非犹太人”，可以有一个选择：她的两个孩子只能存活一个，但是索菲必须决定哪一个存活。而索菲要避免一个孩子的死亡，必须只能通过杀害另一个孩子。集中营守卫让情况变的更加折磨人，如果她不做出选择，两个孩子都会被杀害。

虽然一些道德问题确实有现实困境，但是许多道德问题并非如此。在两个或两个以上的罪恶之间，这个问题通常不是一个很容易做出的选择。因此，我们将使用“道德问题”以代替道德困境来表述。为了成功应用伦
140 理周期，道德问题表述尽可能精确和清晰是很重要的，而这可以通过公式化的方式阐述一个道德问题来解决。一个良好的道德问题，需满足三个条件：（1）必须清楚地说明问题是什么；（2）必须说明由谁来采取行动；（3）问题的道德本质需要清楚地被表达出来。有时候，第 2 个条件是关系不大的。我们问一个关于特定行为或技术在道德上是否可以接受的一般性问题，比如克隆在道德上可以被接受吗？或者，更准确地说，在何种条件下，克隆在道德上是可以被接受呢？

吉尔班黄金：道德问题的表述

问题的一种可能表述是：

Z 公司废水中的铅和砷会对身体健康造成负面影响吗？

141 虽然在处理道德问题上，为了方便人们知道说的是什么，提问和回答这种类似问题是有必要的，但是这个问题并不是一个良好的道德问题的表述方式，因为这是一个事实问题，而不是一个道德问题（文中条件 3）。

另一种可能的表述是：

作为一种福利资源，吉尔班城如何既保护 Z 公司，又能保护吉尔班黄金？

重申一下，这不是一个合理的道德问题表述方式，因为这是一个现实问题：怎样实现给定的目标（保护两种福利资源）；而不是一个道德问题：在一个给定的道德考量范围（潜在的冲突）内做什么。

在这个案例中，符合三个标准的一个可能的问题表述方式为：

142 **即使在 Z 公司管理层并不认为这是一个严重问题情况下，大卫应该告知公众，Z 公司废水中的砷和铅含量潜在超标问题吗？**

在这一阶段，通常是不可能形成对道德问题的一个具体而明确的表述。原因在于后一阶段还要进一步分析，比如，相关价值观的认知 这是形成一个道德问题的关键。然而，人们可以从一个道德问题的模糊概念开始，并通过已经进行的其他步骤，去努力使道德问题的表述变得更加清晰和精确。我们将在下文中进行详细说明。

二　问题分析

在问题分析的过程中，要描述道德问题的相关因素。需要区分三个重要的因素：利益相关者和他们的利益、相关的道德价值观，以及有关事实。在这一过程中，描述这些要素是因为它们对道德问题的当前形势能给出一个较好的认知。此外，这些因素也是执行伦理周期后续步骤所必不可少的。

吉尔班黄金：相关价值观

- 公共卫生
- 环境保护
- 公众福祉
- 诚实（说实话）
- 对公司忠诚
- 正直（即，坚持自己的道德标准和承诺）

可以用这些价值观来重新表述道德问题，比如：

一方面，在公共卫生、环境保护、诚实和正直的道德考量方面，大卫应当做什么？另一方面，在他对公司的忠诚和Z公司保护公众福祉方面的重要性上，他又应当做什么呢？

这个问题比之前一个问题更加强调道德价值观，它并不是把重点直接放在某一种可能的解决方案上，而是为创造性地寻找解决方案留下更多的空间，以便满足各种道德考量。

利益相关者（Stakeholders）：在发展某项技术的过程中存在利益相关的有关行动者。 143

利益相关者既是那些可以影响行为选择的人，也是那些承受行为结果并从中受苦或获利的人。利益相关者只要涉及到共同利益，可以是个体（如同事），也可以是团体（如设计团队）、组织（如公司或社会）。就每一利益相关者而言，指出他或她的利益到底是什么。

吉尔班黄金：主要利益相关者和他们的利益

- Z 公司管理层：以盈利的方式增加产能，符合法律要求，享有良好的声誉。
- 城市官员和议会：保护居民安全，维持从吉尔班黄金中的收益，保持就业机会，保护环境。
- 农民：安全、可靠的肥料。
- 城市居民：健康、就业、低税收、环境保护。
- 大卫·杰克逊：做一个可靠的、诚实的工程师，保住工作，遵守法律。

利益相关者可能不赞同某一事实。通常，在一个道德问题中，并不是所有的事实都是无可争议的。事实也可以是不确定或未知的。无疑，有争议的、不确定的或未知的事实对于道德问题的分析也是有关联的。在后续的步骤中，可以做出一个明显的差异比较。处理这些事实的一种方法是对它们做出明确的假设。当然，不同的人往往会做出不同的假设。既然在伦理周期结束时的最终选择取决于对事实的假设，那么有时在假设的情况下形成道德观点也是非常明智的："如果 x 是这种情况，那么选择行为 A 在道德上是可以接受的；但是如果证明 y 也是这种情况，那么 B 的选择在道德上就是可以接受的。"

吉尔班黄金：一些未知的或有争议的事实

- 城市污水处理厂无法处理 Z 公司废水排放中增加的砷和铅，这将对环境和健康造成很大的威胁（污染蔬菜）。
- Z 公司扩大废水处理太昂贵，这将威胁到企业利润，并有可能造成公司裁员，甚至破产。
- 如果将之公布于众，杰克逊也将失业。

三　行为选择

对描述的道德问题做出解析步骤后，根据问题分析，对可行的解决方案进行总体推进。一般而言，道德问题的产生是根据某一种行为是否是可 144
以接受而定的。在这种**非黑即白策略**下，仅仅只有两种行为选择可以考虑，做或不做，其他行为不做考虑。虽然这种策略有助于更好地理解和形成道德问题，但是在许多更复杂的情况下，它太简单了。在现实生活中，通常不会给出对既定结果的选择，而是要通过思考或由行动者“创造”出来。事实上，通过考虑新的行为选择，这种看起来似乎无法解决道德困境的选择有时恰恰可以解决，而有时则没有那么明显。因此，在这一过程中，创造性是极其重要的。它可以使我们找出新的行为方案，并在道德问题上发挥作用，让看似冲突的道德价值观连接起来。

> **非黑即白策略（Black-and-white-strategy）**：行为的一种战略选择，只有两种选择：做或不做。

同时，**合作策略**有助于思考可能的行为选择。这个策略是通过咨询利益相关者，专门寻找协助解决道德问题的替代方案。有时，这种合作与协商可以带来双赢的解决方法：对每个人都是好的。通常这样的双赢局面是不言自明的，人们应创造性地寻求新的行动方案。

> **合作策略（Strategy of cooperation）**：行为策略是通过咨询利益相关者，专门寻找协助解决道德问题的可替代性方案。

揭发（见第一章第五节第三部分，即违背雇主的期望，对媒体或公众说出不理想的情况）是最后一种策略，因为它通常会让雇员个人和组织付出很大的代价。然而，一些情况仍然可能需要揭发者，例如，在人类安全和健康岌岌可危，并且没有其他选择的情况下。

吉尔班黄金：行为选择

我们最初的问题描述是：

即使在Z公司管理层不认为这是一个严重问题情况下，大卫应当告知公众Z公司排放废水中砷和铅的排量超标吗？

这一说法表明非黑即白策略：要么杰克逊应告知公众，要么不告知。在这个策略中，其中一个选择是揭发，因为很明显Z公司反对将信息公开。

现在对问题重新进行阐述：

一方面，在公共安全、环境保护、诚实和正直的道德考量上，大卫杰
145 克逊应当做什么？另一方面，在他对公司的忠诚和Z公司对公众福祉的重要性方面，他又应该做什么呢？

这一问法提出一系列的其他选项，包括：

1. 建立一个更好的、代价较小的处理方法。
2. 寻求工程师协会的建议和帮助。
3. 联系城市委员会，通知他们这一新问题，并要求他们采取行动。
4. 联系城市污水处理厂的人员，让他们意识到问题的严重性。

这些额外的很多选项采用合作策略，更关注大卫和Z公司及其他利益相关者之间的关系。根据我们对有争议的或未知事实的理解，第四种行为选择是高度相关的。

四　伦理评估

在这一步骤中，要评估各种行为选择在道德上的可接受性。这可以在正式和非正式的道德框架基础上完成。正式的道德框架是基于第二章讨论的职业伦理——行为规范，以及第三章讨论的伦理理论——功利主义、康德理论和美德伦理学。

> **直觉框架（Intuitivist framework）**：伦理框架是基于你直觉上最可接受的行为选择，并对这一观点进行论证。
>
> **常识方法（Common sense method）**：根据相关价值来衡量行为选择的方法。

伦理评估也可以根据非正式的伦理框架。我们在这里区分两种框架：直觉和常识。**直觉框架**是相当简单的：说明在直观上你认为最能接受的行为，以及为这一说法进行论证。**常识方法**是根据相关的价值观来衡量行为选择。例如，在具体案例中，虽然盈利是重要的，但是在危机关头的（主导）价值是保障公众安全，当然这也可能引起争论。确定哪些价值占据主导地位，可以遵循一定的指导原则，如“占据主导地位的价值通常是内在的价值，而不仅仅是工具性价值”，以及“如果更多的人发现一个价值的重要性，那么可能的是这是一个占据主导地位的价值”。一旦主导地位的

价值被选定，就可以选出符合主导地位价值的行为（Brady，1990）。

第四个步骤是为各种行为选择做出道德评估。在一个给定的情况下，由于框架不同可能会导致不同的优先选择，这些判断也不需要完全一致。

对冲突性伦理框架的一个说明 146

可以通过如下案例看看不同的伦理框架如何导致冲突的建议：①

贾斯敏（Jasmine）是一个大城市的建设部门的主任。由于预算限制，该市无法雇佣足够数量的、合格的人员进行大楼验收。这也造成检查人员很难进行良好而细致的工作。与此同时，该市采用一个更新、且更加严格的建筑规范。虽然，这一规范比前一个更加关注公共安全，但让检查人员做出良好而又细致的工作依然是非常困难的。

贾斯敏与市议会主席见面讨论她的担忧。主席同意建设部门聘用额外的监督人员，条件是贾斯敏允许某些特定的建筑在旧的而不是特别严格的执法要求下开工建设。贾斯敏应该同意主席提出的要求吗？

在这个案例中，运用康德的普遍化测试，将产生这样一种论点：如果贾斯敏遵守旧的、不太严格的要求，那么她的行为准则是“当你面对压力的时候，不要要求那么严格”。这一箴言无法普遍化，就是说，如果每个人都这样做，规则将变得毫无意义。除此之外，建筑检验员这一行业也将变得毫无意义。如果一个人面对压力时就去改变规则，那么建筑检察员还检查什么呢？

如果应用行为功利主义框架，主要问题是贾斯敏如何才能达到最好的效果。在这个案例中，很明显，如果她同意主席的提议，就可以达到最好的结果。否则，她只有很少的检验员，即使根据旧的不太严格的标准，也不能够检验所有的建筑。

需要注意的是，根据康德理论框架，这根本与她行为的实际后果无关，而在功利主义框架下，这些后果对伦理判断是至关重要的。

① 美国国家工程伦理研究院提供的案例 98－5。见 http://www.niee.org/cases。这个案例有改动，见 www.ethicsandtechnology.com。

五　反思

由于存在不同的伦理框架，包括非正式框架，不一定会导致相同的结果，所以往往有必要对前面步骤作进一步的反思。反思目标是使用前期步骤形成的结果，从各种行为选择中形成一个经过充分论证的决策。

> **多元反思平衡（Wide reflective equilibrium）**：此方法旨在把三种类型的道德理念，即1）审慎的道德判断；2）道德原则；以及3）背景理论连贯起来。同时，它产生的一系列一致的道德信念也常被称为一种多元反思平衡。

147 在这里，我们试图推荐的反思方法是比较著名的**多元反思平衡**方法（Daniels，1979，1996）。这种方法旨在使三种类型的道德信念连贯起来：审慎的道德判断、道德原则以及背景理论。背景理论包括伦理学理论，以及其它相关理论，如关于人的心理学和社会学理论。理论的结论是很重要的，因为它阻止的是仅仅简单考虑那些符合我们考量的判断原则的各种可能性。获得多元平衡迫使我们不仅要使我们的判断与原则保持一致，也使其符合背景理论。因为这些理论也适用于其它情况（案例），可以把我们各种审慎的道德判断联系起来，所以我们不得不严格审查我们的各种判断，并最终在道德信念的各个层次上达成一致。

基本观点是，在对某个案例的不同道德判断的反思过程中，要彼此权衡，并达到平衡。在我们看来，这一过程与其说是关于实现平衡，不如说是坚持和反对不同的伦理框架，而所达成的结论可能也不是由某个单独的伦理框架得出来的。

反思的核心步骤是论证（见第四章）。支持或反对伦理框架的论证可分为两个层面：一个层面是对伦理框架的一般性批评。例如，功利主义因漠视义务或忽视道德权利而备受批评，而义务理论可能因为不考虑行为的后果而受到批评。这样的批评在道德哲学上是众所周知的，并可能有助于在这一步骤中推进反思。第二个层面的批评是，在具体情况下，必须对行为做出一定的选择。例如，可能存在这样一种情况，即在一个特定情况下，一种伦理理论的某些反对理由并不相关。例如，对古典功利主义实用原则（“最大多数人的最大的幸福”）的反对理由是，它忽视分配问题（见第三章第七节第三部分），但在特定的情况下，不同行为选择也可能几乎没有分配方面的影响。因此，在这种情况下，这种反对的理由是不相关的。总的来说，在第二个层面，我们建议反思两类问题：

1. 一种伦理框架提供的理由支持我的直觉观点吗？如没有，有其它理由支持我的直觉观点吗？如果有其它理由，在道德框架内，它们强大到足够重写理由吗？如不能，还必须修改我的直觉观点吗？以何种方式？

2. 一种伦理框架是否能成功匹配与道德相关形势的特征？有没有其它相关的道德特征没有被考虑到？为什么这些特征是相关的？如何解释？

第五步骤的结果是选择其中的一种行为抉择；这种选择可以说关系到不同的伦理框架。

第四节　案例

在上述吉尔班黄金案例中，我们已经应用部分伦理周期。现在我们将把整个伦理周期运用到一个更深入的事例当中，我们选择哈里斯、普理查德和罗宾逊的《工程伦理学：概念和案例》中的一个案例进行说明（见下文）。 148

案例

公路安全

戴维·韦伯（David Weber），一位 23 岁的土木工程师，负责第 7 区（包括美国中西部某州 8 个郡的区域）的安全改进。在财政年度即将结束时，工程处处长通知戴维新的铲雪车交货延误，作为补偿，这个区得到未纳入预算的 50000 美元资金。他要求戴维提出一个（或若干个）安全项目，并可以放在当前财政年度的合同里面。

在仔细考虑潜在的项目后，戴维将他的选择缩小在两个可能改善的安全项目上。位置 A 是该区主城区内主街和橡树街交叉的十字路口，位置 B 是在乡村地区的葡萄路和冷杉路交叉的十字路口。

两个交叉路口的相关数据如表 5.1 所示。

表 5.1

	位置 A	位置 B
主干路车流量（辆/天）	20000	5000
次要道路车流量（辆/天）	4000	1000
每年事故死亡人数（3 年平均值）	2	1
每年事故伤残人数（3 年平均值）	6	2
事故造成财产损失*（3 年平均值）	40	12
改善建议	新信号灯	新信号灯
改善成本（美元）	50000	50000

*财产损失仅是由事故导致的。

戴维提议，公路工程规范应包括安装改进型信号设备以降低事故平均发生率的一个表格。该表是基于对过去 20 年全美国城乡交叉十字路口的数据研究获得的（见表 5.2）。

表 5.2

	位置 A	位置 B
死亡事故降低率（%）	50	50
伤残降低率（%）	50	60
财产损失降低率（%）	25	-25*

*在乡村地区高速路有"stop"标识会造成追尾事故的增加，所以预计的事故的财产损失也随之增加。

戴维认识到这些减少的因素仅代表在一个正常物理特性范围内交叉口的平均值（车道的数量，交叉的角度等）；其他因素还包括气候条件、卡
149 车和客车的各种混合形式；不同的通行速度，不同的驾驶习惯等。然而，关于项目 A 和项目 B，他并没有特别的数据，这说明仅仅依赖这些表格很可能会曲解这些项目中的具体情况。

最后，戴维了解到以下一些额外的信息。

1. 1975 年，通过事故后果比较，国家安全委员会（NSC）和美国国家公路交通管理局（NHTSA）共同公布的赔偿标准，如表 5.3 所示。

表 5.3

	国家安全委员会（美元）	美国国家公路交通管理局（美元）
死亡事故	52000	235000
受伤事故	3000	11200
财产损失	440	500

一个邻州使用以下的权重方案：

死亡事故相当于 9.5 倍的财产损失

受伤事故相当于 3.5 倍的财产损失

2. 在这两个项目中，个人支付大致相同的交通税（许可证税、汽油税等）。

你认为戴维应该推荐对两个地点中的哪一个进行改进？理由是什么？

来源：Harris，Pritchard，Rabins，2005，pp. 325 – 326.

我们必须承认本案例的描述是相当公式化的。不过，我们选择尽量避免一定的复杂性和不确定性，就是为了能够更加清晰和直观地表明伦理周期在这种情况下如何能够进行下去。特别是通过包含反思这一步骤，说明伦理周期超越这一案例描述的最初设计，即超越后果论和道义论伦理方法之间的简单比较。

一　道德问题陈述

在原初案例中，已经给出的道德问题陈述是：“你认为戴维应该推荐两个地点中的哪一个进行改进？”这不是这个案例中唯一可能的道德问题陈述。例如，人们可能想知道实际上做这个决定是否应该是戴维的责任。这个案例关注公共基金的花费，可以说这样一个决定应该由相关的城市委员会或州委员会做出。人们可能会有这样的问题：“做这样一个决定是戴维的（道德）责任吗？”然而，我们将自己严格限制在由哈里斯、普理查德和罗宾逊所表述的道德问题上。这个问题陈述符合前面提到的良好问题 150
的三个条件中的两个条件：很清楚是什么问题（选择哪个选项），很清楚该谁做（戴维）。然而陈述本身并不明确，为什么它是一个道德问题？也许这是一个简单的关于做什么的实际决定，或是一个如何最有效地花费公共基金的经济决策。事实上，许多人对这个问题的反应是，很明显应该选择选项 A，因为它可以最大程度地降低死亡和伤残。然而，从道义论角度来看，也有人认为选项 B 是最好的选择，因为这可以平均降低那些遭受最高风险因素影响的人的危险（更多细节见第五章第四节第四部分）。因此，从道义论角度考虑这个案例有助于认识到潜在的问题。所以，伦理理论有助于认识道德相关的特征以及道德问题的表述。这也凸显出伦理周期的迭代特征：可能有人仅仅识别伦理周期中步骤 4 公平性的考量。他或她可能重新回到步骤 1，重新阐述道德问题，并重复步骤 2 和步骤 3。

二　问题分析

现在，我们必须说明相关事实、利益相关者、利益以及价值。在详细的案例描述中已经列出主要事实。有些事实依然是不确定的。例如，尚不清楚城乡结合处的一般降低风险的因素是否适用于具体的案例。没有迹象表明不适用，但这也不能保证这些因素都适用，这种不确定性在案例的最终判断上可能会造成差异。

除了戴维外，驾驶员、乘客、纳税人，以及相关城市或州委员会都可以当作是有关的利益相关者。初步估计，这些利益相关者主要关注的是安全（驾驶员和乘客），最小成本（纳税人）和最低成本带来的最高安全（城市和州委员会）。仔细观察一下，这些利益相关者的利益并不是真的一致的。一些司机只使用城市岔路口，可能只有更少的人使用农村岔路口，一些人两个都用，一些人可能都不用；这就可能导致对在哪里安装红绿灯有不同的偏好。甚至，一些驾驶员更把追求速度置于安全之上，他们或许更喜欢不要安装交通灯。作为纳税人，大多数司机喜欢最小的成本，在这种情况下，在增加安全方面可能存在冲突。确定哪种选择行为最好，有必要在涉及的各种利益之间作出妥协：为了节省一定的成本，你可以牺牲一定程度的安全。

虽然很难制定一个明确的利益相关者和利益的清单，但是以上分析有助于区分相关价值。在问题的表述中，我们已经区分出两种相关价值：安全性和公平性。现在我们可以增加一点，即与保持低成本有关的第三点。不过，低成本不是一种道德价值。道德价值的关键所在似乎是“公共事业”，在这一具体案例中，就意味着更高的成本，并最终导致更高的税收，而这些在更好的公共事业中以更高的安全性来回报纳税人。

三　行为选择 151

在这个案例中，在问题阐述过程中做出行为选择。然而，人们可能想知道这两种选择是否真的是唯一的。例如，惠特贝克对该案例的评论：

> 请注意，该问题——花费所有剩余的资源在一个交叉路口还是其它路口——表现为一种强迫性选择。事实上，有可能会有其它选择。例如，在交叉口放置交通标志也可以作为安装交通灯的一种替代选择。（Whitbeck，1998a，p. 65）

所以，根据相关价值去考虑其它选项也是有用的。在第五章第三节第三部分，我们提出一些策略，应该能够帮助行为选择。在问题原初表述中已经选定非黑即白策略。这么做可能是教学上的考虑，主要是说明后果论特别是功利主义伦理框架和道义论框架之间的差异。这可能说得很清楚，但也可能给人错误的印象，即非黑即白策略很好地解决实际问题，但通常并不是这样的。例如，另一种策略可以是合作的策略，通过咨询其他利益相关者，寻找替代方案帮助解决道德问题。例如，在这一案例中，咨询驾驶员和住在交叉路口附近的人可能是有用的，因为他们可能对为什么发生这些事故，会发生什么样的事故有更具体的认知，或者可能有创造性的解决方案。因为并没有隐匿的滥用行为需要去揭露，所以这里和揭发行为无关。

四　伦理评估

常识

根据这种方法，我们首先来看看相关的价值。在这一案例中，关键价值是安全、公平和公共事业。你肯定会认为这一案例中占主导地位的价值是安全，因此，你可能认为最好的行为选择是去降低最大伤亡的绝对数量。使用该案例描述中给定数据的安全解释，你应该会推荐项目 A。不过，也可能存在其它解释，这就可能带来其它建议。例如，最好的行为选择是降低最大数伤亡的相对数量：项目 A，24000 辆/每天，只降低 1 个点死亡率。项目 B，6000 辆/每天，降低 0.5% 的死亡率（24000 辆/每天，就可以降低 2 个点的死亡率）相对较好。在这种情况下，意见是选择 B。常识的方法没有给出明确的答案，但它强调安全解释的重要性（假设这是占主导地位的价值）。所以，你需要找出相对与绝对数字比较的差异来推
152 进和证明你的选择。

表 5.4　使用不同的定价方案时在这两个位置设置交通灯的每年总收益①

	位置 A	位置 B
国家安全委员会	65400 美元	58400 美元
美国国家公路交通管理局	273600 美元	129440 美元
邻州	30 倍的财产损失	5.95 倍的财产损失

根据邻州案例中所提及的定价方案，表中的数字表示在统一的“财产损失”表中预计减少的数字。

功利主义

功利主义框架选择的行为是能带来“最大多数人的最大的幸福”。用这个案例描述的“不同的定价方案”作出的成本效益分析表可以计算出预期的社会效用，在这里可以用钱来表达快乐（利益）和痛苦（成本）的数量。简而言之，做这些计算，我们并没有考虑不确定因素的影响，但认知到这些不确定因素对你的最终判断可能带来的影响也是很重要的。

如表 5.4 所示，已有数据表明，在城区要选择项目 A。在所有的计算中，A 会带来最大的总效益以及最大的净利润，因为在所有的计算中 5 万美元是不变的。此外，根据国家安全委员会和美国国家公路交通管理局的定价方案，计算数据表明两种选择在一年内都可以收回 5 万美元的成本。

康德理论

在这个案例中康德理论的应用是基于公平性考虑。康德的第一个绝对律令“依据准则而行动，并符合你的意志，那么这一准则应该成为一个普遍法则”对平等提出要求，即有义务待人平等，也是说是平等的关心和尊重（见第三章第八节）。有人可能认为，作为这一预设的结果，每个人都

① 根据 NSC 定价方案，可计算出地点 A 的总体收益。{[50% ×2] ×52000 + [(50% ×6) ×3000] + [(25% ×40) ×440]} = 65400（美元）。

有权利获得相同级别的保护，所以同样的，最大的风险因素也适用于每个人。在这个案例中，个体接近十字路口 B 会比 A 面临更大的风险（见表 5.5）。因此选择 B 比较公平，因为这可以降低当前风险因素中的不平等。

康德的第二个绝对律令（互惠原则）："不论是对自己或任何其它人，一个人在每件事情上都必须把其当作目的，绝不仅仅只当作是一种手段。"在这一案例中应用是很困难的。这一绝对律令表明每个人都必须尊重其他人的理性，我们一定不能忽视其他人的理性，但在这一案例中，并不存在不尊重其他人理性问题。

美德伦理学

从美德伦理学角度来看，有人可能会试图制定与工程师有关的美德清单（第三章第九节第三部分）。有人可能会问，有道德的工程师在这种情况下如何采用相关的美德行事。例如，有道德的工程师如何客观地做出决 153
定？这可能揭示出新的相关道德考量，或甚至可能导致道德问题的重新阐述（伦理周期步骤 1）。例如，有人可能开始怀疑戴维自己做出的决定是否是可取的，或他是否仅仅应当告知公共部门，而后由公共部门做出决定。

表 5.5　当前每年个体接近十字路口时死亡和受伤的风险（假设每辆车中仅一人）①

	位置 A	位置 B
死亡	2.3 E-07	4.6 E-07
伤残	6.9 E-07	9.1 E-07

职业伦理

如果我们看看国家职业工程师协会的行为规范，下面条款是与戴维相关的：

2. 工程师应当执行其能力范围内的服务。

戴维有能力确定安全改善的性质和程度，但是这种能力并不等同于其有能力确定哪个项目是更好的选择。这不仅仅要求工程知识，而且也要求

① 计算出地点 A 的死亡风险：2/（20000+4000）×365=2.3E-07。

道德能力。在这个案例中，你可能认为戴维不应当自己做决定，而是应当通知公共部门，这样公共部门可以明确地做出抉择。

五　反思

由于应用的伦理框架产生不同的结果，所以需要进一步地反思。首先，在这个案例中，个体可以根据伦理框架进行自我反思。为了方便起见，我们将撇开常识、美德伦理学框架和职业伦理，而聚焦于功利主义和康德理论框架。关于功利主义框架，例如，人们可能会质疑提供个人生命、伤害以及事故财产损失的货币价值的数据是否是充分的。然而，各种货币方案和邻州的衡量方案都建议选择项目 A 优于项目 B。事实上，不可能设计一种货币方案使项目 B 获得更高得分，除非是负面地衡量人的生命，或消极地衡量伤害和财产损失。所以，功利主义测试选择项目 A 的结果是相当坚定的。

但这不适合于康德的方法或公平性测试。根据每辆车接近路口和伤亡
154 的概率而言，农村的交叉路口更加危险。然而，我们不知道每辆车中的平均人数，以及农村和城市的交叉路口是否是相对的数字。因此，这一数据并不排除汽车司机或乘客的个人风险，在每年死亡率的预期上，项目 A 高于项目 B，与表 5.5 显示的相反。

还有其他的理由怀疑是否有必要公平考虑项目 B 的选择。如果从权利保护角度来理解公平，可以理解为每个人都有平等的最低限度的安全要求。两个项目可能都符合这种水平的安全要求。当然，也有人可能从绝对安全的平等来考虑公平。这意味着每个人都有权利获得相同的绝对层次的安全。但是，这是相当荒谬的结果。这也将意味着，例如，如果有人会很安全，假如由于机会均等，即使有困难，如果有可能实现的话，每个人都有权达到这种层次的安全。即使这没有增加别人的安全感，它也会简单地认为将最安全的人的安全降低是可取的，因为这样做可以更加平均地分配风险。

最后的论断已经十分明确，在这个案例中，仅仅应用康德伦理学而不考虑整体的安全或公共事业已没有太大的意义。相反，人们可能认为公共事业或整体安全考虑本身也是不够的，这意味着功利主义框架本身太窄而不能对这个案例作出判断。看来需要在各种道德框架或各种考量下达到一

定的平衡，其中也可能包括一个人的直觉观点和常识的考量。

我们提倡的方法是多元反思平衡法。假设有人认为地点 A 的判断是最好的（信念 a）。他/她可能参照“最大多数人最大的幸福”（信念 b）来捍卫这个选择。反过来，这一原则在功利主义伦理理论的基础上可能是合理的（信念 c）。功利主义不仅仅是关于在哪里安置交通灯的理论，而且也是与更广泛的理论相关的一系列道德判断，包括如下判断：为了比较，我们可以用一个共同的价值来表示人的生命价值，如金钱（信念 d）。认为地点 A 是最好的（信念 a）的人，可能会不认同我们把人的生命价值表示为金钱（信念 d）的方式来作出道德判断。在这种情况下，信念 a、b、c 和非 d 是不连贯的。

下面我们会提到几种方法来解决 a、b、c 和非 d 之间的不连贯性。

- 你可以放弃信念非 d。毕竟，你可以得出这样一个结论：人的生命不是无价的，即使你直觉上是这么认为的。所以你可能选择采用信念 d。
- 你可以寻求另一种伦理理论（c）或另一种伦理理论与道德原则（b 和 c）来证明 a，但并不意味着其他道德判断会如同你一样，认为 d 是可疑的。
- 你也可以尝试寻找一种更好的符合你关于重视人的生命判断的理论。例如，你可能已经考量这样一种道德判断，既然我们不能用金钱衡量生命的价值，那么就应该平等地对待人类，并尊重他们的自由。以此信念 155
为基础，你可能拥有——至少暂时拥有道义论伦理理论以及一些公平的原则。根据这一基础来分析这一案例，你就可能修改最初的信念 a，而会改选 b。

这个列表不排除任何可能性。有人可能也尝试通过几种方法将实用和公平性结合起来。例如，有人可能认为公平性的考量意味着所有的驾驶员和乘客都有权利享有相同的最低水平的安全。人们可能会认为这一水平符合两个交叉点的要求，所以他们就可以无所顾忌地选择最高等级公共事业的选项——地点 A。

然而，这个例子重要的一点不是你如何解决不同信念之间的差异，而是通过努力达成多元反思平衡。对这个案例，你不得不进行更广泛的、更加系统的理论思考，包括一系列的论证和推理。

第五节　集体的道德审议和社会安排

伦理周期强调的是个体判断。然而，在现实生活中，很多情况下别人会参与并被你的选择所影响。在这种情况下，你可能会怀疑，在如何做事上单独做出的决定是否是恰当的。特别是，你可能想知道为什么其他人，特别是被你行为影响的人应当接受你在如何做事上的独自决定。当然，如果你已经使用伦理周期，你就会认可你的选择；但道德反思的性质和伦理框架的多样性可能给出相互冲突的建议，而每个人像你一样，使用伦理周期的人都可以得出相同的结论，似乎也令人有所怀疑。许多伦理学家的自然倾向是寻求一种更好的、包罗万象的道德框架。即使我们相信这种努力是值得的，但是如果你必须现在采取行动，也不能解决这个问题。因此，我们提议一个更加实际的解决方案——和其他参与并可能受到影响的人一起进行道德的审议。

参与审议也有其他原因。如果你面临道德问题，通常你要做的就是依赖别人来实现一定的行为选择。因此，需要从别人那里得到一定的支持才能够在道德上以有效的方式来执行。如果你在一个公司工作，这当然是事实。因此，与其他人审议和讨论是伦理周期重要的补充。

伦理周期的最后一个步骤是反思，可以为行为决策带来一个好的选择。然而，这个选择不需要是你最终的决择；它也可以被视为是一个临时选择，你可以在和别人讨论的时候进行修改。这种审议的目的是使公众了解你做出这种选择的理由，并将这些理由置于别人的批评之中。这种讨论和批评可能会使你修改你的选择。例如，因为你的论证被证明是不充分的，或因为某些论证被忽视了。所以在这种情况下，审议就是提供人们改
156 善道德判断的一个主要工具。

> **道德审议（Moral deliberation）**：一种更深入而细致的考虑或讨论论证和理由，以支持或反对某种行为。

然而，正如以上提到的，有人可能也认为**道德审议**对更深层次的原因来讲是必要的。哲学家尤尔根 · 哈贝马斯（Jürgen

Habermas）认为，道德判断的合法性就是道德审议的结果符合一定的标准（Habermas，1981）。这包括这样一个标准：讨论不应该以权威或权力为基础做决定，而应该在论证基础上做决定。理性讨论或审议的其他要求是人们应当诚实和真挚，而且应当坚持他们的观点。我们的观点是，如果审议符合这些要求，我们就有充分理由相信结果是合理的。

政治哲学家约翰·罗尔斯（John Rawls）提出一个类似的观点。罗尔斯（1971）相信我们在这一章前面描述的多元反思平衡的方法（见第五章第三节第四部分和第五章第三节第五部分）。然而，他意识到，人们非常有可能得出不同的反思平衡的方法（在罗尔斯晚年著述中尤其明显。Rawls，1993，2001）。不过，他相信即使人们认为他们的道德判断不是充分合理的，但他们也经常会在道德问题上达成一致。他把这种情况称为**重叠共识**。这里我们理解重叠共识是在道德判断的一定层次上达成的共识，即使他们可能在道德原则和背景理论的水平上存在分歧。在第五章第四节描述的安全改进案例中，例如，两个人可能同意位置 A 的选择，但一个人可能是从功利主义方面证明这一选择，而另一个人采用公平性的概念，即要求最低水平的安全，而这都符合这两个交叉口的标准，所以这个人做出的选择在绝对数量上是最好的。

> **重叠共识（Overlapping consensus）**：即使在道德原则和理论背景上存在分歧，也可在道德判断的一定层次上达成共识。每个参与者根据他或她自己的多元反思平衡，都应该能够判断重叠共识的合理性。

重叠共识不同于妥协，因为它要求每位讨论者在他或她自己的反思平衡方面可以证明重叠共识。至于妥协是这样一种情况：有时你接受一个结果，因为相比其他人的喜好，你认为它是你能得到的最好的结果。但我们如何实现一个重叠共识呢？罗尔斯本人坚信如果有关各方接受道德观点中多元化的一个合理程度，那么实现重叠共识就更加容易。罗尔斯认为，当我们这样做的时候，我们在道德讨论中就能够在私人理由和公众理由之间做出区分。私人理由对我想如何生活和在不影响其他人情况下做出私人道德决策而言，是很重要的理由。不过，我承认其他人不能，且不应当分享我的私人理由。我们认为公共理由是对每个人都适用的理由。罗尔斯认

为，在道德讨论中，当我们尽可能专注于公共理由的时候，我们更有可能
157 实现重叠共识。

除了罗尔斯，也有一些人可能认为如果某种社会安排，例如开发技术，符合两种程序标准，那么在特定道德问题上实现重叠共识也是非常有可能的（Van de Poel，Zwart，2010）。

1. 学习。第一阶段的学习：参与人从中学到如何更好地实现给定的目标；以及第二阶段的学习：从中了解到什么目标是应当为之奋斗的，什么价值是需要深入思考的。这需要在两阶段之间进行区分。

2. 包容性和开放性。包容性意味着所有相关观点都包含在争论中，例如利益相关者的不同观点。包容性是相对的，相关的观点可能随着时间的改变而改变，或也可能引起争议。同样，开放性也很重要。开放性意味着新的考量和各方都可以参与辩论。

学习很重要，因为它更有可能使行动者改变他们的观点（反思平衡），所以以前没有实现的重叠共识也可能会实现。包容性和开放性对促成通过放弃特定的相关考量而达成共识是重要的。

在达成的道德判断上，哈贝马斯和罗尔斯的观点都强调程序标准的重要性，且都要求社会安排符合一定的规范。在这方面，两个人的方法如前面简要讨论的建设性技术评估（CTA，见第一章第六节与第七章第五节）和工程社会伦理方法（第三章第十节第三部分），都是非常合适的。这种强调，不同于伦理周期中发挥更重要作用的各种实质性的伦理框架。不过，我们认为这并不需要被看作是不相容的。参与道德审议，有一个良好的道德观点是可取的。当然，你应该愿意修改你的意见，但是，为了便于讨论，你应当首先有自己的观点和论证。为此，伦理周期，包括使用大量伦理框架形成的道德观点，都是非常有用的。

第六节　小结

道德问题的解决是一个艰难而复杂的过程，因为道德问题通常是架构不良的。它们没有明确的问题表述方式，也存在不同的道德观点，经常相

互冲突和受到各种条件的约束，并且也没有最佳的解决方案。在这些方面，道德问题就如同设计问题一样。因此，解决道德问题不仅仅要求分析，而且也要求综合推理（设计新选择）和创造力。

道德问题解决的复杂本质并不排除系统的方法。本章我们介绍的方法，叫伦理周期。它包含五个基本步骤： 158

1. 形成道德问题。

2. 分析利益相关者，以及相关的利益、价值和事实等问题。

3. 借助于策略，如非黑即白策略和合作策略，识别和设计行为选择。

4. 借助于各种伦理框架，对各种行为选择进行道德评估。

5. 对评估阶段的结果进行反思，最终经过充分讨论选取其中一个行为抉择。

关于反思的步骤，我们已经提出多元反思平衡的方法，其旨在满足道德信念三个层面之间的一致性：深思熟虑的道德判断；道德原则；背景理论。最重要的是，通过实现多元反思平衡，你不得不从事更广泛和更系统化的理论思考，包括一系列论据和推理。由于主要涉及到理论的反思，才使反思变得更加广泛、更加包罗万象。这也表明理论在道德判断中扮演重要角色。然而，这个角色比简单的把理论应用到手头上的案例更加复杂。

除了使用伦理周期得出一个独立的道德判断外，与他人的讨论也是很重要的。此类讨论的目的是为了使公众了解你做出一定判断的理由，并可能在与他人的辩论中修改这些理由和结论。因为在技术发展上，其他利益相关者可能不同意你的结论，以及包括他们可能改善决策的观点，所以这样的讨论是很重要的。与他人一起审议使最终结果更加合理化，因为你也尊重其他利益相关者的道德自主性，并对他们表达应有的关心。此外，因为你经常需要他人根据你的道德判断来合作，所以这就可能使你作为一个工程师工作更有成效。

问题研究

1. 为什么道德问题是结构不良的问题？

2. 为什么大多数道德问题并不是真正的困境？

3. XYZ 公司从 ABC 公司产品中订购 5000 个定制部件。在接单的时候，ABC 公司报的单片价格是 75 万美元。这个报价是基于原材料的成本。但在合同签完之后，部件开始生产之前，ABC 公司工程师克里斯汀·卡斯丁（Christine Carsten）确定可以使用更加便宜的一种合金，而只需要调整一下部件整体组合。使用这种便宜的合金将为 ABC 公司每件节省 18 万美元。卡斯丁将这个反映给了弗农·沃勒（Vernon Waller）——是他授权与
159 XYZ 公司签订的销售合同。沃勒问，“如何知道这种差异?”卡斯丁回答道，“可能没有人会知道，除非他们在寻找差异，并做大量的试验。虽然有些部件可能不会持续使用很长时间，但在大多数情况下，其性能几乎是一样的。”沃勒说，“太好了，卡斯丁，你为 ABC 公司节省了一大笔钱。”卡斯丁很困惑地问，“难道不应该告诉 XYZ 公司这个改变吗?”沃勒问，“为什么？以质量好的部件满足客户的需求是最基本的理念，你刚才已经说了我们就是这样做的。所以有什么问题?”

（1）卡斯丁的问题究竟是什么？解释一下为什么这是一个道德问题。

（2）在这里，哪种道德价值观和原则是至关重要的?

（3）对卡斯丁的问题，提出三件他能做的事情。

（4）根据（边沁）古典功利主义，这个问题如何分析？功利主义给卡斯丁的建议会是什么?

（5）穆勒的功利主义的修改形式会有不同的建议吗？为什么有或为什么没有?

（6）伦理学家康德给卡斯丁的建议是什么？为什么?

（7）你认为卡斯丁要做的是对的吗？为什么？并解释一下为什么你不接受（或部分不接受）d、e、f 的建议。

4. 将伦理周期运用到第一章第一节中挑战者案例，解释每一步骤是如何应用的。

5. 将伦理周期运用到第二章第二节中的湾区快速交通项目案例，解释每一步骤又是如何应用的。

问题讨论

1. 你认为推翻他人的个人决定的适当理由是什么？例如，你会阻止家用纹身工具包或儿童色情影片的销售吗？如果是，理由是什么?

2. 如果你是戴维·杰克逊（David Jackson），你会怎么做？（见第五章第一节）

3. 根据多元反思平衡方法，人们应该旨在寻求他们（道德）信念不同层面之间的一致性。一致性确实与这种假定的方法同等重要吗？一致的信念永远不会错吗？信念可能是正确而不一致的吗？你能想象出一个一致而根本不重要的道德判断的方法吗？

4. 与他人讨论（道德审议）会产生更好的道德判断吗？为什么会或为什么不会？

第六章　技术设计中的伦理问题

161 学习目标

完成本章的学习后，读者应该能够

- 明确在设计过程不同阶段的道德问题
- 理解设计要求之间的冲突如何导致价值冲突
- 描述设计中处理价值权衡的各种方法，以及它们的优缺点
- 将这些方法应用于工程设计问题
- 描述正常设计与激进设计之间的差异，以及与之相关的道德问题
- 讨论在工程设计中，工程师在何种程度上依靠现有的规范框架做出伦理决策

本章框架

第一节　引言　/　165

第二节　设计过程中的伦理问题　/　167

　一　问题分析和制定　/　168

　二　概念设计　/　170

　三　模拟　/　171

　四　决策　/　173

　五　细节设计　/　175

　六　原型开发和测试　/　176

　七　生产和建造　/　177

第三节　权衡和价值冲突　/　179

　一　收益成本分析　/　182

　二　多重标准分析　/　185

　三　临界值　/　188

　四　推理　/　189

　五　价值敏感度设计　/　191

　六　不同方法之间的比较　/　192

第四节　监理框架：常规设计和激进设计　/　193

第五节　小结　/　197

问题研究　/　198

问题讨论　/　200

第一节　引言

案例 163

德国高速铁路灾难

1998年6月3日，德国高速城铁（ICE）884号脱轨，当时以200公里/小时的时速撞到一座桥上，导致桥梁坍塌压在列车上。列车后面的车厢折拢进前面失事的车厢，车体完全扭曲变形。这起事故导致101人死亡，88人重伤。随后的事故调查表明，这场灾难很大程度上是由于列车轮子设计的改动造成的。最初，列车采用整体车轮设备，车轮整体浇铸。这种车轮降低车轮和铁路的旋转摩擦，从而增加能量利用效率，降低电力消耗成本。但是，这种轮子同样也会降低舒适度，并导致车轮中的材料压力增加。在一些高速铁路中，舒适问题是通过使用空气悬浮转向架来解决的。然而，德国高速城铁却基于传统转向架，使用了钢弹簧。一旦使用这
种转向架，车轮系统就会引起严重的共震和摇摆。这被认为是一个问题， 164
尤其在餐车车厢，整套的餐具会在桌子上来回滑动。然后，德国铁路工程师建议通过设计一种新车轮来解决这个问题，这种新车轮在钢轮胎和车轮主体之间加了一个橡胶环。这种车轮设计已经被用于轻轨中，但是值得注意的是，轻轨的速度比较低。这种新车轮设计在投入使用之前没有经过高速测试，而是基于现有经验和材料理论之上形成的。然而，采用这样的车轮确实解决了震动问题，并且在这次致命事故之前并没有出现很大的问题。

新车轮设计组成如下：一个钢车轮主体，外面包着一层20毫米的橡胶减震器，然后又套了一层相对薄的钢轮胎。正是这种钢轮胎最终失效并导致这场灾难。这可能是由两种机理性原因造成的：一种是金属疲劳即车轮外层的金属轮胎每次旋转会发生一点变形；另一种机理原因是橡胶减震器由于温度的升高而发生延展。由于橡胶比钢铁更容易因加热发生延展，同时由于橡胶轮胎被锁定在车轮主体和金属轮胎之间，它们都将导致对钢铁轮胎的高压，结果就可能造成金属轮胎内部的破裂。第一种机制原理在

决定改变轮胎设计时就已经知道，但工程师并不清楚第二种机理。

火车车轮每天都例行公事进行检查。第一，测量车轮是否仍然足够圆或者已经变为椭圆。车轮不圆度不应该超过 0.6 毫米。在实践中允许和使用更高的值，这可能由于车轮变形所导致的不圆并没有被看做一个安全问题，而是被看做一个舒适和耐久性的问题。对整体车轮来说可能如此。但是，对于这种新设计轮胎，情况当然不是这样。第二，整体的车轮直径应该至少是 854 毫米，一个新轮胎直径是 920 毫米。事故发生前，最后一次测量的轮胎直径是 862 毫米。达姆施塔特市的弗劳恩霍夫研究所（Fraunhofer Institute）后来的调查建议，在新轮胎设计中，规格为直径 890 毫米可能将更加合适。这个规格可能又是基于整体车轮的，忽视新车轮设计的独特性。第三，车轮也进行过破裂检查。最初，用先进的测试工具来检查车轮，然而，这产生了大量误报，也就是说，车轮明明显示出不足之处，然而实际上并没有出问题。由于这些误报，就停止使用先进检测设备，而仅仅通过用手电筒看和用小锤子猛击车轮听声音来进行检查。后一种方法经常在整体车轮检查时使用，但对于新设计车轮来说可能是不充分的，因为橡胶锤将吸收一部分敲击声。

三位工程师中，两位来自德国铁路，一位来自供应商，他们都被卷入到车轮是否可靠的案件中并被指控过失杀人。53 天之后，法官判定：这三名工程师没有玩忽职守，并且给出三个原因。第一，专家中没有一个人持原则性异议反对这种新型轮胎；第二，金属破裂可能导致此种事故
165 会发生过快。所以，充分地检查程序也不可能阻止这类事故的发生。第三，也没有证据证明工程师在计算车轮的载重方面犯有总体性的过错。因此，案件撤销，其条件是：被告支付 1 万欧元的罚单（可能只限定于德国刑法）。

主要来源：Brumsen（2006）和 http://en.wikipedia.org/wiki/Eschede_train_disaster（2009 年 8 月 18 日）。

德国高速城铁列车灾难说明工程设计的重要性。和其他案例一样，在这个案例中，设计阶段对于一种技术的合理操作、可能的风险和其他方面影响至关重要。这个案例也表明与设计有关活动的重要性，诸如测试、认证、检测。第二，这个案例表明绝大多数设计都涉及到权衡问题。在火车

车轮设计中，权衡的是能量（成本）效率和舒适性能。整体性的车轮设计相当有效率，因为在车轮旋转过程中，车轮和轨道间产生很少的阻力，但是这可能对舒适性方面有负面影响（尤其是在高速运行时）。虽然有无法预见的因素和较低的安全性，但复合结构车轮通过增强一定程度的旋转阻力就会带来更好的舒适性。最后，这个案例也表明创新或者激进设计的重要性和风险性。新车轮设计从某种程度上来说是创新的，以前它从来没被用在高速列车上。尽管这种创新设计可能潜在地解决重要的设计问题，但是它也可能产生新的风险，正如这个案例所带来的风险。

本章将全面介绍三个重要的问题。我们先描述什么是设计，以及在设计过程的不同阶段，可能会产生什么种类的道德问题（第二节）。接下来，我们将更深入地考察设计的一个问题：按照设计要求进行的不同概念设计和利益权衡之间的选择（第三节）。最后，我们来研究常规设计和激进设计之间的差异，以及与差异相关的道德问题（第四节）。 166

第二节　设计过程中的伦理问题

设计过程是中心环节，而有关技术的道德考量也在此产生。原因在于：与技术相关的重要决策是设计过程的组成部分。从重要程度来讲，技术设计决定它如何生产和使用，并以何种手段来维护，以及产品如何报废。当然，例如就使用者而言，他们的后期决策也是很重要的，但是设计过程中的选择会对产品产生更大的社会影响。因此，工程师所面对的与技术发展相关的大部分伦理问题，从某种程度上都反映在设计过程中。

设计可以被描述为一种活动，在这种活动中工程师把某些功能和目标转化成产品或系统。一艘渡船可以被认为是一种功能的转化：“把人从河的一边运送到另一边”。在绝大多数案例中，一种功能或者是社会目标可以通过许多途径转化成一种技术方法。如果你想实现在两岸之间进行运输，你可以在一系列可能的技术方案中进行选择，比如桥梁、隧道、渡船或者缆车。方案选择不仅取决于功能实现，也取决于一系列附加的设计要求，比如说运输速度、成本、建造时间、可持续性以及安全性。

工程设计（Engineering design）：借助工程知识把某些功能转化为人工制品、系统或服务的蓝图，以实现这些功能的活动。

设计过程（Design process）：是一个反复的过程。在其中，某些功能转化为人工制品、系统、服务的蓝图。这一过程常被划分为如下六个阶段：问题分析和制定、概念设计、模拟、决策、细节设计，以及模型建立和测试。

工程设计是指某些功能被转化为人工制品、系统或者服务的蓝图，以实现这些功能的过程。工程设计通常是一个用到技术和科学知识的系统化过程。**设计过程**是一个反复的过程，可以被划分为不同的阶段，比如：

- 问题分析和制定，包括制定设计要求。
- 概念设计，包括创造可选择的概念性解决方案，来解决设计问题和可能重新制定问题。
- 模拟，模拟一个或者多个概念设计，以测试它们能否满足设计要求。
- 决策：从一系列可能的解决方案中选择一种概念解决方案。
- 细节设计：设计过程被进一步细化。
- 模型建立和测试，在这个阶段建立一个模型并且进行测试。这种测试可能导致设计的改变。

下面，我们将详细论述设计过程的不同阶段，并指出各个阶段作为设计者的你将会遇到最重要的道德问题。另外，我们将要简要关注生产和建造过程中的道德问题。

一 问题分析和制定

问题分析阶段（Problem analysis stage）：在此设计过程阶段，设计者或设计团队分析并制定设计问题，以及设计要求。

设计要求（Design reqirements）：好的或可接受的设计的相关要求。

在**问题分析阶段**，设计者或设计团队将设计问题概念化。这个阶段产生设计问题和一定的**设计要求**，而这些设计要求达到好的或可接受的解决方案指标。后续阶段的发展有时可能会重新修订问题或设计要求。

问题制定和远景

设计问题的制定非常重要，因为它决定后续设计过程中将要遇到问题的

总体框架。通常，当事人委托一个设计时，对于“问题究竟是什么”仅仅 167
只有一个模糊概念。此后，设计者在问题的明确界定中发挥至关重要的作用。

在制定设计问题中，选择一个确定的远景可能是隐晦的或明确的。比如，网络中搜索引擎的设计。在这个案例中，你可以看到搜索引擎公司提供的观点。对他们来说，搜索引擎将不仅仅需要操作简便和易于使用，还要做到存储访客搜索过的信息，只有这样搜索引擎提供者才能把广告栏卖给潜在的、感兴趣的访客。从搜索引擎使用者的角度来看，这种不受欢迎广告栏的设计是不能接受的。不仅仅是因为使用者不希望被广告栏打扰，而且也是因为他们可能会认为搜索数据的存储侵犯他们的隐私。这个案例中提到的设计问题，远景的选择也具有道德相关性。问题是必须从一个道德观点来考虑参与的访客会有哪些兴趣，而且还要考虑哪种道德标准和价值等对隐私权的尊重是事关重大的。

制定设计要求

接下来的设计问题是制定设计要求。在职业和公司规范基础上，大量的道德考量可能被提及，都应该在设计要求的制定阶段进行充分考虑。这关系到诸如安全、健康、环境、可持续性和技术的社会影响等。源于道德考虑的设计要求有时也要考虑到法律。例如，在安全、健康和环境领域有许多法律，它们增加了设计过程的要求。除了一般法律，还有**技术规范和标准**，也和设计过程密切相关。技术规范是法律要求的，由政府主体强制执行，以保护安全、健康和其他的相关价值。技术标准通常是建议性的而不是法律要求，它们是由标准委员会的工程专家撰写的。规范和标准有两大主要功能（Hunter，1997）。第一是标准化，促进了通用性。例如，设计图纸对于其他人来说是可以理解的，而且也是清楚的，其余部分也是通用的。规范和标准的第二个目标是保证一定品质或者保护公共价值。尽管道

> **技术规范和标准（Technical codes and standards）**：技术规范是法律要求的，由政府主体强制执行，以保护安全、健康和其他的相关价值。技术标准通常是建议性的而不是法律要求，它们是由标准委员会的工程专家撰写的。
>
> **认证（Certification）**：判定某一技术是否符合使用技术规范和标准的过程。

德考量在规范和标准中没有明确提起，但是道德考量所涉及的事项如安全、健康、环境经常是规范和标准内容的前提和基础。在一些工程领域，在进入生产和使用阶段之前，设计必须经过认证。**认证**是指判定某一技术是否符合使用技术规范和标准的过程，例如，是否足够安全。在这一章开
168 头讨论的高速城铁新车轮设计案例中，就提出这样的问题：这种车轮是否通过认证。卷入这场认证的一些工程师被检举，尽管他们最终被宣布无罪。

设计要求具体化

道德问题可能产生的另一方面是设计要求的具体化。一种要求比如说安全，可能通过多种方法实现其具体化。例如，化工厂设计中，人们可以通过雇员和化工厂附近居民的安全来考察。从道德上讲，仅仅把安全问题局限于雇员是难以接受的。很明显，在作这样的设计选择时，在化工厂附近地区遭受直接影响的居民并没有机会表达赞成与反对，也不能直接从工厂中获利。

二　概念设计

在**概念设计阶段**，目标是产生概念化的设计，核心是制定设计问题的整体方案。设计者不是尝试单独实现每个设计要求，而是要对所有设计要求进行整合，并且寻求一种可能带来这种整合的总体概念。

> **概念设计阶段（Conceptual design stage）**：由设计者或设计团队形成概念设计。焦点是用一种整体的方法处理设计问题。
>
> **创造性（Creativity）**：能够思考出或创造新的、常常是意想不到的观点或选择。对于设计者来说，创造性是一个重要的职业品质。

概念设计阶段，设计者的**创造性**是最重要的。创造性是设计者的基本素养，设计者创造性越强，工作就做得越好。除了创造性品质，对设计者来说诸如能力、细致、诚实、精确和可靠，也很重要（参见第三章）。创造性是一种专业品质，但不是道德因素。这意味着它是设计者重要的职业特征。然而，创造性不能使你成为道德更高尚的人。不过，从道德出发点来说，创造性也可以成为设计者的重要品质。它可以帮助设计者把在设计过程中起到重要作用的负面道德价值观点联系起来。一个典型的案例是荷兰东斯凯尔特河风暴潮防护栏的设计，其中安全和生态保护的道德价值观是至关重要的。

案例

荷兰东斯凯尔特河风暴潮防护栏的设计

1953 年，一场巨大的洪水灾害之后，荷兰泽西省许多堤坝倒塌，超
过 1800 人死亡，三角洲计划开始制定。三角洲计划的一部分是封闭东斯
凯尔特河。然而，从二十世纪六十年代后期开始，反对封闭东斯凯尔特河
的社会呼声日益增长。由于东斯凯尔特河盐分和潮汐的减少，环保人士担 169
忧生态价值方面的损失，开始反对封闭。渔民因为害怕对捕鱼产业产生不
好的影响，也反对封闭。他们提出的可供选择方案是增高东斯凯尔特河周
围的堤坝，以此充分保证这一地区的安全。

1972 年 6 月，一群学生提出封闭东斯凯尔特河的一个替代计划。它是一项由研究项目而产生出来的计划，许多来自土木工程学院、代尔夫特理工大学建筑工程学院、瓦格宁根农业大学景观建筑学院的学生参与这项任务。学生们聚焦的问题是安全和生态保护。在考虑这些问题基础上，他们提议建造风暴潮防护栏。防护栏在正常情况下打开，允许水流通过；但是如果洪水威胁到内陆，则可以关闭。防护栏是一种创造性的折中方案，至关重要的是，它可以使安全和生态保护这两种道德价值保持平衡。

起初，政府主体荷兰水运局负责排水系统，他们因为技术方面不可行而舍弃这个建议。然而，议会也开始反对封闭东斯凯尔特河。这让荷兰水运当局在做出选择方面更加慎重。一段时间之后，他们决定建立风暴潮防护栏。尽管风暴潮防护栏最终比最初解决方案昂贵得多，而且也超出原本预算——许多人仍然认为这一设计在安全和生态价值方面是创造性和可接受的折中方案。

来源：Van de Poel（1998）.

三　模拟 170

概念设计在**模拟阶段**测试，查看它们是否符合设计要求。这需要通过许多方式进行，例如，通过计算，实施计算机模拟，做原型测试。这个阶段的

> **模拟阶段（Simulation stage）**：在此设计阶段，设计者或设计团队通过计算、测试和模拟等方法来检验概念设计是否符合设计要求。

一个重要问题是：在设计过程中，对设计产品后期操作的预测是否可靠。预测的可靠性主要是一个方法论问题，因此，超出了本书的范围。然而，道德考量对预测有多大可靠性是可取的或可接受还是起到部分作用。回答这一问题主要取决于如何界定道德。在设计一座核电站的案例中，一场事故可能导致成千上万人的死亡，而且这一地区可能在很长时间成为无人区，但是对关于发生事故概率的可靠性声明却指出，其概率仅仅高于一个开罐器的事故概率。

计算机模型

计算机模型经常在模拟中使用，下面实例说明这种模型有时使用的知识并不是完全可靠的，所以由于种种原因，计算机模拟可能也是不可靠的（Petroski，1982，ch. 15）。

- 计算机模型可能包含模型使用者根本意识不到的错误或失误。1996年6月火箭阿里安五号发射失败就是一个例子（见下文）。
- 用计算机模型描述假设可能是错误的，即使没有明显的错误或者过失。问题常常是复杂的，因为模型使用者没有意识到模型建构的假设性和这些假设可能存在的不可靠性。
- 计算机模型的使用者有时没有意识到这些模型有限的使用范围。这样就存在一个危险——计算机模型的使用是从应用领域推断出来的，这就会使它们的预测变得更不可靠。

这些问题经常会因为计算机模型产生一种准确和可靠的表象而更加严重。结果，工程师经常就会更加依赖于计算机模型做的论断而不是依赖事实判断。这种错觉与美好设想的谬误相一致（见第四章第五节第一部分）。

案例

阿里安 5 号火箭的爆炸

1996 年 6 月 4 日，无人驾驶的阿里安 5 号火箭在刚刚发射升空后爆炸。火箭和它的运载器总造价 4.5 亿欧元。调查显示软件装置导致火箭的自毁。问题可能来源于这样的事实——软件没有及时更新，依然使用阿里安 4 号火箭的软件。与阿里安 4 号火箭相比，阿里安 5 号火箭有更强有力的发动机，因此软件就不得不处理更大的数据。当水平速度按照64字节的原始数据测量和存储并且转换成16字节的原始数据时，错误就发生了。这个数值高于16字节能够处理的最高位数32768，所以，仪器就产生出错 172
误的数值。

四 决策

在**决策阶段**，把各种概念设计相互比较并产生出一种具体的设计选择。模拟阶段的结果会被用于这种比较之中。各种不同设计的评价通常根据来自分析各阶段的设计要求而产生。其后，可以根据它们可能产生的积极或消极的社会影响来评价各种设计。一般说来，不是仅仅只有一种设计能最好地符合所有设计要求。为了对为什么是如此设计有一个更为精确的理解，考虑设计要求的不同方面是很有用的。以这一方式制定的一些要求要么是完全符合的，要么根本就不符合；也有一些要求太公式化而造成产品超出或低于标准太多。安全、可持续性、成本和使用舒适性等是一些常见的设计要求。其特征在于，这些要求被公式化表示为“尽可能多的”（安全、可持续性、使用舒适性）或者“尽可能少小”（成本）。这种类型的设计要求通常被称为**设计标准**。对于大多数设计过程而言，永远没有符合所有要求的最好的设计标准。最安全的汽车设计常常不是最便宜的。确定哪种设计是最好的，就必须在各种不同设计标准之间作出妥协。也就是**权衡**，要比较不同设计标准，做最优选择。你要在一定程度的成本和安全之间作出权衡。关键问题是，我们如何能在不同的设计标准之间决定这一权衡是最令人满意的或可接受的。在许多案例中，这个问题已经是道德方面的问题，因为不同的设计标准如安全、可持续性和使用舒适性等都具有道德上的动机。在这些案例中，权衡可能被视为价值冲突，关于这

决策阶段（Decision stage）：在此设计阶段，通过比较不同的概念设计，形成一个具体的设计方案。

设计标准（Design criteria）：一种设计要求，其制定用于使产品在较大或较小范围内符合其要求。设计标准常被用来比较和选择不同的概念设计。

权衡（Trade off）：设计标准的妥协。例如，考虑到可持续性，就需要降低一定的安全要求。

点我们在第六章第三节将进行更详细的讨论。

设计中的决策也造成其他的道德问题。其中一个问题是谁应该被包含在内。设计不仅潜在地影响使用者的生命，也在一定范围内影响着其他利益相关者，而这些利益相关者在设计问题和解决方法的要求方面可能有明显不同的观点。这些观点不管在设计要求规划阶段还是在决策阶段都是密切相关的，因为不同的利益相关者可能在诸如可接受的折衷设计方面存在冲突。在设计文献中，使用者和其他利益相关者在设计中会提出各种解决方案，诸如参与性设计（例如 Schuler and Namioka，1993）。同样，在第一章第六节中所描述的建构性技术评估（CTA）方法也与之相关。这里重要的规则是设计过程中的决策应该包括相关利益者和道德方面的考量。

另一个问题是设计过程中所做的许多选择是不明确的，但却简单地被认为是处理或者推进问题的最好方法。[①] 虽然含蓄的选择不一定是最坏的选择，但是一系列叠加而又不明确的决策可能导致这样的情况：没有人再愿意做出明确的、一次性的选择。实际上，许多设计中的道德问题好像不是源于深思熟虑的非道德决策，而是源于一系列其自身在道德上是最值得怀疑的决策（Lloyd and Busby，2003）。

社会学学者瓦格翰（Diane Vaughan）以“挑战者号”案例提出一个很好的实例解释（Vaughan，1996）。在第一章第一节中，我们主要就管理
173 者和工程师之间的冲突描述挑战者号案例。然而，按照瓦格翰的观点，挑战号发射的决定应该鉴于早期模式，它是个部分模糊的决策，即使在飞行早期阶段 O 型环发生侵蚀依然被认为仍是“可接受的风险”，这也表达对技术的一种解释。在致命灾难发生的前夜，挑战者号发射的决策符合这一模式，尽管它又一次被诠释并扩展对什么是一个可接受风险的解释。

组织的异常行为（Organizational deviance）：在组织外部被视为越轨或不道德的规范，但在组织内部却被认为是正常和合法的。

瓦格翰把挑战者号发射的决策描述为一个“**组织的异常行为**”案例：在组织外部被视为越轨或不道德的规范，但在组织内部却被认为是正常和合

① Devon and Val de Poel，2004.

法的。大多数人事后认为根本就不应当作出发射挑战者号的决策，尽管这一决策符合组织内部许多已经形成的隐性规范和规则。这种组织异常的原因不是因为美国宇航局不考虑安全问题，实际上，安全的考虑在组织内部是很重要的，他们试图创建一定范围的组织程序来保障安全。而这些偏差是关于O形环的一个渐进的、部分含糊的决策所带来的结果。

瓦格翰关于挑战者号灾难的分析展示非常普遍的一点：决策——渐进和隐晦的——都倾向于促使我们行动，并作出后续的决定（Darley，1996）。我们发现即使我们知道它是一个错误的决定，也很难作出更改。虽然这是适用于个人的决定，但是通常修改集体决策会更加困难。一个重要的教训是：对于一个好的设计来说，在设计阶段进行充分的决策是很有必要的。大卫·科林格里奇（David Collingridge）为这种决策提供四个标准：

1. 决策的易矫正性；
2. 选择容易控制的系统；
3. 决策的灵活性；
4. 减少决策失误。（Collingridge，1980，pp. 32 –42）

五　细节设计

一旦为特定设计做出选择，就必须对它做细节化详细描述。同样在**细节设计阶段**，也可能产生道德问题。通过金门大桥事件（第四章第一节）强调这一设计阶段的重要性，金门大桥在细节设计中决定减少栏杆的高度，从1.7米降到1.4米，但护栏的这种高度使得自杀更加容易。例如，在这个阶段，必须对使用何种材料做出选择。根据风险、健康和环境影响来决定采用何种材料。其中一个例子就是在飞机稳定器中使用贫铀。从功能上讲，这是合适的材料，可是当然也伴随着一定的健康风险。那么，其在何种程度上是可接受的是个道德问题。另一个例子 174
是在大河或者运河使用热带硬木作堤坝。它再一次证明，材料本身性能是合适的，但是从可持续性——对热带雨林的保护——角度来看使用这种材料就可能是不合适的。

细节设计阶段（Detail design stage）：对选定的设计进行具体化分析和详细说明。

六 原型开发和测试

> **测试（Test）**：是在特定环境下，由实验员调控的一种技术操作，将实践中技术功能的数据系统收集起来。

设计细节化之后，要做的通常就是对设计原型进行制造和检测。**测试**是在特定环境下，由实验员操作的一种技术操作，通过这种测试将实际技术功能的系统数据收集到一起。德国高铁列车的灾难强调指出测试的重要性。缺少正确的测试是导致这场灾难的一项重要因素。然而，测试有时候也是不可靠的。其中一个问题是，测试不是总能代表产品的最终功能。你需要知道实际操作中相关的环境是什么，并且要知道一个良好的操作测试不相关的因素又是什么。其中一个例子是除草剂 2, 4, 5 – T（见下文）。实际应用的某些方面却被当成不相关的因素而被错误地忽略。病理学家主张接受使用这种产品的前提是产品在生产和使用过程中都是按照规定操作的。在这些具体条件下的产品是安全的。但是，在实际使用的环境中，它是不安全的。

案例

除草剂 2, 4, 5 – T

在二十世纪七十年代，英国农业工人对大规模使用除草剂 2, 4, 5 – T 是否安全的问题存在诸多不安。科学委员会坚持认为 2, 4, 5 – T 不会造成健康威胁，他们做出这种判断是基于实验研究和物质毒性的研究。民族农业联盟和工人组织同盟提出的抱怨被当成是凭空想象。在评估中，科学委员会认为实验条件代表实际应用："即使直接使用，纯净的除草剂 2, 4, 5 – T 既不会给使用者带来危险，也不会给普通公众带来危害"（转引自 Wynne, 1989, p. 36）。

具体来说，下面的假设是促使人们相信 2, 4, 5 – T 是无害的依据：

1. 生产过程中，二噁英和其他毒性物质从来没有污染主要产品。

2. 2, 4, 5 – T 的容器包装总能给使用者（农民和农业工人）提供清楚
175 和明确的使用说明。

3. 即使在不方便的情况下，农民和农业工人总能正确地使用溶液、压力阀、喷嘴和安全服。

所有这三条假设都是有问题的，第三条被证明尤其不合理。一位科学家带着问题调查农民的工作条件，他描述杀虫剂委员会的科学家“躲在实验台后面，生活在脱离现实的幻境中”（转引自 Wynne，1989，p. 37）。与杀虫剂委员会陈述的相反，存在诸多的原因让我们相信 2, 4, 5 – T 对于农业工人的健康是个威胁——即使在他们正常工作环境下也是如此。

来源：Wynne（1989）. 176

七　生产和建造

某一产品或者架构被设计出来之后，它需要投入生产或者建造。生产和建造可能产生自身的道德问题，而许多道德问题可能在设计中预测到并处理过。在生产和建造过程中，我们介绍一些在这一过程中可能会出现新的道德问题。

其中一个问题是生产和建造过程的劳动条件。尤其是在市场竞争条件下，通常存在很大的降低生产成本的压力。这可能导致更差的劳动条件，并产生这样的问题：什么样的劳动条件在道德上是可取的和可接受的。一个相关问题是，把生产外包给低工资的国家是否是可取的和可接受的呢？低工资国家的工作条件可能更差，甚至会使用童工。这里所指的工作条件也同工人的安全和健康保护问题相关。某些技术产品可能是危险的或者雇 177
佣工人在生产过程中可能遭遇某些危险或遇到有毒的挥发性物质。在一些发展中国家，安全和健康预防措施可能更难获得支持。在第二章第四节中讨论过的全球行为标准可能提供有用的指导。

生产和建造阶段也可能产生关于环境和可持续发展方面的道德问题。生产过程可能产生浪费和污染环境。结合产品设计，在生产过程中，这些问题通常可以通过充分的计划和设计而得到解决。产品的环境生命周期分析包括生产阶段，可以提供一个有用的工具；这些方法会在第十章第六节第二部分中进行讨论。

建造工作是众所周知的危险性活动。美国建筑工人，雇佣工人的平均死亡率是十万分之三十九，是美国其他工人平均的工作风险的五倍（MacCollum，1995，p. 3）。在设计阶段，充分考虑更好的建造计划和设计，那么就可以在更大程度上提升建造安全（Gambatese，Behm，and Rajendran，2008）。对于使用者和公众的安全来说，建造设计也很重要。如果设计的架构很难在实际中实施，那么很可能会导致实际建造脱离设计架构，也可能会产生安全问题或者其他危险。一个例子是堪萨斯城凯悦酒店（Hyatt Regency Hotel）两条走道的倒塌。

案例

凯悦酒店走道倒塌

1981 年 7 月 17 日，美国堪萨斯城凯悦酒店两条步道倒塌，导致 114 人死亡。正如灾难之后的调查结果显示，引起倒塌的一个原因是这个建筑物没有满足堪萨斯城市建筑标准要求。结果，两个工程师失去它们的工程师注册证。

然而，调查也显示灾难的另一个主要原因在于设计者和建造者之间缺乏沟通。图 6.1 显示了一条步道最初设计图和它最终实施时的设计图。在执行的设计图中，上层步道上的螺丝负载量是最初设计的两倍。这意味着如果最初设计没有改动，步道倒塌就很可能不会发生。因为实施困难的原因，所以建筑承包商改变了原始设计。他们改变图纸，但是这些改变并没有引起结构工程师的注意，他们在不知情的情况下批准了改动。

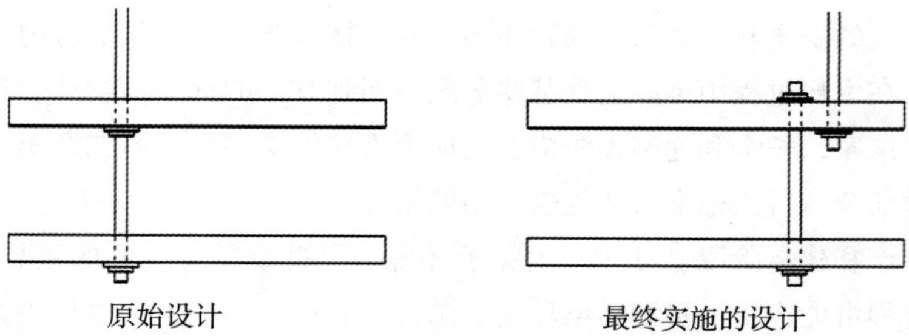

图 6.1　凯悦酒店走道的原始设计图和最终实施设计图

第三节 权衡和价值冲突

正如我们所看到的，在决策阶段，设计是根据设计要求来评估的，必须在不同的设计之间做出选择。这个选择通常不那么简单，因为不同的设计在不同标准下通常评价不一。无论如何，作出权衡是个困难的选择，而且如果不同的设计标准与不同的道德价值相冲突，它们会变得更加不确定。在这种情况下，在设计中作出权衡，就相当于我们所说的“**价值冲突**”，更准确地说，我们将以下所有条件都满足的情况来界定一种价值冲突：

1. 必须在至少两种选项中做出选择，因为作为选择标准，至少要有两种价值是相关的。

2. 最好是，至少两种不同的价值会产生至少两种不同的选项。出现这种情况的原因是如果所有价值选择同一个选项是最好的，那么我们实际上就不会面临价值冲突。 178

> **价值冲突（Value conflict）**：在以下情况下会产生价值冲突：
> （1）必须在两种相关价值作为标准的两个选择中做出决策；
> （2）至少两种不同的价值最起码会产生两种不同的选择；
> （3）价值之间难分胜负。

3. 价值之间难分胜负。如果在一种价值方面**超出**另一种价值哪怕一点点，也比在后一种价值方面高出很多更有意义，那么头一种价值胜出。如果价值能相互分出高低，那么我们可以考虑最重要的价值，简单的做法是为选项排序。如果两种选项在同一价值方面得分相同，我们将考虑测试第二种价值的分数，以此类推，重要性递减。因此，如果价值能彼此分出高低，这里也就没有真正的价值冲突。

> **胜出［Trumping（of values）］**：如果头一种价值方面超出另一种价值哪怕一点点，也比在后一种价值方面高出很多更有意义，那么头一种价值胜出。

价值冲突可能在道德上是有问题的，因为它们很可能导致这样一种情况，设计者不能公平对待所有相关的道德价值。在这种情况下，一个价值冲突相当于一个道德问题（见第五章第三节）。这里给出一个设计中价值冲突的案例，关于替换 CFC－12 冷却剂（见下文）的案例分析。关键性问题是：在冰箱新型冷却剂的设计中，如何在环境问题和安全问题之间做出权衡？下面我们将要讨论这种评价可能产生的五种方法：成本收益分析、多重标准分析、设计标准的临界值、价值论证以及寻求新技术解决方式。对于每种方法，我们将要介绍主要的优点和缺点。

案例

家用冰箱——CFC－12 的一种可替代物

21 世纪 30 年代，通用电器的化学家开发出所谓的氯氟烃（CFC）——碳氢化合物。在这种物质里，部分的氢原子被氯或者氟所取代。基于它们的热力学性能，CFC 被证明是极好的冷却剂，而且它们是无毒且不易燃的。对于家用冰箱来说，最普遍的使用方法是把 CFC 冷却剂转化成 CFC－12。二十世纪八十年代，人们发现 CFC 是导致臭氧层破洞的主要原因。1987 年，蒙特利尔协议号召全世界降低 CFC 的生产和使用。随后，二十世纪九十年代，CFC 在许多国家被禁止使用。

CFC 禁令颁布的一个结果是必须发现一种可替代物来代替 CFC－12 作为家用冰箱的制冷剂。在可替代制冷剂设计要求的规划中，三种道德价值扮演重要角色：安全、健康、环境可持续性。在设计过程中，安全主要被理解为不可燃，健康被理解为无毒，环境可持续性等同于低 ODP（臭氧消耗可能性）和低 GWP（全球变暖可能性）。ODP 和 GWP 都主要取决于制冷剂在大气中的寿命。在设计过程中，三种价值之间产生一个冲突。这
179 种价值冲突可以在图 6.2 的帮助下得以阐明。

图 6.2 形象地表现出 CFC 是建立在特殊的碳氢化合物基础之上的。在顶端，是甲烷和乙烷，或者另一种碳氢化合物。如果一个移动到底端，氢原子被氯原子（如果去往左边）或者氟原子（如果去往右边）置换。用这种方法，所有建立在特殊碳氢化合物基础上的 CFC 都被表现出来。这张图表明可燃性特性（安全）、毒性（健康）和所有的环境因素等性能是如何取决于 CFC 的准确合成过程的。正如图 6.2 所见，最小化制冷剂在大

气中的寿命意味着氢原子数最大化，这就增加了可燃性。这意味着在可燃性和环境影响之间，或者在安全价值和可持续性之间，必须作出一个权衡。

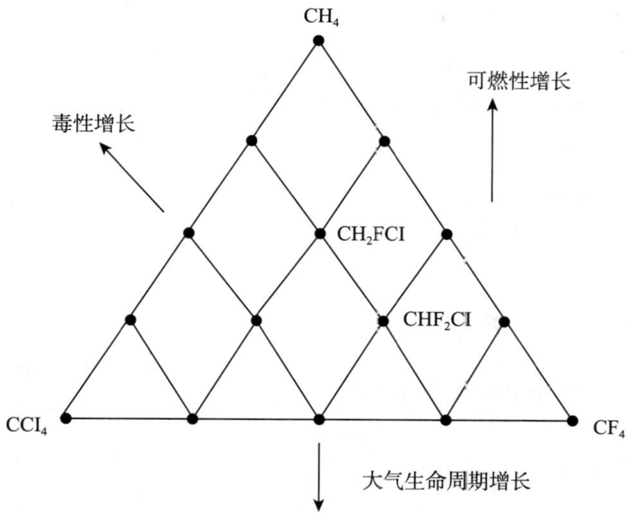

图 6.2　制冷剂的性质

CFC－12（CCl_2F_2）的主要替换物被认为是 HFC－134a（$C_2H_2F_2$）和像异丁烷一样的碳氢化合物（HC 600a 或 C_4H_{10}）。表 6.1 表明这些物质中的 ODP 和 GWP。最初，工业上更倾向于使用 HFC－134a 作为替换物。尽管这种物质相比于 HC－600a 一类的碳氢化合物具有更大的 GWP，更容易导致温室效应，但它不可燃，而碳氢化合物却是可燃的。对于化工产业来说 HFC－134a 也同样具有吸引力，因为它可以取得专利权，与现存的碳氢化合物形成鲜明的对照，因此可能在生产过程中更加有利可图。 180

表 6.1　　　　制冷剂中的 ODP 和 GWP

制冷剂	ODP（对照 CFC－12）	GWP（对照 CO2）
CFC－12	1	8500
HFC－134a	0	1300
HC－600a（异丁烷）	0	3

在部分欧洲国家，自从绿色和平组织于 20 世纪 90 年代早期在前东德弗奥（Foron）成立电冰箱公司，并打算开发使用碳氢化合物作为制冷剂

的电冰箱开始，浪潮已经开始转向反对 HFC－134a。当绿色和平组织和弗奥在 1992 年 8 月为其所谓的绿色冷冻剂成功获得超过五万个订单时，数月之内，德国主要的电冰箱公司转向碳氢化合物异丁烷作为制冷剂。在 1992 年 12 月，绿色和平组织从德国标准委员会获得安全批准。虽然在关于电冰箱使用碳氢化合物作为制冷剂的问题上，还存在许多能量消耗的讨论，但目前研究好像表明电冰箱用异丁烷作为制冷剂至少在能源效率方面和使用 HFC－134a 是一样的。

来源：Van de Poel（2001）.

一　收益成本分析

> **收益成本分析（Cost-benefit analysis）**：用于比较选项的一种方法，即把选项所有的优势（收益）或劣势（成本）通过金钱表现出来，并且要估算出每一选项的总成本或总收益。

收益成本分析是一个在工程中常常使用的基本方法。典型成本分析是：在不同选项之间作出选择相关的所有考量，最终用一个普通单位表达出来，通常是一个货币单位，如美元或者欧元。收益成本分析包含多种类型和变量因素（例如 Mishan，1975）。如果我们把社会的成本和收益视作一个整体，通常是指社会成本收益分析。成本收益分析同样也可以用于公司，以衡量开发产品及其市场化带来的成本和收益。

如果想要将一个设计的预期经济价值最大化，收益成本分析就是一个很好的工具。但是，在这样的案例中，仍然需要作出一些负载着额外价值的假设和选择。一个问题是如何从目前的成本中贴现未来收益（反之亦然）。现在一美元要比 20 年后更加值钱，不仅仅是因为通货膨胀，也因为现在一美元可以用来投资从而在 20 年后产生一定利润率。要纠正一点，
181 就是要在成本收益分析中选择**贴现率**。选择贴现率可以对分析结果产生主要的影响。另一个问题是一旦进行收益成本分析，一个人可能使用不同的选择标准。有时，利润大于成本的所有选择都被认为是可以接受的。然而，人们也

> **贴现率（Discount rate）**：用于收益成本分析的一种方法，对未来收益（或成本）的贴现。这么做是因为现在的1美元远远超过10年后1美元的价值。

可以选择净利润是最高的，或者选择净利润在总成本占的百分比为最高的。

如果非经济价值也考虑在内，收益成本分析就有很大的争议。而且，使用货币单位并不意味着只有经济价值才能被考虑在收益成本分析中。实际上，诸如**定额验证**的方法已经发展出来，能够把安全或可持续等价值用货币单位表现出来。定额验证追问人们：想要支付多少来获取一定程度的安全，例如，愿意花多少钱来保存一方美丽的自然景色。通过这种方法，就可以用货币价格确定一定程度的安全或者一部分自然的价值。由于人们认为这是价格谬误，所以定额验证一类的方法有严格限制，并经常受到批评（见第四章第五节第二部分）。然而，如果由此得出收益成本分析必须忽视非货币或非经济价值的结论是很草率的。当使用收益成本分析时，可能在不同的选项之间使用不同的道德标准（Kneese，Ben-David，and Schulze，1983；Shrader-Frechette，1985）。例如，一个人可能会选择不使任何人的利益受到损害。通过选择具体的选项标准，除了考虑哪个选项能带来最大化的净利润之外，道德考量也应该被考虑在内。

> **定额验证（Contingent validation）**：一种把诸如安全或可持续等价值用货币单位表现出来的方法。也就要追问人们对一定的安全和可持续价值要求愿意付出多大代价（比如，保护一块美丽的自然风景地）。

就价值而言，收益成本分析可能被理解为价值最大化或者超级价值。这种价值可能是经济价值，像公司利润或者产品对使用者的价值，但是也可以是类似人类幸福的道德价值。如果选择了后者，收益成本分析就与功利主义的道德理论相关。根据边沁的经典功利主义理论（见第三章第七节第一部分），例如，假设所有相关的道德价值最终能被转化成与人类幸福相关的道德价值。然而，人们可能对这种假设存在质疑。其中一个问题是，一般很难说明诸如安全、健康、可持续性、美学等价值在多大程度上有益于人类幸福的价值，而且，也很难把这些价值用货币单位表达出来。第二个更根本的问题是这一方法把所有价值当成工具价值，哪种价值应该最终用来衡量人类幸福的内在价值的贡献标准呢？人们可能会疑惑，诸如人类健康、可持续性和美学等价值是否仅仅是工具价值，或者它们本身就是内在价值。 182

然而，也可以通过一个更加工具化的方式来使用收益成本分析，就是说，作为一个单纯的技术方法，这是根据各种不同的考虑或价值来对替代方案进行比较。虽然所有的事物都可以通过金钱表现为一种共同价值，但是我们应该坚持这一价值仅仅是比较的一种方法，而不是如人类幸福这样的本质价值。尽管如此，这仍然只是假设各种标准可以按照共同的尺度被表达或者衡量（Hannson，2007b）。然而，一些伦理学家认为，因为一些价值是不能进行比较的，所以这样一种共同尺度的存在是有问题的（见下文）（亦可参考 Chang，1997）。而且，不同人对诸如安全、幸福和可持续性等价值的相对重要性的看法是不同的。

价值不可比较和权衡

> **不可比较（Incommenseurability）**：如果两种（甚至更多）的价值不能通过一种共同的标准或根据一个共同的价值标准来表达或衡量，那么它们是不能比较的。

如果两个或以上的价值不能按照普遍标准或普遍的价值尺度来表达或衡量，那么它们是**不可比较的**。不可比较的价值也不能直接被权衡。这里已经表明某些价值或商品是不可比较的或者存在一定权衡的阻力（Raz，1986）。例如，考虑以下的权衡：为了多少钱你愿意背叛你的朋友？很可能认为，在友谊和获得金钱之间接受权衡就破坏了友谊的价值。在此基础上，构成友谊的价值拒绝在友谊和获得金钱之间进行权衡。也有人可能认为，价值可能反对权衡，因为它们是受保护的和“神圣的”（Baron and Spranca，1997；Tetlock，2003）。就道德价值和关乎人们身份及关系的价值而言，这似乎尤为真实。在保护价值之间做出的权衡带来不可避免的损失，因为你获得一个价值常常不能补偿或者消除对其他价值的损失。损失一个好朋友不可能通过获得好的职业或者更多的金钱来弥补。

一些哲学家否认不可比较价值的存在。他们相信所有的价值最终都可以根据一个价值或者终极价值来表达。功利主义归结为人类幸福价值，但是康德主义却认为是“善良意志”的价值。最终只有一种价值作为其他价值的基础，也就是众所周知的价值一元论。价值一元论没有必要否认其他价值的存在，但是他们相信通过借助于一个终极价值，能够解决基本的价值冲突。

二　多重标准分析

衡量不同设计标准的第二种方法是**多重标准分析**。与收益成本分析相 183
类似，它也包含多种类型和变量因素。我们应当把自己严格限定在主要框架上。多重标准分析是基于许多标准的不同选项之间的相互比较之上。通常，最先决定相对重要的标准，因为一般来看所有的标准并不是同等重要。其次，每一选项要通过所有的标准权衡，而且获得一定范围内数值，例如，从 1 到 5。最后，每种选项的价值可以通过如下公式计算：$w_j = \Sigma g_i \times v_{ij} \div I$，$w_j$ 是第 j 个选择的价值，g_i 是第 i 个标准的相对权重，v_{ij}是第 i 个标准的第 j 个选项的分数。然后就可以选择最高价值选项。

> **多重标准分析（Multiple criteria analysis）**：一种比较不同的选项，依据选项得分而区分不同的决策标准的方法。根据个人标准，产生每一选项的分数，并且通常对每一选项都要计算出一个总分数。

多重标准分析不要求把所有的标准都转换成压倒一切的标准或者价值，比如人类幸福或福祉。但是，多种标准分析要求我们用这种或者那种方式决定不同设计标准的相对重要性。正如收益成本分析，多重标准分析再次假设价值的可比较性。对比收益成本分析，多重标准分析中不同选项的比较更加模糊，因为并没有清晰的目标是把所有的标准转变成统一的单位（比如金钱）。这也可能导致决定存在缺陷，因为结果取决于选择标准的数值范围，可通过以下案例说明。

再以电冰箱制冷剂为例。如评估 HFC－134a 和异丁烷的安全（可燃性）和环境影响的标准（ODP/GWP）。而且，我们认为这两项标准是同等重要的。这种多重标准分析可能带来的一种结果正如表 6.2。如此，更高的数字意味着选项分数在价值方面要更好，也就是说，更加安全或者环保。

表 6.2　　　　安全和环境影响分数评估表

	HFC－134a	异丁烷
安全分数	3	2
环境分数	1	3
总分数	4	5

表 6.3　　安全和环境影响分数评估表

	HFC－134a	异丁烷
安全分数	5	2
环境分数	2	4
总分数	7	6

这里，标准选项的得分在 1 到 3 之间波动。通常，这种数值范围是按照序数范围来理解的，只有条款的顺序是相关的（见表）。所以，表 6.2 包含的唯一的相关信息是 HFC－134a 比异丁烷更加安全，并且异丁烷比 HFC－134a 更加环保。如果我们转向从 1 到 5 的间距数值范围来评定，我们可能得出表 6.3 的结果。注意，这个表包含和表 6.2 相同的信息：HFC－134a 比异丁烷更安全（5 比 2 大），并且异丁烷比 HFC－134a 要更加环保（4 比 2 要大）。然而，现在 HFC－134a 的总得分要比异丁烷的大。

上述案例表明，仅仅通过改变选项的数值范围，我们就可以改变选择的结果。因此，我们的选择取决于所选的数值范围而不是不同选择的内部属性，但这并不是想要的结果，为了避免这种情况的发生，需要在同一单位比例范围的基础上衡量这两项标准（安全和环境）。然而由于价值的不可比性，我们在同一数值范围衡量安全和环境影响似乎是不可能的。下面
184 通过更多细节来解释这一瑕疵的背景。

多重标准分析和测量尺度

要理解为什么多重标准分析的结果有时取决于测量数值范围的选择，我们首先需要区分不同的测量尺度。

- 次序尺度：这种尺度中只有项目的顺序具有意义。一个例子是为一日三餐的美味程度进行排序。

- 等距尺度：除了项目的顺序外，选项之间的距离也有意义。一个例子是温度测量尺度摄氏度（或者华氏度）。从 10 度到 20 度的差异与从 20 度到 30 度差异是一样的，这是有意义的。

- 等比尺度：不同项目尺度的比例也具有意义。一个例子是距离测量用米（或尺）。说 2 米是 1 米的两倍是有道理的，而说摄氏 20 度是摄氏 10 度的两倍是没有道理的。原因是摄氏度数值尺度缺少绝对零度值。如果我们

用开氏度来测量温度结果将会不同，因为0开氏度被认为是可能的最低温度。让一个温度低于0开氏度，从理论上是不可能的（正如不可能有一段距离低于0米）。 185

每种数值尺度使用不同的数学运算体系

- **次序尺度**，如加减乘除的算术法运算是不允许使用的，选项只能根据好和坏进行比较。
- **等距尺度**，两种不同选项的不同算法是有意义的，因此，加法和减法是允许使用的，而乘法和除法是不允许使用的。
- **等比尺度**，所有算术运算（加、减、乘、除）都是允许使用的。

多重标准分析的测量尺度

次序尺度（Ordinal scale）：这种尺度中只有项目的顺序具有意义。

等距尺度（Interval scale）：除了项目的顺序外，选项之间的距离也有意义。

等比尺度（Ratio scale）：在一定尺度内，不同项目的比例也具有意义。

我们在这里考虑多重标准分析的种类，通过公式来计算一种选择的总价值：$w_j = \Sigma g_i * v_{ij} \div I$，$w_j$ 是第 j 个选择的价值，g_i 是第 i 个标准的相对权重，v_{ij}是第 i 个标准的第 j 个选项的分数。如果 v_{ij} 通过等比尺度来衡量，这个公式才有有意义。因此，多重标准分析在我们可测量的单个选择标准具有多大价值的准确度方面具有重大需求。在许多情况下，对于某一标准来说，很难决定哪种选择的分数要更好。也就是说，很难按照次序尺度为选项排序。然而，方法确实要求我们在等比尺度上为每种标准做出选项的价值评价。同样也需要注意，对所有标准来说，这一等比尺度应该具有同样的计量单位；否则，我们不能将个别标准的得分数有意义地相加分（例如，人们不能把米数和摄氏度）数相加。

以电梯的设计为例。一个相关的设计标准是我们从一个楼层到下一楼层的移动时间。根据这一标准，很难为多种潜在的电梯设计分等级。然而，我们能明确的把这一等级按照等比尺度转换成相对的值吗？我们可以用秒这一等比尺度清晰的测量移动时间。但是，这并不充分。假设另一个标准通过欧元维持成本测量。很明显，我们不能把秒和欧元相加；所以我们既不能把秒转化成欧元，也不能把欧元转化成秒，更不能把这两者转化成第三种标准，如“善意”。但是，我们能在“善意”这种等比尺度来测量电梯的移动时间吗？例如，如果移动时间从30秒减少到20秒，这和移动时间从20秒减少到10秒所节省下来的10秒是一样好的效果吗？还是这10秒的好处是20秒的两倍？在很多情况下，情况并不是这样的。

三 临界值

> **临界值（Threshold）**：就标准和价值而言，设定可接受选择的最低程度的标准或价值。

解决设计标准冲突的第三种方法是为每一标准设立**临界值**。对每一单独的标准（例如安全、健康、成本、可持续性）而言，临界值决定着什么是可以接受的。设置临界值不仅仅发生在设计过
186 程中，也已经制定在法律（标准）和技术准则和规范之中。例如，最低安全常用这一方法来界定。

在新制冷剂设计的案例中，能够找到设立临界值的例子。在这一案例中，美国国家标准局的工程师麦克林登（Mclinden）和第丁（Didion）画了关于CFC性能的图（图6.3）。麦克林登和第丁认为，三角的空白区域包含着制冷剂可接受的要素，健康（毒性）、安全（可燃性）、环境影响（大气寿命）。注意，通过画出表中的空白区域，麦克林登和第丁暗示着——建立临界值对健康（毒性）、安全（可燃性）、环境具有重大价值。

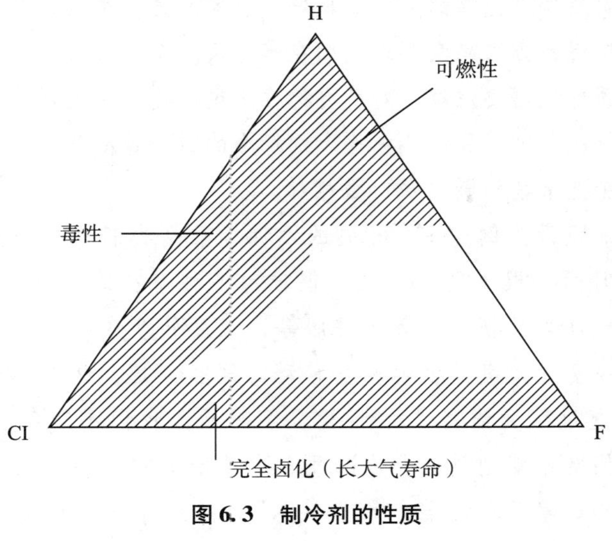

图6.3 制冷剂的性质

建立临界值的一个优点是：为每种标准考虑可接受的临界值，避免在不同的设计要求之间做出直接的权衡。这也就是说，例如，设计过程中有助于保证最低水平的安全。然而，问题在于，在完全独立于其他问题的情况下，确定临界值是否是可能的或可取的。例如，如果政府拟定安全标准，根据达到安全程度所涉及的费用，也常会造成我们必须牺牲其他的道德价值如福利、好生活、或者可持续性发展。参照其他标准和在技术上可行的方法，在设计过程中可以为每个标准设立临界值。在设立临界值时考虑其他标准可能很有意义，但是存在这样一种风险，即所选择的临界值可以使一个设计在所有情况下都是可行的。问题在于这在道德上是否是可以接受的。例如，人们也常常不是乐意接受你对可持续发展实现的期望程度的评估。 187

建立临界值可能的缺点是，你把自己限定为一名工程师来实现这些价值，而在给定的设计中，例如就环境影响和可持续发展而言，可能需要实现更多价值。电冰箱制冷剂的设计就是这种情况。替代物 HFC－134a 确实满足工程师麦克林登和第丁设立的临界值，但是其他人认为它对化学环境影响太大。事实上，在现存标准中如 ASHRAE 化学冰箱标准（ASHRAE 标准 15－1978），家庭应用制冷剂设备不允许可燃性。在这种情况中，接受制冷剂可燃性要求根据问题重新制定标准。因此 ASHRAE 标准在 1994 年被重新修订（ASHRAE 标准 15－1994），所以，在特定情况下，家用设备允许包含最大额度为 3 千克的可燃制冷剂（Van de Poel and Van Gorp, 2006）。在这一案例中，环境问题——部分建立在道德考量上——导致现存标准的重新修订。

四　推理

已讨论的处理权衡的方法都是计算方法。他们努力以这样或那样的方式实施和测量设计的值。在这些方法中，设置临界值方法目的不在于计算每一选项的总体价值，而是假定：对于每一个单独的设计标准而言，每一选项的价值都是可以测量的。现在，我们来考察一种并不赞同这种计算的方法，但它却强调价值的判断和推理。这种方法旨在澄清相互冲突的设计要求之间的价值，它由三个步骤组成：确定相关价值；对价值详细说明；寻找价值的共同点。如下所述，我们将要寻找包含在自动安全带设计中的价值观：安全和自由（见下文）。

案例

自动安全带

如果不系上汽车自动安全带，汽车就不会开动。这就迫使司机系上自动安全带。可以说，司机安全的价值建立在自动安全带的技术水平上。然而，这是需要付出代价的：驾驶员有较少的自由。有趣的是，存在各种各样的安全带设计，这也意味着，在安全方面和驾驶员的自由方面存在着不同的权衡。例如，传统的安全带并不强迫人们使用它，但是如果没系好安全带，就会有不同的系统给出警示信号。这并不强制使用安全带，但它确
188 实鼓励司机系好安全带。

确定相关价值

当一个人要在权衡的情况下作出判断，要做的第一件事是先要确定什么样的价值在权衡过程中是至关重要的，并对它有一个更好地了解。这些价值代表着什么，为什么这些价值是重要的？在安全带案例中，以自由价值为例。自由可以被理解为对驾驶员没有任何限制，那么基本上意味着人们应该能够随心所欲地做事。然而，自由也可以作为个体做出自己考虑的选择的一个必要先决条件；所以这样设想的自由带有一定的责任。在这方面，可能认为安全带能提醒司机，他已经忘记系上它，但它实际上并没有妨碍司机的自由，而是帮助他作出负责任的选择。只要司机有自由选择使用这样的系统或支持这样的系统的法律义务，那么它就甚至可能被认为自动安全带可以符合这个概念的自由，自由不仅仅是自由去做自己想要的事情而是一种负责任的行为的先决条件。因此，人们可能会认为价值的不同概念是至关重要的，而这些不同的概念化也可能会为价值冲突带来不同的解决方案。

详细说明价值

第二个判断步骤是指出相关价值的特定概念化或具体要求。一些概念可能并不成立，因为他们不能解释为何这些重要的价值是值得做的。例如，它可能很难主张为什么没有任何限制的自由是有价值的。我们大多数人不争取没有任何约束或承诺的生活，因为这样的生活可能并没有价值。

但这并不是否认自由的价值，它仅说明一个缺乏任何限制的概念化的自由忽略了一点：究竟什么是宝贵的自由。概念化作为实质性原因可能不仅是站不住脚的，它们也可能与我们的一些其他的道德信仰是不一致或不协调的。

共同基础

第三个判断步骤是寻找可以帮助我们解决价值冲突的各种价值背后的共同基础。例如，这一观点可以从康德的善良意志中找到。康德很可能坚持认为善良意志可以解决所有的价值冲突，至少在原则上可以。这可能过分乐观，但是却没有减少我们寻找价值之间共同基础的需要。即使不能总是找到这样的共同基础，但在具体的案例中却可能找到。

五　价值敏感度设计

以上解决价值冲突的方式完全被视为一个哲学问题，进而通过哲学分析和讨论来解决。然而，工程设计中的价值冲突也可以通过技术方法来解决。也就是说，在工程中很可能产生新的而不是现有的选项，解决或至少缓解价值权衡的要求。在某种意义上，通过新技术解决价值权衡问题的关
键是弄清楚什么是工程设计和技术创新的核心。工程设计能够扮演这种角 189
色，因为大部分价值并不存在这种冲突，而且也能根据某些技术可能性和工程设计或许就能改变这些可能性。正如前面讨论的一个有趣案例，荷兰东斯凯尔特河风暴潮防护栏的设计。

通过工程设计，考虑解决或者至少缓解价值冲突可能性的一种方法是**价值敏感度设计**。价值敏感度设计是指在工程设计范围内，以一种系统的方法整合重要伦理价值的一种方法（Friedman，Kahn and Borning，2006）。这种方法主要整合三种调查：概念上的、经验上的和技术上的。

> **价值敏感度设计（Value Sensitive Design）**：指在工程设计范围内，以一种系统的方法整合重要伦理价值的一种方法。

- 经验调查的目标是理解受技术设计影响的人的背景和经历，这与准确鉴别什么是至关重要的价值以及这些价值如何受不同设计影响是相关的。
- 概念调查旨在阐明价值的至关重要性，并在各种价值之间做出权

衡。价值敏感度设计中的概念调查和上节中所描述的调查种类类似。

- 技术调查是分析设计和它们的操作原理，以此来评估它们是如何支持某种独特价值的，并且与之相反的是，开发新的创新设计满足特殊的与道德相关的独特价值。第二点是非常有趣而相关的，因为它提供机会以发展新的技术选择，能够比以前的选择更好地满足重要伦理价值的需要。

正如前面陈述的东斯凯尔特河风暴潮防护栏案例，技术创新可能减少价值冲突。然而，通常技术创新并不能完全解决价值冲突，因此仍然要在价值冲突之间做出选择。在这方面，通过价值敏感度设计的创新只能为工程设计中价值权衡提供部分的解决方法。

六　不同方法之间的比较

根据设计标准，我们讨论在可替代选项中做出选择的五种方法。我们看到每种方法都具有自身的优点和缺点，表 6.4 进行了归纳。让人吃惊的是，没有一种方法能够形成一种确定的解决方案来解决设计过程中道德权衡相关的问题。成本收益分析和多重标准分析两者都假设价值的可比性，这可能本身就是有问题的。推理可能帮助我们解决一些价值冲突，但并不是所有的情况都这样。通过价值敏感度设计，类似的技术创新通常是有用
190 的，但是在实际操作中，却并不能产生明确的问题解决方法。临界值的设置本身也有不足，有时在特定的情况下很少能够达到临界值。而且，当设定临界值时，你仍然不得不权衡多种标准和价值。

表 6.4　设计中的权衡方法概览

方法	价值如何衡量	主要优点	主要缺点
成本收益分析	所有价值以货币形式表现	选项可比	1. 价值被视为可以度量的 2. 很难以货币形式充分的表达所有相关的（道德）问题
多重标准分析	不同价值之间的权衡	选项可比	1. 价值被视为可以度量的 2. 结果取决于测量尺度
临界值	为每种价值设置临界值	1. 选出的替代方案满足临界值 2. 在标准之间没有直接权衡	1. 临界值可以彼此独立确定吗？ 2. 很难达到

续表

方法	价值如何衡量	主要优点	主要缺点
推理	价值彼此相关并可能通过推理和判断处理	可以通过推理和判断解决价值冲突	这种方法不能解决所有的价值冲突
价值敏感度设计	不适用	可能导致替代品明显优于目前所有的替代	在许多情况未解决选择的问题

从上面的论述中我们不应该得出这样的结论：在可替代选项中做出选择，各种价值的不同得分都是随意的。这种方法是有效的，但是哪种方法是最好的要视情况而定。赞同者和反对者的讨论可以帮助你在恰当理由的基础上做出选择。而且，意识到各种方法的不足也是有益的，这样你就可以在具体解决方法中努力去避免不足。

第四节　监管框架：常规设计和激进设计

工程设计通常是再设计。也就是说，设计的东西已经存在于可比较的形状或者建立在可比较的工作原则之上，如一辆汽车、一座桥梁、一座化工厂，或者一个微芯片。这样的产品经验经常给产品设计带来规范和准则，而且有时也能促进政府立法。虽然一些法律、规范和准则适用于所有 191
的工程师和技术产品，但是许多规则只针对具体的产品。我们将这种具体产品的总规则统称为技术的**监管框架**（Van Gorp，2005；Grunwald，2001）。监管框架可以被认为是道德的一部分，因为它在制定的规则中负责判断如何执行才是正确的（在第三章第二节中，道德被定义为人们以此表达他们自己认为是好的或者正确的观点、决定和行动的总称）。这些规则通常建立在过去的技术经验基础上，比如已发生的某种事故或者发现某些不曾预期到的技术社会影响。在许多情况下，监管框架是部分建立在公众不安或者讨论基础上。

> **监管框架（Regulatory framework）**：适用于一项技术的开发和设计的总规则。

在立法的情况下，规则通常是民主决策的结果。

监管框架可以帮助工程师在设计过程中做出与道德相关的决定。既然框架是在民主基础上建立起来的，例如通过立法，也可以帮助避免技术方面的过错（见第一章第五节第二部分和第四章第五节第二部分）。然而，这并不意味着工程师可以只是仅仅遵循现存的监管框架，而不用去进一步追问一些问题。即使该框架被认为是一种道德，也不能认为它们在道德上就是可以接受的。为了判断监管框架在设计过程中是否是可以遵循的，人们需要考虑以下几种条件：

- 框架是完整的，它涵盖着相关决策的同时也没有忽略相关问题；
- 框架是不矛盾和较为一致的；
- 框架是清楚明白的，框架如何被应用在具体情况下是明确的；
- 框架在道德上是可接受的；
- 框架在现实中是可行的。

> **常规设计（Normal design）**：产品的常规结构与工作原理保持一致的一种设计。
>
> **激进设计（Radical design）**：与常规设计相反，改变现有产品的常规结构或工作原理。
>
> **工作原理（Working principle）**：一种产品运行基础的（科学的）原理。

现存框架是否满足这些条件部分取决于设计过程的类型。经验研究表明监管框架在常规设计中比在激进设计中更普遍（Van de Poel，Van Gorp，2006；Van Gorp，2005；Van Gorp，Van de Poel，2008）。**常规设计**被定义为产品结构是与工作原理保持一致的一种设计。如果不是这样的设计，我们则将其称之为**激进设计**。**工作原理**是一项设备工作的基础。螺旋桨发动机和喷气式发动机的工作原理是不同的，因为发动机的驱动力是建立在不同物理现象基础上的。激进设计中监管框架缺失的一个重要原因通常是框架规则与目前工作原则或者正规配置
192 有所关联。这在具体的技术准则和标准方面尤为明显。例如，用于保证钢铁 LPG 坦克的安全性的规范不能被简单地用于使用综合材料或者合成材料制成的坦克上面。同样，在激进设计中，正如这一章开头讨论的火车车轮例子所表明的，普通测试和检查程序和规范在这种情况下也会变得不充分。尤其在更加激进的设计，或者毁坏性技术的情况下，目前处理道德问

题的方式也可能是过时的。正如案例纳米电子和越来越小的无线射频识别（RFID）芯片的发展（见下文）。

案例

无线射频识别（RFID）芯片

无线射频识别芯片（The Radio Frequency Identifty Chip）是由小的集成线路和非常小的无线天线组成的芯片。就像条形码，RFID 芯片有自身独特的识别数码。RFID 芯片被用于追踪和跟踪物体，在物流中追踪集装箱和交通工具。由于纳米电子技术的发展，RFID 芯片将可能变得更加小巧和更加难以被发现。不仅仅是物体，就算是人，也可以被 RFID 芯片标记，目前在某些情况下已经小规模应用。最终，人和物都可能被卷入一场“网络事件”中，即在人们觉察不到的情况下，通过微小的设备就可以交换信息。 193

哲学家霍恩（Van den Hoven）和沃玛斯（Vermaas）曾经指出 RFID 芯片导致隐私问题，但不同于传统角度理解的隐私危险，例如来自信息技术的隐私危险。隐私问题传统争论中的一个重要案例是“圆形监狱”（见第三章中边沁的相关内容）。被关押的犯人在半圆形监狱中被官方持续地监控（圆形监狱），而纳米电子技术则能够持续监测，数据存储也没有必要放在中心位置（即使它被放在中心位置）。实际上，信息可能被存储在独立的芯片中，但是通过局部的整合，私人敏感信息可能被泄漏。

当前许多尝试保护公民隐私权的努力聚焦于限制存储和中央数据库的信息处理，或者在数据库中限制检索信息。在先进的纳米电子技术面前，这种关注可能是非常有限的。同样需要关注的是硬件设计。例如，相关问题包括天线设备的接受范围，其他设备芯片上数据的可访问性，芯片是否是可读写的等等。如果是这样，谁来进行这些操作。

来源：Van den Hoven and Vermaas（2007）。

即使监管框架是存在的，这样的框架也不能总是满足提到的这些条件。思考前面讨论过的制冷剂案例，正如我们所看到的，现存框架禁止可燃性制冷剂的使用。虽然这个要求明显关乎道德，但没有明确指出的是，首选的制冷剂比易燃的碳氢化合物对环境的危害更大。另一方面，并没有明确的证据显示可燃制冷剂一定是不安全的。现代冰箱仅仅含有一小部分的制冷剂，爆炸的风险正如测试所显示的，已经被最小化了。这里一定要注意的是在制定要求时，要注明制冷剂一定是不可燃的。在过去，电冰箱包含的制冷剂数量比现在要多很多；而由于技术创新，增加电冰箱的效率，制冷剂数量已经大大减少。因此，这是很好的道德原因，它让我们不用再遵循已有的监管框架。

总之，面临下面三种情况可能要考虑监管框架的存在。

1. 框架能满足所有提到的条件。在这种情况下，工程师设计中可以遵循框架，做出道德相关的选择。

2. 没有现成的监管框架。正如我们所看到的，这种情况很可能存在于激进和创新的设计中。在这种情况下，例如工程师和其他利益相关者——比如使用者、客户、掌控者和其他人——就相关问题讨论后，自己
194 不得不做出大量道德相关的选择。而设计者在设计过程中道德选择的责任大大重于平时，因为他们不能在社会处罚条例面前犯错。

3. 也可能有现成的框架，但是不满足一个或者多个前面提到的条件。这里最好的策略将取决于没遇到的情况。这里我们重点关注这样一种情况：即目前的框架是道德上不能接受的或者至少是有悖于道德的。在这种情况下，工程师可以遵循以下策略：

- 改变框架。工程师参与技术规范和标准的框架制定，或者参与设置测试程序的制定，这样他们就可以对框架做出一部分改变。

- 通知其他成员重新规划其他部分的框架，比如政府或者专业委员会，在目前的框架内，考虑他们认为的缺点或者问题。

- 在设计过程中，偏离监管框架的某些部分。虽然一部分可能是强制的，例如，因为它们是法律的一部分；但通常监管框架都会为此留有部分余地。

- 激进设计的选择，部分框架不再适应要求。一方面，道德原因可能成为选择激进设计的一个原因。另一方面，因为没有过去的经验可参考，所以激进设计可能导致预料不到的风险。正如德国高速 ICE 火车车轮设计创新的测试。出于道德原因，可能就会选择常规设计。

第五节　小结

设计是工程的核心。正是在设计阶段，新技术成型的同时要求做出重要的道德选择。因此，本章研究设计过程中产生的道德问题以及它们的解决方式。

工程设计是一个系统的过程，在这个过程中，某些功能转化成为可以满足这些功能的成品、系统，或者服务的蓝图。设计过程可以分解成一些步骤，每一步都会产生特定的道德问题：

● 问题分析和制定。在制定设计问题过程中，以及设计要求的制定和规范，对之进行的选择将会产生相关的道德问题。

● 概念设计。在这一阶段，创造性是设计师的主要特质。同样创造性也是重要的道德问题，因为它促使工程师在设计中对可能遇到冲突的道德要求提出创造性的解决方案。

● 模拟。在了解设计选择的特性和可能的结果方面模拟是很重要的。这里一个主要的问题是模拟的可靠性，这通常由于各种原因而受到限制。

● 决策。在决策阶段，你将可能在各种道德相关的设计要求之间做出权衡。在决策过程中，其他重要的问题也要包含在内，而且要清晰明确。 195

● 细节设计。在这里可能会产生道德问题，例如，在某些材料或者生产过程的组织之间要做出选择。

● 模型建立和测试。在使用开发的新产品时碰到预料不到的影响方面也是很重要的。

毫无疑问，在设计中一些最重要的道德决策在决策阶段已经做出。这里设计要求之间的权衡可能导致价值冲突，也就是说，在这种情况下，存在着多种相关（道德）价值，需要做出不同的最佳选择，同时各种价值之间没有清楚的界限。就设计中的价值冲突而言，我们已经讨论决策的五种方法。

● 成本收益分析。这种方法主要的缺点是，通过把所有事物转化成货币单位，认为所有相关的价值都是可以衡量的。不过，这种方法是系统的，可以通过增加道德决策标准来囊括各种道德问题。

- 多重标准分析。正如成本收益分析，在这里价值是按照可衡量来对待的，虽然不是通过货币来表达。在测量尺度的选择方面，这种方法也可能存在方法论问题的困扰。
- 设立临界值。这种方法避免在相关价值之间直接的权衡，例如，可能在设置最低安全标准方面有所帮助。
- 价值推理，这有助于更好地理解正在发挥作用的价值和它们的意义，并通过重组或权衡来把握住可行的方法。
- 价值敏感度设计是一个设计方法论问题，可以通过技术方式，即推进创新设计来帮助解决价值冲突。

最后，我们也讨论在工程设计决策阶段，工程师能够依靠民主地认可监管框架到何种程度。我们已经看到对这种框架的依赖程度主要取决于我们处理的是现有产品的再设计（常规设计）还是创新产品的设计（激进设计）。激进设计中，民主认可的规则在设计决策方面经常是缺失的，因此工程师对他们所作出的设计决策承担着更大的责任。

问题研究

1. 为什么设计问题制定中的视角选择与道德相关？为什么与功利主义的观点相关？与康德主义相关？举例说明设计问题视角选择的道德相关性。

2. 常规设计和激进设计的区别是什么？这种区别在哪个方面是与道德相关的？

3. 如果工程师在新技术的设计中，不遵循现存的监管框架，为什么
196 将会带来一种技术统治论的风险？

4. 为什么多重标准分析假定设计标准是可度量的？

5. 为什么通过新技术解决价值冲突居于工程设计和技术创新的核心位置？举例说明。

6. 选择一个用你自己的规则设计的产品。预测一下设计这个产品可能产生的道德问题。按照表第六章第二节中描述的所有设计阶段，体验设计过程。

7. 文章所描述的制冷剂替代物的案例中，工程师麦克林登和第丁最

终选择 HFC－134a。

（1）你同意他们的选择吗?

（2）你认为在决策过程的（设置临界值），他们做出这样选择的依据是什么?

（3）给出你的观点。

8. 重新读第四章开头的金门大桥自杀护栏的设计案例。

（1）在护栏设计中，哪些价值是至关重要的?

（2）这些价值有冲突吗?如果有，它们是如何冲突的，为什么?

（3）你认为处理价值冲突的最好方法是什么?

9. 在杀虫剂 2,4,5－T 案例中，可能存在争论：设计者不仅仅设计一个产品还要在实际中使用。这种现实使用假定杀虫剂应用过程中要遵循相当严格的安全规则，而在实际生活中很难做到这点。一些人可能认为使用者按照产品规定使用才是负责任的。其他人可能认为设计者应该改进产品来适应现存的或者至少是现实的使用情况。

（1）你认为谁应该对 2,4,5－T 实际使用过程中的危险负责?

（2）设计者应该设计出只能在安全方式下才能使用的产品吗?

（3）未来应该如何避免这种问题?

10. 许多手机和掌上型轻便电脑使用材料钽①。世界范围内绝大部分钽的供应都来自澳大利亚、加拿大和巴西合法开采的矿山，但是钽同样也可以从刚果的金属矿石钶钽铁矿石中提取。在刚果，反叛组织开采钶钽铁矿石以获得资金支持正在进行的内战，而且已经导致成千上万人的死亡。一些组织已经断言“刚果的钶钽铁矿石开采和人权滥用之间存在直接的联系。”刚果叛军的钶钽铁矿石开采同样也造成环境破坏。一些生产商已经对刚果钶钽铁矿石的使用表达关切，或者已经宣布他们将不再使用来自刚果的钶钽铁矿石，但是这种政策很难实施，因为在许多情况下，很难确定世界交易市场上的钶钽铁矿石到底从哪儿来。在钶钽铁矿石卖出之前，其他的非洲国家可能会卷入进来。然而，禁止来自非洲其他国家的钶钽铁矿石可能会影响那些合法开采钶钽铁矿石的国家，因为对他们来说，这一产品可能是他们重要的收入来源。

---

① 参见 www. thestandard. com/article/0. 1902. 26784. 00. html。

（1）关于材料的使用是在设计过程的哪个阶段作出的决策？

（2）为什么材料的选择在这个案例中与道德相关？

（3）结合钽和钶钽铁矿石的使用说明，设计者有责任去避免负面的影响吗？

（4）设计者应该设法避免使用钽吗？如果必要的话，对于激进设计来
197 说这是公正的选择吗？

11. 在福特平托车案例中，一个问题是如何在安全和经济考量方面做出权衡。

（1）解释如何通过第六章第三节中讨论的五种方法并做出权衡。

（2）在此案例中，这些方法的优点和缺点是什么？

（3）这一案例中，在安全和经济考量的权衡方面，你认为哪种是最合适的？为什么？

问题讨论

1. 一些人认为由于在设计中的工程技术如何实施和运用的问题没有被解决，因而引发技术过程中的伦理问题。你同意这种观点吗？设计真的与由技术使用产生的诸多伦理问题无关吗？

2. 一些哲学家认为所有的价值都是可以度量的，因为即使看起来不可度量的价值，我们也可以选择价值相对重要的选项。你认同这种观点吗？例如，你可以考量索菲选择面临的困境（见第五章第三节第一部分）来评估这一观点：如果索菲选择其中一个孩子而放弃另一个，这会表明索菲更喜欢这个孩子吗？表明她对两个小孩都一样的喜欢的唯一的方法是拒绝在两者之间做出选择吗（所以两个小孩都会死掉）？

3. 从成本分析来看，人的生命可以用金钱衡量，你觉得这能接受吗？如果不能接受，那么我们应该如何确定，比如在增加人类安全方面要花费多大的成本？

第七章　设计道德

彼得－保罗·维贝克（Peter-Paul Verbeek）

学习目标 198

完成本章的学习后，读者应该可以

- 描述道德在何种意义上也关乎物的问题
- 理解技术调解现象
- 反思技术的道德任务，说明赞成和反对技术调解的理由
- 设计过程中综合考虑技术调解

本章框架

第一节　引言　／　202

第二节　关乎物的道德　／　203

第三节　技术调解　／　204

　一　感知调解　／　204

　二　行为调解　／　206

第四节　道德技术　／　208

　一　对技术制品具备道德特质的批评　／　209

　二　道德调解　／　210

第五节　设计调解　／　214

第六节　小结　／　217

问题研究　／　218

问题讨论　／　219

第一节　引言

199 **案例**

罗伯特·摩西的种族主义立交桥

罗伯特·摩西（Robert Moses）是20世纪中期纽约市一位非常有影响力并备受争议的城市规划师。传记作者罗伯特·卡罗（Robert Caro）在其1974年出版的《权力掮客》中认为，摩西有种族主义倾向。他在长岛公园大道上设计几个立交桥，但桥太低了，连公交车都过不去，只有小汽车才可以从下面通过。这个立交桥通往琼斯海滩岛，但由于摩西的设计，只有那些能买得起小汽车的人而不是美国黑人可以很容易地去海滩。

这个案例由于技术哲学家兰登·温纳（Landgon Winner）在文章《人工制品有政治性吗?》中提及而变得尤为著名。温纳指出：尽管立交桥特别低，但是这样的事情通常没有特殊含义；然而，事实证明，他们是故意这样设计来实现一个特定的社会效应。温纳说：

> 罗伯特·摩西，作为20世纪20至70年代纽约的道路、公园、桥梁，以及其他公共工程的大师级建筑师，他根据规范建造立交桥，阻止公共汽车在公园大道
> 200 上的出现。根据……摩西传记的作者卡罗，这个案例反映摩西的社会阶级偏见和种族歧视。拥有汽车的是上层和生活舒适的中产阶级白人……可以自由地在公园大道通行或者娱乐。穷人和黑人，通常使用公共交通，因为立交桥不能通过12英尺的高巴士而被挡在公园大道之外。

温纳关于过低的立交桥分析已成为一个典型案例，尽管有些人已经对此提出反对意见，因为时间证明实际上可以乘公共汽车绕过立交桥到达海滩。这个例子表明，技术制品可以有政治或道德意义。这暗示设计中的道德性问题，因为它指出工程师有责任考虑设计过程中制品潜在的道德和政治角色。这一章将会研究工程师如何这样去做。

本章首先讨论伦理不仅仅关乎人，而且也关乎物（第二节）。为了更好地理解技术制品的道德作用，“技术调解”的概念将被详细说明。此后，

这种调解方法对负责工程的影响将在第四节和第五节进行研究。

第二节　关乎物的道德

“种族歧视”立交桥的案例显示，我们在日常生活中接触的制品在无数方面决定着我们的行为和决策。因为回答如何行动的问题是最标准的道德活动（见第三章），意味着我们不应该仅仅认为道德是人类独有的事务，而且也是物具有的性质。然而，在伦理学中对这一新的物质维度的认识也引发许多问题。我们是否能够做出这样的结论：技术对人类行为的影响足以说明道德的物质属性？在物质环境帮助下，有意识地指导人类行为，更进一步推进研究并明确地形成道德物化，这在道德上是正确的吗？

温纳关于摩西的长岛立交桥的分析始于 1980 年。在案例中，假设一个人能够将他的种族意识形态融入到技术产品中，从而造成他们的建筑及其最终用途种族化。十年后，法国哲学家、人类学家布鲁诺·拉图尔（Bruno Latour）认为，人工制品是道德的载体，因为它们总是为人们做出各种各样的道德决策（Latour，1992）。他指出，例如，决定开车速度的道德决策因素通常是通过减速带实施的，它告诉司机“接近我之前要减速”。拉图尔认为，任何抱怨道德恶化的人，都应该更好擦亮他们的眼睛，因为我们周围的物都充满道德。

工程设计的道德问题是分析技术制品道德维度的最好起点，因为这也是人类可以对于他们产品的道德方面承担责任的地方。然而，从其存在的 201
当前形式来看，工程设计的道德问题倾向于遵循一个多少有点过分强调外部性的技术方法。伴随对新技术带来的风险进行评估和平衡，预防技术灾难主要侧重于对个体责任的重视（如“揭发”，第一章第五节第三部分）。典型案例研究表明，技术造成的很多问题都是可以通过工程师负责任的行为来预防和避免，比如挑战者号航天飞机的爆炸（见第一章第一节），还有福特平托时速超过 25 英里时油箱断裂（见第三章第一节）。这些案例研究只是强调技术的功能方面：技术的设计是有特定目的的，如果设计不当，就是一个失败的设计。这些案例研究没有考虑技术对我们的道德决策、行为和生活质量方面造成的影响。为了分析这些技术影响，以及技术制品在使用中发挥的各种作用，技术调解概念是一个有用的工具。技术调解关注技术在人类行为和人类体验中所扮演的角色。

第三节　技术调解

当我们使用技术时，技术发挥的功能也总在影响着周围环境。技术制品有助于塑造人的行为和观念，并创造新的习俗和生活方式。例如，手机明显有助于我们的沟通和相互之间的交流，超声技术在我们对未出生的生命的决策中发挥积极作用。这里的功能解读仅仅局限于工程伦理概念。技术的影响超越功能：一旦技术开始运行，它的作用就是溢出的。当技术发挥功效时，它们也帮助促进塑造使用者的行为和经验。这种现象被称为**技术调解**：技术有助于塑造用户的经验和习惯（Latour，1992；Ihde，1990；Verbeek，2005）。技术不是中性的“中间物”，简单地将用户与他们的环境联系起来；技术是有效的介质，它们帮助人们了解如何使用技术，如何感受世界和他们的所作所为。

> **技术调解（Technological mediation）**：表现为当技术发挥功效时，它们也帮助塑造使用者的行为和经验。

为了更好地理解技术的调解作用，我们将从两个角度来识别：一个是感知，另一个是实践。每一种观点都是从不同角度来理解人类与世界之间的关系。“经验导向”观点是从物质世界出发，并以一定方式自我引导，现实被人类所解释和展示。这里的主要范畴是感知。“实践导向”观点从人类自身角度来理解人与世界的关系。核心问题是人类在他们的世界里如何行动并体现其存在，主要范畴是行动。

202 ### 一　感知调解

正如哲学家唐·伊德（Don Ihde）在《工具实在论》书中阐明，技术以几种方式帮助人们塑造现实经验（Ihde，1991）。首先，使用技术时，使用者仿佛可以“吸收”或“具象化”技术。例如，当透过一双眼镜观察时就发生了具象关系：人工制品不是感知自身，而是帮助人们感知环境。

感知调解（Mediation of perception）：人工制品对人类感知的影响，即对现实的感知关系。

技术还可以建立另一种关系，然而它们不是通过被“吸收”而接近现实，而是通过对现实的陈述来接近现实，这种现实需要得到解释。例如，根据一个温度计显示的温度建立人和现实之间的关系。但是，仅仅读出温度并不能提供关于冷或热的直接感觉，为了获得一些现实情况就需要对温度计的值进行解释。

当调解我们对现实的感觉关系时，技术改变我们的感知。伊德认为，这种感知的转变常有一个**结构的放大和缩小**的作用（Ihde,1991）。调解的技术放大现实的一些特殊方面，而缩小其它方面。例如，当通过红外线观察一棵树时，大部分树的肉眼可见的部分消失了，但同时可以看到树的新的一面：我们可以看到树是否健康。

结构的放大与缩小（Structure of amplification and reduction）：现实是调解的技术放大（感知的）现实的一些特殊方面而减小另一些方面。

尽管这种调解作用不是技术本身的固有属性，然而在不同的使用情况下，技术可以有不同的“身份”。例如，电话和打字机，不只是作为沟通和写作技术开发出来，它们还能帮助盲人和听力障碍的人听和写。在当下的使用情况下，对它们的解读也是完全不同。伊德称这个现象为**多稳定性**：一种技术能有几种“稳定性”，取决于它嵌入在使用环境中的方式。

多稳定性（Multistability）：取决于它嵌入在使用环境中的方式，一种技术能有几种“稳定性”的现象。

通过改变我们的感知，技术有助于确定现实如何被人们呈现和解读，也有助于知道什么是“真实的”。这意味着技术能够积极地促进人类的道德决策，所以会产生重要的道德后果。医学成像技术，如核磁共振成像

（MRI）和超声检查，就是很好的例子。产科超声使我们看到子宫中活泼
的胎儿，如果没有这些技术，我们不可能看到并知道我们未出生孩子的健
康状况。但超声波扫描仪是通过扫描帮助人们感知和认识未出生孩子的情
况，有的人由此做出决定（见下面案例）。这样，技术从根本上塑造人们
203 对于疾病、怀孕，或他们未出世的孩子认知的经验。有了超声波扫描就可
以提前预知胎儿的健康和疾病状况，而且使我们有能力从孩子未出生开始
防治儿童疾病。

案例

产科的超声波

超声波不仅仅是一种看见在子宫里未出生孩子的功能性的方法。它更积极地帮助构建一种方法，使人类对未出生的孩子有所体验，并通知期待他或她的父母做出选择。使用超声波方法调解了胎儿和他们未来父母之间的关系，通过这种特殊的方式将胎儿和父母联系起来。

当有了这种调解性的视觉接触，超声波在充满期待的父母与胎儿之间带来一些关系的“转变”。首先，超声波将胎儿从母体中分离出来。如此，一个新的胎儿本体论被创立，胎儿被看作是一个单独的生命而不是与他或她的母亲看成一个整体，这就为决定胎儿离开它生长的母体创造空间。

第二，在医学规范中，超声波可以对胎儿身体做检查：可以看见神经
管的缺陷，并测量胎儿颈褶厚度，从而知道孩子是否存在患有唐氏综合征
的风险。这种做法将妊娠转变成医疗过程，胎儿可能也成为病人，先天性
缺陷成为可预防的疾病。因此，怀孕成为选择的过程：选择如颈部褶皱测
204 量测试，在有些“异常”时选择怎么做。甚至，父母是自己未出生孩子的
生命的决定者。可以肯定的是，超声波的作用是矛盾的：一方面它可能鼓
励通过流产预防病患；另一方面它可以通过可见的“胎儿人”来加强父母
和未出生的孩子之间的情感关系而减少流产。

二　行为调解

行为调解（Mediation of aciton）：人工制品对人类行为的影响。

从实践角度来看，问题核心是制品如何调解人们的行为

和生活方式。在许多方面，我们使用制品帮助塑造我们的所作所为；人类的行为不仅仅是个体意图和人类实现自我的社会结构的产物，而且也是人类物质环境影响的结果（Latour，1992，1994）。阿克瑞（Madeleine Akrich）和拉图尔阐述说，**脚本**概念有助于指出制品对人行为的影响（Latour，1992，1994；Akrich，1992）。像电影或戏剧的剧本，一个制品的脚本描述用户在使用它时要用何种行为。例如，减速带，脚本是“接近我时请慢下来”；一个塑料咖啡杯写着“使用后请把我带走”。

脚本（Script）：人工制品中指导人们要采用何种行为的指南。

制品对人类活动影响有特殊的性质。当脚本起作用时，它作为物质实体而不是非物质的符号来调解行为。交通标志使人慢下来，因为它的符号化，而不是因为它在人与世界关系中作为物质的存在。我们不会丢弃一个塑料咖啡杯不仅仅是因为它的用户手册告诉我们这样做，而是因为从物理理论上看塑料杯需要经过多次处理才能消解。技术制品对人类行为的影响是非语言的。制品能够作为物质实体发挥影响，而不仅仅是有意义的标志或载体。

与案例中的感知一样，调解行为也会发生转变。在行为范围内，这些是可以表示为“行动计划”的“转变”。当一个实体与另一个实体产生关系时，原初的行动计划转变成一个新的计划。当某人的行动计划是快速做好饭，这个计划就会把微波炉（快速加热食物）考虑进来，这一行动计划的结果——“综合行动者”可能变成“经常单吃速食”。 205

在行动转变时，如同感知转化也有一个类似的结构。正如在感知调解中，某些事实方面被放大而其他方面则被缩小，在行为调解中，可以说是一些具体行动被采纳，而其他的被抑制。制品的脚本说明应该有和不应有的行为。

这种**采纳或抑制结构**的性质与感知的扩增或缩小的结构都是与情境相关。多稳定性概念也在行为调解中适用。电话已经对人们在地域和社会环境的分离中起着主要影响，通过它可以保持生活环境以外的社会关系。但

采纳或抑制结构（Invitation-inhibition structure）：调解性技术会采用一些专门的行动，而抑制其他的行动的事实。

是，之所以会产生这样的影响只是因为电话被用作一种通信技术，而不是作为设计初衷的助听器。

第四节　道德技术

正如以上所述，我们的许多行为和对世界的解释是被我们使用的技术塑造出来的。电话成为我们与他人沟通的方式，汽车有助于使家到工作单位的距离变得可以接受，温度计塑造了我们对健康和疾病的经验，产前诊断会引发关于怀孕和堕胎的一些难题。这种技术的调解作用也属于行为和决策、我们通常所说的“道德”的延伸，我们发现在道德上可以接受我们对未出生生命的决定性作用。如果道德问题是关于“如何做”的问题，且技术有助于回答这个问题，那么技术也关乎于道德，或至少可以帮助我们这么做。如同温纳宣称的，制品有政治，技术有道德。

在调解方法中，技术是分析人类和现实之间关系的调解角色。其核心思想是：技术在使用时，总是在用户和周围的环境之间建立一种关系。技术不仅促使我们能够采取行动并积累以前不可能有的经验，而且在这样做时，也有助于塑造我们的行为和经验。制品有助于塑造人类的行为、解释和决策，这与没有此制品是不同的，如产科超声波的案例。

在通常没有被告知的情况下，技术调解着人类的行为和经验。例如，一些技术的使用不同于他们的设计师曾设想的。第一辆汽车时速只有 15 公里/小时，主要用于体育运动和医学目的；以 15 公里/小时的速度驾驶被认为是创建一个“稀薄的空气”的环境，这也被认为是有利于肺病患者的健康。但是，当前汽车被普遍地看作长距离运输的一种手段在社会中发挥作用。作为长途运输的一种手段，它在区分我们日常生活中的休闲与劳动时起着重要作用；在一个没有车的世界，人在工作时的社交圈与其在休闲时的社交圈极其一致（Baudet，1986）。

在这个案例中，这种意外的调解产生于一个新的、最初意想不到的使用环境中。在没有明确意愿的情况下，汽车帮助塑造我们的生活方式，但意外的调解也可能出现在有目的的技术使用中。正是手机的使用改变了青

年人的文化，正如这一事实是年轻人似乎彼此都不约会，因为每个人在任 206
何时间和地点都可以打电话——这不是手机设计者的目的，虽然设计者们已经正视了手机可以被如此使用。

当人和现实之间关系被调解时，制品有助于构造在现实中富有经验或行动的客体，也有助于构造正在体验和行动的主体。这意味着行为或做决定的主体不再是纯粹的人类，而是一个复杂的人类与技术的混合体。当基于技术调解认识到孩子可能会患有严重的疾病时做出一个流产的决定。这一决定不是“纯粹”人类的产物，当然也不完全是由技术做主。不得不做出决定的情况以及通过特殊方式做出决定，都是通过技术构建的。没有这些技术，就不会存在这种情况的选择，也不会基于与这一情况不同的关系作出决定。同时，在这里涉及的技术并没有决定人类的决策。道德决策的制定是人类和技术制品共同努力的结果。

一　对技术制品具备道德特质的批评

制品具有道德的观点一直遭到严厉批评。其中一个主要批评是，调解与道德无任何关系。不仅技术制品无法做出道德决策，而且技术所引发的人的行为也没有道德性质。这种批评的一个很好例子是，经常听到有关汽车车速限制器的控制技术的负面反应。通常支持这种技术性能的论点有两种。首先，令人担心的是自由受到威胁，民主被替换为技术统治。人类所有的活动都被技术主导，其结果将是一个技治社会，在这个社会里能够解决道德问题的是机器而不是人类。第二，这是不道德的，至少是非道德的。虽然这样做不是我们的自由意志，但被技术主导的行为也不能被描述为是“道德”的。更糟糕的是，行为控制技术可能形成道德的懒惰，这对于公民道德能力是致命的威胁。

然而，这些批评有很大的问题。毕竟上述技术调解的分析表明，人类的行为总是处于调解之中的。拉图尔指出：“没有技术的弯路，人类正确行为也不存在……道德没有比技术更人性化，在某种意义上说，它可能起源于一个已经构建的人性，这种人性不仅掌握了它本身，还控制整个世界。可以说，它遍布世界，比如技术，它产生于人类的觉醒过程、主观性的选择、客观化的模式，以及各种类型的附属物”（Latour，2002）。这正是限速的反对者所忘记的。即使没有速度限制，司机的行为也将不断被调解。事实上，汽车可以很容易超出限速，因为当我们在比较宽而弯度较小的道路上行驶时，也允许快速行驶，我们不断地进一步探讨加速器与地面之间的空间。因此，给不可避免的技术调解一种理想化的形式，而不是断
207 然拒绝“道德化技术”的想法，也是一种责任感的表现。

这种技术制品道德特质的分析对于工程伦理与技术设计具有重要意义。首先，技术调解方法明确指出涉及到技术发展的道德问题，包括衡量技术风险、防止灾害，而事实上这些活动也是非常重要的。关键是，当技术嵌入社会时，它以一定的方式调解着人类的活动和经验，并且也有助于形成我们的道德决策并提高生活质量。因此，工程伦理的内容设计，应承担起对技术调解的全部责任。

此外，技术调解的分析表明，即使没有明确的道德反思，技术设计本质上也是一种道德活动。设计制品将不可避免地在人们的行为和经验之间发挥调解作用，从而有助于塑造（道德）决策和实践。设计师的“道德物化”，是“通过其他手段实施道德行为”。为了囊括人工制品自身的道德尺度并尝试以负责任的方式构建，这一结论更加迫切地要求扩大工程伦理的范围。

制品道德化的例子

减速带：“降低你的行使速度。”

地铁“止血带”：“支付公共交通费用。”

酒店钥匙：“请将酒店钥匙归还到服务台。”

闭门器：“关门。”

汽车酒精锁（通过分析驾驶者的呼吸控制车锁）：“禁止酒后驾车。”

二　道德调解

我们可以从两个方面把调解分析用于工程伦理和设计。首先，这种分析可以依据他们在人类实践和经验中的调解角色来发展技术的道德评估。其次，制品有一个道德形式具象化的过程，把伦理从语言范围转入到实体范围。当制品有了道德性，其自身不仅能够形成道德框架促进道德反思，而且还应努力通过在实体环境中的应用以帮助塑造道德行为和决策。汉斯·阿赫

特胡伊斯（Hans Achterhuis）称之为“**技术道德化**”（Achterhuis，1995）。

> **技术道德化（Moralization of technology）：**
> 技术审慎的发展是为了构建道德行为和决策。

道德调解的第一种方式在工程伦理中是最常见的做法。事实上，这可归结到对当前风险评估和灾害预防的重视。目的是评估设计技术调解能力对人类实践和经验产生的影响，而不是专注于新技术引进所带来的负面后果的可接受性和可预防性。这里判断 208
一种伦理行为的方法是，对具体技术调解行为产生的问题在道德上是否正当进行道德反思。这种反思可以沿着义务伦理或后果论进行，重点在于问题是否符合具体规范或者是否该技术的积极影响大于消极影响。而在许多情况下，美德伦理的方法至少对于评估技术调解是富有成效的。这种方法专注于调解技术引发的实践品质——人类做事的方式和我们现存的生活方式。

美德伦理学是关于“如何生存”的问题，而不是“在这些具体情况下如何去做”的问题。调解不仅对个体行为有重要影响，也有助于构建人类和他们所体验与行动的世界。再次回到超声波的例子：美德伦理的方法试图评估出围绕着超声扫描产生的实践品质，即胎儿及其未来的父母以特定的方法（可能是患者与决策者）和特定的关系（选择的状况）彼此相互构建，而不是仅仅依据安全和流产率评估常规超声扫描在产科卫生保健方面的影响。

扩大工程伦理与技术调解的第二种方法不仅是评估调解，而且也试图帮助构建调解。伴随着技术的发展，工程伦理不是从外部角度面对技术，拒绝或接受新技术，而是旨在实践调解并寻找讨论和评估如何处理这些调解的方法，以确定何种类型的现存技术才是首选。这个方向是由荷兰哲学家阿赫特胡伊斯提出的，他称之为“技术道德化”（Achterhuis，1995，1998）。相比于简单地对别人进行说教（“不要淋浴太久”，“在你上地铁前请买票”），人们更应该道德化自己的物质环境。对一个节水喷头而言，其目的是提醒在洗澡时不要用太多的水，检票口的任务是确保只有持有车票的人可以上火车。

阿赫特胡伊斯的技术道德化呼吁受到严厉的批判（查阅 Achterhuis，1998，pp. 28 – 31）。首先，当人的行为明确并有意识地被技术引导时，自主性被认为受到侵害。有时这种自主性的降低甚至被视为对人类尊严的威胁；如果人类的行为不经过深思熟虑而转向技术，那么我们可以认为我们的人性被剥夺了。在这里，我们听到康德思想的回声，道德决策必须是自主的决定而不应受他律的影响。如果人类不自主行动，他们的行为不能被称为符合“道德”。人类只是简单实践技术设计者所期待的行为而不是以这种方法明确地选择行为。其次，阿赫特胡伊斯被指控抛弃我们社会的民主原则，因为他呼吁发展的控制行为的技术被认为是一种技治观点的隐式
209 传播。当道德问题是通过设计师的技术行为而不是通过政治家的民主活动解决时，这些批评家认为是技术而不是人类在操控道德问题。

案例

隔间战士

军用机器人的部署迅速增长。目前，17000 多个军用机器人在美国从事军事活动。大多数机器人是不带装备的，主要负责清除简易爆炸装置和侦察；然而，去年部署的武装军用机器人在增加。军用机器人最广泛的用途之一是无人作战飞机——掠夺者。这种无人驾驶的飞机可以保持 24 小时飞行，目前在阿富汗使用。它是由远离战场数千英里以外的内华达沙漠的军事基地的飞行员操作，可以进行导弹射击和夜间飞行。掠夺者连接隔间战士（人类操作员）——在作战区域，通过可视化界面——远程控制军用机器人，他们是远程战士的眼睛。这些机器人可以精确地定位特定目标，发送 GPS 坐标以及向操作者反馈图像。隔间战士基于投影在他的电脑屏幕上的信息做出决定，例如是否发射导弹；通过计算机对战争形势的辅
210 助诊断来调整它的决策。将建立未来的军用机器人设计的伦理限制，所谓的‘道德管理者’会抑制不道德的致命行为。虽然这些道德管理者并不是十分复杂，目前研究表明，在这方面已有一些重大进展。例如，美国陆军资助已完成的一项研究是创建一个数字决策的约束机制，该约束机制由来自战争法的禁令和义务构成（Arkin，2007）。此外，未来的目标是如果根据道德管理者的指令这是非法的或不道德的，军用机器人可以拒绝一个隔间战士的命令。例如，一个军用机器人可能会建议隔间战士不按下按钮和射击，因为相机拍摄影像的诊断告诉它即将攻击非战斗人员，就是说军用

机器人软件诊断出战争形势并向隔间战士提出道德建议。道德管理者有助于构建道德决策，换句话说，其任务是要确保军用机器人的参加不违反交战规则①。结果就是，人类只是简单地按照技术设计者要求做出一种行为，而不是明确地选择这样的行为，既然道德管理者会在隔间战士和他们的行为之间形成“道德缓冲区”，让它们告诉自己军用机器人已经做出决定，那么这种情况就与道德管理者有关（Cumming，2006）。军用机器人道德教化的结果是，一个隔间战士的决定不是道德反思的结果，而主要取决于军事机器人或是由军事机器人强制执行（亦见于 Royakkers and Van Est，2010）。

当然这些争论可能被驳斥。首先，当自主性受限时，人的尊严并不一定会被攻击。我们的法律体制蕴含着一个主要的自治限制，但这并没有威胁到我们的尊严。人类的行为在许多方面是确定的，并在许多方面是有限的自治。很少有人会反对谋杀的法律禁令，为什么会在孩子们经常玩耍的人行道上安装减速带以防止汽车开得太快撞到孩子？其次，技术调解分析表明技术常常有助于构建人类行为。因此，技术角色应被视作承担技术调解分析所隐含的责任。当技术常常影响人类的行为时，我们最好努力给予这种影响一种理想化的形式。此外，荷兰工业设计提出“永远属于你”案例会使问题变得清晰，技术的“道德教化”功能不一定以特定的方式对人类行为施加强制。技术还可以引导人们去做某些事情，在没有强有力的要求下人类可以采取特定的行为。

在技术明确具有道德意义时，这些反对意见并不能消除技术统治论的焦虑。这有可能是真的，因为技术在限制人类自由方面与法律并无不同，但是法律是以民主的方式，而技术道德化不是这样。然而，这并不能证明在设计过程中最好避免明确关注技术调解这样的推论。毕竟，如果技术没 211
有被明确的道德化，对技术调解的责任只是留给设计者。这也真正促进形成技术统治论（见第一章第五节第三部分），同时也意味着技术统治的谬误（见第四章第五节第二部分）。一个更好的结论应该是找到一个民主的

① 交战规则与军事部门出具的指令相妥协，划定环境和约束条件，而约束条件是与反对派争论的结果。

方式实现“道德化”技术，这也是下一部分的主题。

第五节　设计调解

技术制品的道德化并没有看起来那么容易。为了在技术调解中“打造”具体的形式，设计人员需要预测他们设计的技术在将来的调解作用。这是一个复杂的任务，因为设计师的活动和他们技术设计的调解作用没有直接的关系。技术调解作用来自于技术和用户之间复杂的相互作用。

但是，技术可能会采用出乎意料的方式，因此对人类行为也可能造成无法预见的影响。传统节能灯泡就是一个很好的例子，实际上它造成能量消耗的增加，这就抵消它们的节约效应，因为这样的灯泡经常在离开前要熄灯的场所使用，如花园或建筑物外观。[①] 此外，当技术不符合设计意图时，可能出现无意的和意想不到的调解形式。一个很好的例子是旋转门不仅阻挡冷空气流通还阻挡了使用轮椅的人。总之，设计师在实现调解具体形式方面起着重要作用，但并不是唯一的作用。用户解释和使用方式也扮演着很重要的角色。如此技术就产生意想不到的和未预料到的调解形式。

因此，设计师帮助塑造技术的调解作用，但这些作用还取决于技术被使用的方式以及在技术使用中由争议的问题所引起的意想不到的调节形式。设计师不能简单地将一个道德所需形式设计为一个制品。技术调解作用不仅是设计师描写脚本或委托责任的结果，而且还取决用户要求和技术合理，同时取决于可以唤起“紧急调解”形式的技术自身。图 7. 1 说明技术、设计师、行为调解和解释中的用户之间的复杂关系。

该图表明，在所有的人类行为和所有关于道德决策的解释中，存在三种“行为”类型：人类操作行为或作出道德决策（互动技术），而且也用特定的方式使技术制品合理化；制品调解这些行为和决策，有时是采用无法预料的方式；设计师——根据或隐含或明确的授权——设计出一个制品被使用的特定形式，从而有助于形成制品的最终调解作用。因此，技术调

① Steg，1999；Weegink，1996. 节能灯电流的产生基于 LED 技术，情况可能会有所不同。

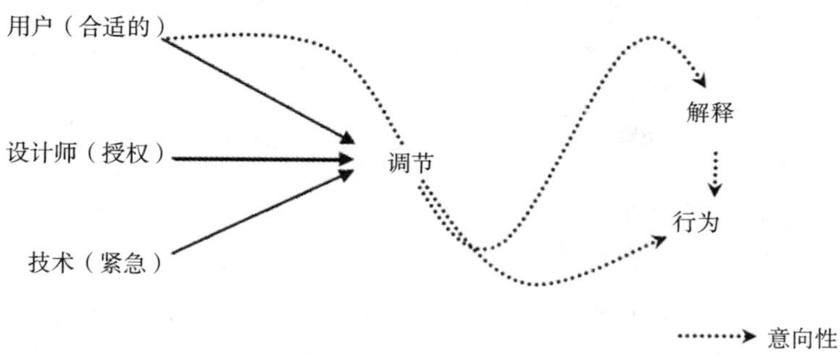

图 7.1　人类行为与解释说明的道德决策

解的责任，涉及到与未来用户的交互作用以及制品与设计关系，而不是作为一种原动力（参阅 Smith，2003）。 212

然而，技术调解作用的不可预测性并没有暗示设计者没有能力解决它。为了应对不可预测性和复杂性，技术调解寻找设计背景和未来使用背景之间的联系是非常重要的。设计规格应不仅来自产品的预期功能，也应该来自于对产品调解作用的一个明智的预期，以及对这些作用的道德评估。一个重要方法，就是使这种设计背景和使用环境耦合，但是它可能听起来微不足道，认为只是设计师的道德想象。从这个角度来想像一下技术设计可以应用的方式以及通过塑造用户的操作和解释，设计师可以在他或她的设计阶段的道德评价中包含产品的调解作用。推进调解分析，能够为技术未来的调解作用的准确预测奠定良好基础。**想象的预期调解**的一个有趣案例是荷兰工业设计师的集体作品“永恒的你”（见下文）。

> **想象的预期调解（Anticipating mediation by imagination）**：尽力想象所设计技术能够使用的方法。这些想法随后用来有意地塑造用户的操作和解释。

案例

永远属于你

“永远属于你”是以一个非传统的方式进行的生态设计（参阅 Van Hinte，1997；Verbeek，2005）。它并不像通常那样，只是在减少生产、消费和废物等方面的污染问题方面突出强调可持续发展。“永远属于你”认为，实际问题是我们大部分的产品都会在磨损用尽前就被扔掉。解决这一问题可能比在产品的不同生命周期减少污染效果更好。由于这个原因，“永远属于你”重点探求延长产品寿命的方法。它是通过研究如何刺激和
213 增强产品和用户之间的需求关系延长产品寿命。

为了延长产品寿命，“永远属于你”试图设计一些东西，使人们尽可能长时间的使用和珍惜它们。“现在是新一代产品的时代，它能够以一种尊严的方式慢慢地衰老，从而在生活中成为我们的合作伙伴，并支持我们的记忆”，正如“永远属于你”自豪地援引意大利设计师曼齐尼（Ezio Manzini）座右铭。“永远属于你”探讨产品有什么特征能够唤起它们与客户之间的关联。“永远属于你”认为，三个维度可以识别产品的使用寿命，包括技术的、经济的和心理的。产品会变成废品，是因为它们损坏了且不能修复；或是因为它们过时而已被市场的新产品所取代；或是因为它们已经不满足人们的喜好和口味。对“永远属于你”而言，心理的寿命是最重要的。因此，可持续设计的关键问题是：如何延长产品使用的心理寿命？

“永远属于你”提出很多想法来回答这个问题。例如，它搜索各种延长使用寿命的形式和材料。对材料老化时不再有吸引力但仍然有质量保证进行研究。例如，皮革，在使用一段时间以后，发现会变得更加漂亮，而有光泽的抛光铬表面看上去就像用久了重新擦出来一样。在这种情况下，一个有趣例子是由斯密特（Sigrid Smits）设计，缝合最初不可见的图案于丝绒中。但在沙发使用一段时间后，图案逐渐清晰可见，用得越久，这个沙发就越会变得更加美丽，更吸引人。但“永远属于你”不会只注重材料和产品的表面。它也在探讨产品的服务同样也影响它们的使用寿命，必要的修理和升级服务可以防止人们过早地将产品丢弃。

第二种关于技术的未来调解角色的预测方式更加系统化。它包含在对现有的设计方法的建构性技术评估之中（CTA，见第一章第六节），通过这样一种方式，它成为一个工具，以民主组织的方式促进技术道德化，同时也可以被看作是一个设计过程的民主化。当一种 CTA 设计方法被采用后，设计师不仅要确定技术将如何运行，而且要与所有社会行动者都有关联。因此，按照该方法，可以抛弃上面讨论的技术统治论的恐惧。

然而，从技术调解角度看，CTA 也有需要克服的局限性。CTA 主要关注人类行为，而对于活动的中心，即设计中的技术，这种非人类参与者的

积极调解作用并未被给予太多关注。CTA 分析技术发展的复杂动力。它基于这样一种概念，即技术不是“给予”，而是许多行动者参与过程的结果， 214
参与者之间的相互作用可能带来不同的技术。通过对技术发展的动态分析，CTA 揭示技术如何从他们的设计背景中出现，但在技术使用环境中，它们的作用仍然没被分析。因此，在所有有关行动者之间组织民主、控制—自由的讨论是不足以形成关于技术问题各方面的充分分析。设计中的技术调解作用如果不能够被明确、系统地提上议事日程的话，那么它可能依然隐藏在整个 CTA 过程之中。为此，在 CTA 过程中不仅应该邀请用户和压力集团对产品规格进行评估，而且也要把技术设计的可能调解作用考虑在内。

可以肯定的是，这种预期的技术调解在设计过程中也会产生新的复杂性。例如，设计师必须做出权衡：在某些情况下，设计一个具有特殊期望的调整特质的产品可能会对产品的实用性和吸引力产生负面后果。在汽车中设置一个最大的速度将确保司机遵守车速限制，但是以自由体验作为代价——而自由对于一些司机来说是非常重要的，他们可能用社会暴力来反抗限速措施。同时，当预测技术的发挥调解作用时，原型可能会被开发，也可能因为会带来他们不想要的调整而被拒绝。做出这种权衡和处理不良效益需要一个独立的道德决策过程（见第六章第二节第四部分“权衡”）。

技术设计似乎意味着多功能产品的发明。技术调解的角度揭示设计应被看作是道德物化的一种形式。这意味着，工程设计伦理应该重视技术产品的道德使命，并相应地重新反思设计师的道德责任。

第六节　小结

技术调解的分析对工程设计的伦理有重大意义。技术不可避免地对于用户的行为发挥着调解作用，这构成设计师某个内在的道德活动。伦理学涉及如何行动的问题，而技术在使用时，通过选择或抛弃特定行为方式而对这个问题做出具体解答。这意味着技术调解可以在工程设计伦理中发挥重要作用。设计师不应该只专注于技术的功能，也应该关注它们的调解作用。事实上，技术总是通过赋予设计师责任来预测技术调解作用调整人类行为。

但是，这种期望是一项复杂的任务，因为技术的调解作用是不能完全预测的。即使未来不能被完全准确地预测，但仍然有方法找出完美而合理的推测。为了处理技术在未来使用环境中的不确定性，设计师应该尽力弥
215 补使用背景和设计背景之间的差距。

这样做的一种方式是在设计者想象力的帮助下，通过本章提出的术语推进“调解分析”。这样的分析允许设计者不必完全预测他们设计的技术是如何被使用的，但它将有助于认识可能的使用方式，以及可能出现的调解方式。

设计师可以利用建构性技术评估的扩大模式，设计和使用之间的关系不仅是想象，而且也是实践。在这种情况下，调解的分析不是由设计师单独进行，而是所有利益相关者一起，进行民主辩论来决定如何把分析结果运用于设计过程中。遵循这种方法可以部分消除对故意设计行为导向技术将引起技术统治论的恐惧，因为在这里不可避免的技术调解的角色取决于民主决策。

问题研究

1. 技术可以通过哪两种方法调解我们对世界的看法？分别举例加以说明。

2. 电子显微镜通过哪种方式对现实进行放大和缩小的转换？现实的哪些方面被放大？哪些方面被缩小？

3. 多稳定性技术是什么？举日常生活的一个例子加以说明。

4. 对技术具有道德性的两种批评是什么？你认为这两种批评是可以信服的吗？为什么是（或不是）？

5.（1）有什么理由把技术调解现象看成是一种道德现象？

（2）调解分析通过哪两种方法考量道德？分别举例说明。

6.（1）什么是技术道德化？举例说明。

（2）技术道德化的反对意见是什么？

（3）技术如何通过民主的方式道德化？

7. 如何通过想象来预测技术的调解作用？

8. 重读第4章开头提到的金门大桥案例。用“脚本”来分析这种情况。例如，就自杀而言，如何做好桥梁设计，又如何使用文中包含的采纳和抑制结构？在哪些方面它们“采纳”，又在哪些方面抑制自杀？如何增加一个防止自杀的护栏改变脚本？基于对脚本的分析，你能为护栏设计提出一些建议吗？

9. 给出汽车智能加速（ISA）的调解分析。ISA是一种技术，即为了限制汽车的速度，使其符合特定地方的限速标准。使用GPS对汽车位置进行定位。阐述技术的调解角色如何具有道德意义？讨论ISA是否是一种可接受的技术？如果可能，阐述为了使它们更加可以被接受，这些技术是否可以重新设计，又如何设计？

10. 对遗传性乳腺癌做出技术调解分析。阐述这些技术角色如何具有道德意义。讨论你是否认为这些技术是可以接受的。如果可能请阐述使它们更加可以被接受，这些技术是否可以重新设计，又如何设计。

问题讨论 216

1. 你同意产科超声检查改变父母和胎儿之间的关系吗？你认为它能改变父母的决定吗，例如堕胎？试想“代表未出生胎儿”的其他形式会带来其他影响吗？

2. 假设通过一种方式进行转基因，人可以自动表现出符合道德的行为。你认为这种操控基因的方式符合道德要求吗？这种技术干预和本章讨论的技术道德化例子之间有何区别？你认为这一情景是现实的或有用的思想实验来反思预期的技术道德化吗？

第八章　技术风险的伦理方面

217 学习目标

完成本章的学习后，读者应该能够

- 讨论工程师为什么要为安全负责，在二程实践中如何履行责任
- 描述风险评估的主要方法
- 描述判断风险的道德可接受性的主要伦理考量，并将其运用到具体案例中
- 讨论为何大小相似的风险并不一定有相同的可接受性
- 确定风险沟通的伦理问题，并且判断不同的解决方法
- 解释工程作为一个社会实验并且思考在何种条件下实验在道德上是可接受的

本章框架

218
第一节　引言　/　221
第二节　界定核心概念　/　223
第三节　工程师的安全责任　/　225
第四节　风险评估　/　228
　一　风险评估的可靠性　/　230
第五节　什么情况下风险是可接受的?　/　232
　一　知情同意　/　235
　二　利益比风险更重要吗?　/　236
　三　备选方案的可行性　/　237
　四　风险和利益是公正分配的吗?　/　239
第六节　风险沟通　/　240
第七节　处理不确定性和未知　/　242
　一　预防原则　/　243
　二　作为一个社会实验的工程　/　246
第八节　小结　/　249
问题研究　/　251
问题讨论　/　253

第一节　引言

案例 A

煤矿开采

在 1900 年到 1975 年之间，在荷兰林堡省，大约有 60 亿吨煤矿被开采出来（Pottgens，1988）。这造成该地区大约 220 平方千米地表平均下降 2.5 米，在某些地区甚至下降 10 多米。煤矿开采损毁很多房屋。煤矿开采公司为此支付亿万的损害赔偿。对于房屋损坏的风险是预先知道的，但是
煤矿开采带来的利益抵消了风险。 219

案例 B

DC－10 灾难

在 1974 年 3 月 3 日，DC－10 号飞机的货舱门在飞行途中打开了（Eddy，Potter，and Page，1976）。由此造成飞机坠毁，346 人遇难。这个风险也是预先知道的，至少其中有一些人是知道的。在 1972 年 6 月 12 日，就几乎要发生一个相似的事故。在 20 世纪 60 年代末，这类事故发生的可能性，作为测试结果已经被预测出来。并且货舱门的失效模式及影响分析也显示这类事故发生的可能性。而为何没有采取行动来降低或者避免风险，其中重要的一个原因是，负责货舱门的供应商（康维尔）和飞机制造商（道格拉斯）之间存在持续的冲突。双方都不想削弱自身的合法地位。因此，即使他们都知道缺陷，他们也都不想迈出第一步来指导调整设计。公司管理人员也忽视康维尔工程师所写的概述舱门设计缺陷的备忘录。

案例 C 220

塔科马海峡吊桥倒塌

1940 年，美国塔科马海峡吊桥倒塌。这是一个创新的大桥设计，但是当大桥遭到侧风撞击时，就会发生振动。最后，当大桥因为一些安全因

素关闭时，它最终还是倒塌了。事实上，大桥的设计师并没有预测到大桥会发生振动。从以前的吊桥设计经验中，他们错误地推断出，可以建造海峡悬浮吊桥。

案例 D

石棉

石棉是于二十世纪初开始大规模投入使用的产品。由于其具有很多好的特征，如：耐热性、耐久性和良好的绝缘性能，因此石棉被应用到很多产品上。但是，经过一段时间，石棉显示出一些极其有害的副作用。吸入石棉纤维能导致与石棉相关的疾病，例如石棉肺和间皮瘤（肺癌和胃黏膜癌），这些疾病都是致命的。据估计，美国每年有 10000 人死于与石棉相关的疾病，而在英国每年也有 4000 人。[①] 这些疾病只在数十年后才会显现出来。在此期间，石棉已经在很多国家被禁止使用。

案例 E

温室效应

二氧化碳（CO_2）是一种可以加热地球空气的温室气体。根据确切计算，如果没有温室效应，地球温度将会下降到 -18℃，由此可能导致人类无法在地球上生活。自从十九世纪末开始，人类制造的二氧化碳产品以指数方式增长，由此导致温室效应的增强。尽管关于温室效应增强现象的争论一直存在，但是现在，大多数科学家一致认为，地球确实正在变暖，并且这种大规模的趋势会带来灾难性结果。

这五个案例说明，一定范围的危险是内含于技术之中的。前两个案例表明，危险是事先就知道的。在案例 A 中，有意识地冒险进行煤矿开采，是因为可期的利益。在案例 B 中，DC-10 的风险——回想起来——是不被其中的大多数经理人和工程师所接受的。但是，这些相关的风险，并不

① http://reports.ewg.org/reports/asbestos/facts/factl.php 与 http://www.hse.gov.uk/statistics/causdis/ asbfaq.htn#hseopinion。

会因为案例中给出的理由而消失或减小。案例 C 和 D 显示，技术的负面 221
影响不仅源于一些已知的风险，而且还来源于未知的危险。有时，这些危险不得不伴随这样的事实，即某些技术也可能以未提前预见的方式失效，比如塔科马海峡吊桥案例。有时，风险是由于技术的不可预测的副作用造成的，如石棉案例。案例 E 表明，确定风险的存在也是有争议的。即使目前大多数科学家都认为，存在温室效应的增强，并且地球正在变暖，但是在很长一段时间里仍然会有争议。对于温室效应的增强将会带来什么结果，仍然不能达成一致。案例 E 在某种程度上也不同于其他案例，它不能十分清楚显示，如何将这个危害归因于某个特定的技术。更多的危害产生于技术的使用阶段，而不是设计或生产阶段。① 并且，与许多其他情况相比，很难将可能的危险明确地归因于某个技术。这可能是由于大量技术的大范围使用造成的。②

本章我们讨论由技术的风险和危险所引发的道德问题，以及工程师们如何处理这些问题。我们也将讨论工程师对于安全的责任（第三节）和评估风险的正确方法（第四节）。第五节将讨论技术风险的道德可接受性，接下来一节将讨论风险沟通。之后，我们将集中于对不确定和无知情况的讨论（第七节）。最后，在第八节，对工程师责任作出总结。但是，首先我们要界定一些关键术语。

第二节　界定核心概念

> **危险（Hazard）**：可能的危害或其他不良效应。

我们谈及的**危险**，是指一个技术或其使用能够引起损伤或其他的不良效应。术语“风险”是术语“危险”的一种具体描述。风险一词试图去命名或列举危险的现象，它经常使用一些定量术语。在本章中，我们将主要集中于安全风

① 当涉及致力于减少二氧化碳的排放量时，并不意味着设计和生产的适应性不重要。
② 一种技术比另一种会造成更多的二氧化碳排放量，但许多情况下并不明显。

险（可能造成死亡或者伤害的风险）和健康风险（危及人们健康的风险）。本章不考虑环境风险或社会风险，因为这些风险将在可持续发展一章（第十章）进行讨论。

相同的危险可以有不同的风险表达方式。在本章中，除非另做说明，术语**风险**将被定义为一个不良事件产生的可能性以及这类事件的影响。这个可能性通常被认为是一个不良事件发生的相关频率，例如“每十年一次”。影响通常被表达为死亡人数。在这个定义下，词语“风险”是单位时间预期死亡人数的估值。风险的其他一些定义也会被使用，例如：

> **风险（Risk）**：危险的一种具体描述。风险最常用的界定是一个不良事件产生的可能性以及这类事件的影响。

- 一个不良事件发生的可能性
- 一个不良事件的最大负面影响

有时，**安全**被界定为没有风险和危险。从这个意义上说，通常一个技术产品的制造不可能是完全安全的。因此，安全也经常指这样的情况，即风险被降低到可行的和令人满意的程度。因此设想，安全是与**可接受风险**相关的一种概念。在第五节，我们将更加详细地讨论风险的可接受性。

> **安全（Safety）**：情况是指风险被降低到合理的、可行的以及令人满意的程度。
>
> **可接受风险（Acceptable risk）**：在道德上可以被接受的风险。决定风险在道德上是否可以接受需要考虑下面相关因素：（1）风险的知情同意程度；（2）风险收益超出损失和风险的程度；（3）更低风险选择的可能性；（4）风险和收益公平分配的程度。

因为种种原因，一个技术危害的事前预测以及将它们确定地表达为风
222 险，通常是不现实的。其中一个原因就是，潜在有害物和明确的不良效应之间因果关系的复杂性。复杂性可能是由于这些因素造成的，如不同物质的相互作用、物质和具体环境的相互作用、长延迟时间和中介变量。由于**不确定性**，即知识的匮乏，而将危害在风险中呈现出来也是不现实的。反之，不确定性也可能是由很多潜在因素引起的，

> **不确定性（Uncertainty）**：是指知识的匮乏。我们知道后果的类型，但是不能有意义地确定这种后果的发生概率。

比如建模错误、测不准和系统边界的绘制（Renn，2005，p. 30）。更具体来讲，不确定的概念经常用来表达这样一种情况，即我们知道一些类型的结果，但是却不能确定出现这些结果的概率（Felt et al.，2007，p. 36）。因此，在不确定性案例中，我们也不能计算出风险。有时，我们甚至不知道哪里出错而带来危害。在这些情况下，术语**无知**经常被使用（Felt et al.，2007，p. 36）。典型的无知是我们不知道什么是我们不知道的。因此，即使有可能在无知情况下预测结果，也是极端困难的，因为我们通常不知道什么是我们需要准备的。

由于**含糊性**，也不可能将危害表达为风险。含糊性是指不同的解释或意义被用来衡量、描述、聚集或评估危害。国际风险管理委员会（IRGC）分别定义、解释了含糊性——指科学数据的不同解释（举例来说，如何推断小剂量的剂量反应，这里无数据可利用）， 223
和规范的含糊性——指对相关（道德）价值及其相对重要性的认识不一致（Renn，2005）。

含糊性（Ambiguity）：特征是一个术语被给予不同的解释或意义。

第三节　工程师的安全责任

工程师应承担的安全责任从何而来？很多针对工程师的行为规范，都将安全责任归于工程师（见第二章）。此外，还有有关产品安全或技术规范和标准的法律义务，其中对于安全的考量经常占有重要的地位。然而，法律和行为规范并不能为工程师要承担安全责任提供充分的道德论据。出于这一目标，我们必须继续探讨第三章已经讨论过的伦理框架。

后果论、义务伦理和美德伦理都提供工程师为什么应该为产品安全而努力的论证，但每一个伦理框架的论证是不同的。后果论指出工程师必须努力实现好的结果：安全的产品明确地归入这个范畴。设计安全的产品的愿望有时被描述为“不伤害”，这可以依据后果主义或功利主义中关于穆勒的自由原则来辩护（见第三章第七节第二部分）。这是应用于努力实现好的结果的最低标准。在义务伦理中，“你不应该伤害任何人”的观念被认为是一般性原则。这是通过康德的普遍法则来辩护的。设想一下，你被允许伤害别人，因此，根据普遍法则，别人也可以伤害你。对于人们来说这种情况是很难想象的，因为这意味着放弃人们所希望拥有的所有安全性。人们有权利去伤害你，而你却不能追究他们的责任。在美德伦理中，通常情况下，关心使用者或者关心要承受你的设计结果的那些人，是一个重要的美德。因此，致力于安全的产品，是一个重要美德。

在设计过程中，为了产品安全，工程师们要遵循不同的策略，例如：

> **内在安全设计（Inherently safe design）**：安全设计的一种方法，旨在避免伤害而不是使用例如低危害性的物质、装置、反应来取代高危害。
>
> **安全系数（Safety factors）**：是一个系数或比率，即一个设置制造得比所必需承受的负载度（预期的或最大负载度）还要安全很多。
>
> **负反馈装置（Negative feedback mechanism）**：如果设备失灵或操作者失控，确保（危险的）设备会自动关闭的装置。
>
> **多重独立安全壁垒（Multiple independent safety barriers）**：一系列的彼此独立操作的安全壁垒，以至于一个失效了，其他的依然有效。

1. **内在安全设计**。避免危害而不是使用例如低危害性的物质、装置、反应来取代高危害。

2. **安全系数**。建筑物通常会建造得比它们可能承受的负荷更坚固。增加安全系数到期望的负荷或者最大负荷，是一个有效的做法。

3. **负反馈**。在一些案例中，装置失灵或操作者失去控制时，一个**负反馈装置**的装入可以使设备关闭。例如紧急制动手柄，当司机睡着或是失去意识时，可以使火车紧急停下来。

4. **多重独立安全壁垒**。可以设计一系列的独立操作的安全壁垒，以便
224 如果第一个壁垒失灵，其他的仍旧有助于阻止或影响最小化。举例来说，可以通过冗余设计来实现。紧急逃生装置也是十分有用的。(Hansson，2007a)

冗余设计

一个组件或子系统的失灵通常会被生产系统所带的冗余设计抵消。核反应堆有冗余系统来维持电流（抽水泵运行等）和冷却反应堆堆芯

(Mostert，1982)。如果一个系统失灵，原则上它会后退到冗余系统中以便反应堆能继续安全地操作。挑战者号的O型环也是冗余的设计。每一个连接件中有两个O型环，以便如果第一个失效了，第二个能够继续发挥作用。在致命飞行前那个夜间的讨论会上，O型环的冗余设计是允许发射的论证之一（Vaughan，1996)。再如，为了控制飞机，飞机也经常会有冗余系统。

从整个系统来看，有一些候补选项是非常有用的。例如，一个电子数据库的备份系统或当电力设备关闭后的多余电能储备，后者在防止输电网大面积关闭方面是非常重要的。

重要的是，这些策略不仅仅要能认识风险，而且也要在某些程度上了解一些不确定性的范围来避免鸵鸟谬误（第四章第五节第二部分）。例如，如果确定事故的起因是不可预见的或未知的，负反馈装置也许是有效的。例如，在第六章讨论的德国高速城铁（ICE）列车案例中，没有一个我们提到的安全设计策略在起作用，而这些策略可能会降低事故或结果发生的可能性，即使这种确定风险是未知的（Brumsen，2006)。

1. 由于引入新的潜在的故障装置，本质上说复合车轮比整轮更加危险。即使这些装置不能被准确预知，但很明显新车轮设计本身安全性更低。

2. 设计和检测缺乏足够的安全尺度。例如，车轮的最小直径要求被证明可能定得太低。

3. 假如发生事故，火车缺少负反馈装置。例如，一些火车有传感器，它们能监控车轮的损毁情况，并且能够用来使火车自动停下。大多数火车都有一个供乘客使用的紧急制动器。而ICE的紧急制动器只能由管理员操
作，而他不顾听到车轮损坏的乘客警告，拒绝使用制动器。在车轮损坏 225
后，火车在没有出轨的情况下又行驶2分钟。一个准确的负反馈装置能够防止灾难发生或至少是可以降低死亡人数。

4. 铁路轨道应该建立一个独立的安全界限，尤其是设计高速铁路时，例如法国TGV案例。这些轨道不具有开关和曲线，只适合于高速。例如，在1993年12月21日法国TGV号以每小时300千米的速度出轨，在轨道外行驶几千米只引起两例较小的轻伤。在德国ICE灾难案例中火车改变轨道进入大桥之前只有两百米，这可能是造成这一严重事故的一个重要因素。

第四节　风险评估

为了判断危害是否是在可接受的范围之内，通常首先要尝试去描述它们，并且将其表述为风险。这一步骤的执行过程叫作**风险评估**。在工程中，有很多进行风险评估的类型和方法，每个工程领域中的评估方法都有所不同。我们不能试图给出应用于工程风险评估所有方法的综述，但是我们可以做出总体概述。

> **风险评估（Risk assessment）**：系统地研究一项活动所产生的技术风险，并对一定的风险标准进行定量的描述和表达。

风险评估通常包括四个步骤（Covello，Merkhofer，1993）：

1. 排放评估
2. 暴露评估
3. 后果评估
4. 风险预测

排放评估

排放是源于技术装置而导致伤害的物理效应，例如冲击波、辐射和危害物质的扩散等。一般来说，我们能区分两种类型的排放：偶然性的和持续性的。偶然性排放通常不是故意而为，例如，由于化学工厂爆炸或者核能工程事故，排放通常能引发瞬时的和重大的伤害。持续性排放通常是可预测的，并且副作用是能被接受的，例如，在生产过程中发生的排放，持续辐射不一定或总是导致暴露或伤害。

在偶然排放的情况下，一个重要步骤是探测所谓的**故障模型**和事故场景。这是导致装置失灵或事故的系列事件。这些场景发生的可能性也是可预测的，通过两

> **故障模型（Failure mode）**：可能导致装置失败的一系列事件。

种方法来完成。[1] 在第一种方法中，确定事故发生的可能性是通过使用过去事故的统计数据计算得出。如果这些统计数据是缺乏事件树，则故障树 226
通常被用于计算事故发生的可能性。**事件树**即我们从一个确定的事件开始，然后思考什么事件将要发生。**故障树**即我们从一个有害事件（一个错误）开始，追溯到可能会导致不良事件发生的事件。对于事件树或故障树中的每个事件，都基于与部件有关的故障数据赋予一个概率值。其次，具体事故场景的可能性也是可计算的。

> **事件树（Event tree）**：我们从一个确定的事件开始，然后思考什么事件将要发生。
> **故障树（Fault tree）**：一个后退的事件树，我们从不期望的事件（故障）追溯到可能导致不期望事件的事件。

暴露评估

这一步骤目的是为了预测暴露的弱势主体，例如特定排放下的人类。暴露评估通常描述那些弱势群体（人类、动物、环境）通过何种机制（如，人类吸入有毒物质）暴露于一个确定的排放环境之中，以及暴露的强度、频率和持续性。

结果评估

在第三步，重点是判定暴露与有害结果之间的关系。在一些风险评估中，分析被限定在急性伤害或者直接死亡的人数上。在另一些案例中，健康或者环境的长期影响也是需要考虑的。在这一步中非常重要的一部分通常是确定剂量反应关系。这些关系能通过动物、流行病学和模型的测试建立起来（Covello and Merkhofer，1993，pp. 127 – 178）。

在**动物测试**案例中，不良影响是通过将动物暴露于一定剂量物质中测量出来的。不同的动物被给予不同的剂量，其后要有一个对照组。通过比较各组的剂量反应关系，能够判定其中的动物类型，也可由此告知关于人类剂量反应的关系。

> **动物测试（Animal tests）**：通过将动物暴露于一定剂量物质中并评估它们的反应，以此来确定剂量反应关系。

在**流行病学研究**中，我们使用人口数据来探索一定的灾难或心理异常的发生和引起这些异常的确定因素之间的关系。流行病学研究优点是我们

---

[1] 有时会用第三种方法请专家进行风险评估。

> **流行病学研究（Epidemiological research）**：使用人口数据来探索一定的灾难或心理异常的发生和引起这些异常的确定因素之间的关系。

不需要把对于动物的影响转化为对于人类的影响。但是流行病学研究也有缺陷。第一，它只能在事件发生之后，即确定对健康产生影响。第二，它需要可靠的统计数据，这通常要求广泛的实证研究。而对此，时间和资金往往是缺乏的。第三，通常只会建立统计相关性。但是，证明一个统计相关性不足以证明存在因果关系，比如实证研究发现结婚的
227 人吃糖果明显低于未婚人士。[①] 但是，对于数据分析显示，结婚与吃较少的糖果，都和潜在可变的年龄有强烈的相关性。年龄更大的人群更愿意结婚和吃更少的糖果。因此在这个案例中，婚姻是吃更少糖果原因的推断就是错误的。为了寻找一个原因，我们需要排除所有的其他可能性起因，而这在实践中通常是很困难的。

> **剂量反应关系的模型（Models for dose-response relationships）**：假设或预测剂量和反应之间的某种关系的模型。

很多剂量反应关系的模型，都有假设的性质和描述的性质。它们假设剂量和影响之间存在一定的关系，但是它们很难或根本无法解释，一个有害物质的剂量如何导致这种结果的发生。

风险预测

在第四步，通过使用以前获得的结果来确定和指出风险。在这一步骤，我们确定用什么来表达风险的程度。例如，可以用单位时间预期死亡人数，或者工作或生活在某装置附近人们减少的寿命来表达。

一　风险评估的可靠性

在很多案例中，风险评估只有有限的可靠性。这是因为结论通常是依赖于原先设定的假设，正如下面案例中二噁英的风险评估一样。这种情况与很多风险评估没有对最终结果给出一个精确而可靠的预测有关。我们可能想知道，是否不用更负责地列出结果的不确定区间，或者明确地陈述在哪些条件下结果是可用的。

---

① Simon，1974.

案例

二噁英的风险

在1978年进行了一场实验，是用老鼠来测定二噁英对健康的影响。那些每天被给予每千克体重10万皮克二噁英的老鼠，比起对照组出现更明显的癌症特征。在每天1万皮克/千克剂量下，只增加一小部分癌细胞，而在每天1千皮克/千克剂量下，测量不到不良影响。

在这些数据基础上，美国和加拿大的监管机构关于可接受浓度做出截然不同的评估。在美国，假设在低剂量下对动物测试的灵敏度不足以测量低剂量下对健康的影响。而且，假定剂量和影响之间或多或少存在一种线性关系。最终他们推断，对于人类来说，每天0.006皮克/千克的剂量将导致个体风险，其风险低于百万分之一。这意味着，暴露在二噁英之下的每一百万人中，有一人死亡。加拿大则假设二噁英不是癌症的引发剂，而是促进剂。区别于癌症的引发剂，癌症的促进剂被假定为没有达到有影响的水平，因此，在给定水平之下没有伤害效应。应用这个模型会得出以下结论，即每天大约1到10皮克/千克的剂量，对于人来说是安全的。在这些推论基础上，暴露于二噁英的可接受剂量，在加拿大要比在美国高一千倍。 228

来源：Covello and Merkhofer（1993，pp. 177 – 178）.

一个相关问题是需要确定风险所需的证据的程度，例如该风险是通过基于流行病学数据的风险评估确立的。在基于大量实证数据而确立风险的情况下，可能会出现两种类型的错误。一种是事实上没有风险的情况下却确立了风险（被称为**类型1错误**），一种是在事实上有风险的情况下但却错误推断出没有风险（被称为**类型2错误**）。科学的传统目标是要避免类型1错误，因为通常不把一个假说当作知识，除非有足够强的证据。也有一些作者提出，在特定情况下，风险评估通常更重

> **类型1错误（Type I error）**：假设科学声称的是真的而实际上是假的。应用到风险评估中，就是在没有风险的情况下却错误地确立风险。
>
> **类型2错误（Type II error）**：这个错误在于断言一个科学陈述是假的而实际上是真的。应用到风险评估中，就是实际上有风险但却错误地推断没有风险。

要的是要避免**类型 2 错误**（Granor，1990；Shrader-Frechette，1991）。其原因是，风险评估的目标不仅是要建立科学的事实，而且也有要实用的目的，也就是能提供做出这些决定的知识，是否能使公众免受一定风险的危害。保护公众免受风险危害，而不是对不可能存在的风险采取不必要的预防措施，这样才是最好的。

第五节　什么情况下风险是可接受的?

一些工程师和科学家都相信，根据风险评估，如果两种不同活动的风险是相同的，那么这两个活动同样是可接受的。换句话说，如果一个活动是可接受的，那么另一个（有相同风险的）也一定是可接受的。种种原因说明这个论证是有缺陷的。首先，技术 A 的风险是否是可接受的这个问题，不同于技术 A 是否是可接受的问题。当我们思考人们对克隆的伦理异议时，这一点会变得非常清晰（见下文）。

对于克隆的伦理异议

技术哲学家斯维斯卓（Tsjalling Swierstra）已经重构那些在关于人类
229 克隆的社会讨论中发挥作用的观点。他列出下列论点：

克隆——

1. 破坏人类的独特性。
2. 违背人类的尊严。
3. 导致克隆儿童的社会心理问题。
4. 遭受众多的科学和技术风险。
5. 将导致滥用和不可预测的、不希望出现的结果。
6. 是非自然的。
7. 基于对操控的过度欲望，并会导致人类不幸的工具化。
8. 将导致我们自我形象的不良变化。

来源：Swierstra（2000，p. 42）.

第四条反对意见已经表明风险的形成，第三条和第五条反对意见也可很容易在风险范畴内重新界定。但是像对克隆行为提出的人类独特性大致发生变化（第一条）和自我形象的不良变化的反对意见不能简单地解释成风险。依据结果论，这种异议不能被证明是正当的；它们来源于义务伦理或美德伦理的方法。特别是克隆会导致某种人类或社会的不道德，因此是不可取的，如第 2 条和第 7 条所说的，这很明显是基于美德伦理学（Swierstra，2000）。因此，克隆在道德上是不是可接受的问题，比起技术风险是不是可接受的问题，具有更大的包容性。

即使我们将我们的分析限制在风险的可接受性范围内，两个技术的风险等级是相同的，这两个技术就是同样可接受的推断也是错误的。为什么同样大的风险是同样可接受的推论是有缺陷的，下面案例将给出一些理由。

对于任一事物的风险来说，为什么风险大小的预测不能告诉我们它是不是可接受的？

针对为什么风险同样大，但在伦理层面上却不一定同样可以接受这个议题，有很多的争论：

由于不是所有的风险评估都是同样可靠的，因此风险评估的结果不能简单地拿来比较。关键问题是，这样一个比较判断“风险评估是可靠的吗?”是和避免谬误高度相关的（参见第四章）。举例来说，在核能工厂风险和交通风险之间作比较。交通风险通常是使用基于过去很多年的大量统计数据来计算的。在核能工厂案例中，风险是不能使用统计数据来计算，而是要设置各种假设来预测争议中的风险。这就是为什么比起对核能 230
工厂的风险估测，交通风险的估测通常更可靠。

风险通常是多维度的，但是在很多案例中，只有一个维度被用在风险的比较中。这个维度通常是单位时间内预期死亡人数。在交通事故中和核能工厂事故中，死亡都会发生。但是，在其他很多方面，风险问题是不能简单进行比较，例如核废料的持续风险。

并不十分明显的是，一个重大事故的小概率性发生和一个小事故的大概率性发生是同样可接受的，即使概率的结果和影响是相同的。在这个方面，交通风险和核能工厂的风险是不同的。在交通中发生事故的概率远远高于在发电厂发生核事故的概率。但是，核事故的死亡人数会比交通事故要多很多。多人死亡事故——即使它的总风险与其他事故相同——通常被认为是更不能接受的，因为它对社会破坏的程度更高。而这是否是个好的论证也是个值得讨论的话题。

风险的可接受性部分，依赖于人们自愿地冒险和认同这个风险的程度。①但是，自愿地和被迫地冒风险，这二者之间的区别并不是非常清晰。如果某人不得不经常出差，那何种程度的交通风险是他愿意承担的？然而，比起未征得你同意就在附近建立核能工厂的风险，交通风险是更加自愿接受的。而比起交通风险，滑雪的风险又是更自愿的。

像这些不能接受的风险，由于高风险活动带来的高收益，它们又变成可接受的。因此，不是评估孤立的风险，更好的方法是评估风险活动。这一方法是尽可能地权衡风险和利益。如果一个活动在任何人眼中都不能带来利益，那么他或她将拒绝接受这个带有风险的活动就是合理的，而无论这个风险有多小。

将以上内容延展开来，当评估风险的可接受性时，为了达到同样的目的，对于不同观点进行权衡是有意义的。这意味着核能发电作为技术的可接受性，不仅依赖核能对比其风险是否更有优势的问题，而且依赖其他技术——如风能——是否更有吸引力的问题。

确定风险的可接受性，也取决于在特定风险活动中，风险因素和优势因素是否公正分配。举例来说，建立在第三世界国家贫民区的化学工厂，如果不能给贫民区的人们带来收益，如就业、市场利润和有用的产品，那么这个风险将是不可接受的。

来源：Otway and Von Winterfeldt（1982），Slovic，Fischhoff，and Lichtenstein
231 (1990)，Shrader-Frechette（1991），Stern and Feinberg（1996）.

以上论点反驳了这个命题，即从风险可接受度的风险评估中可以直接得到结论。然而，风险评估是判断风险可接受度的重要来源。除此之外，对伦理规范的考虑也会发挥作用。虽然没有完全达成一致，也不可能详尽的列举（Lave，1984；Shrader-Fechette，1991；Harris，Pritchard，and Rabins，2005；Hansson，2003），但我们至少可以对以下四个伦理因素进行考量。我们将

① 据估计，人们愿意接受的自愿风险是非自愿风险的 1000 倍。（Starr，1990）

在以下部分详述。

1. 风险的知情同意程度
2. 高风险活动的收益与不利因素及风险权衡度
3. 更低风险选择的可能性
4. 风险和收益分配的公正性

一　知情同意

如果承担风险的人认可所讨论的风险，那么风险就是更加可以被接受的。假设只有在获得关于这个风险的全部信息后，经受风险的这些人会同意，那么风险才是可接受的。这个原则就是我们所知的**知情同意**原则。知情同意原则最初源于医疗实践，这非常接近规范伦理学的观点（见下文）。

知情同意（Infrcmed consent）：当人们被充分告知活动（实验、风险）的收益和（潜在的）风险时，如果他们自主地选择同意，那么表明这些活动（实验、风险）是可以接受的。

知情同意和规范伦理学

正如第三章所讨论的，知情同意原则很容易被证明是基于规范伦理学的思想。这很契合穆勒的自由原则，穆勒的自由原则认为只要不伤害其他人，每个人都能够自由的过他或她自己的生活。知情同意目的是要创造一些条件，通过这些条件人们能够根据自由原则行动。这个原则假定，只有人们能够自由选择时，风险才是可接受的。

除了以上所述，知情同意十分接近康德绝对律令的第二种表述："你的行为使你对待人类时，不管是对待自身还是他人，都把人作为目的，而不只是一种手段。"正如我们在第三章第八节中所看到的，这意味着我们必须尊重他人的道德自主权，以此来完成他们自己的选择。换句话说，知情同意目的是创造条件，在这些条件下人们能够自主地选择。人们必须自己决定，一个风险是否是可接受的。

如何把知情同意原则应用于技术中，这里有不同的观点。一种观点是，通过经济的市场手段促进。在这个方案中，假定人们将自己决定，在 232

对有一定风险或危险的产品购买问题上，他们愿意冒怎样的风险，通过一个无形的手，个体选择结果进入一个最佳风险等级。但是，市场交易是否会导致实践中的知情同意也是值得怀疑的。首先，消费者通常不能充分而全部地了解技术产品的风险。因此，不能表明，他们对于所含风险是真正同意的。例如，人们买手机却不知道任何它可能带来的健康风险，在这样的案例中，我们不能说人们赞同健康风险。其次，技术产品产生的风险，除了影响买者或卖者之外，还影响其他人（没有经过他们的同意）。一个例子是用有机溶剂绘画会造成坏境问题，例如烟雾。另外，经济市场并不能运行的如经济学家对我们宣称的那样理想。消费者的选择通常是被限制的，例如因为存在垄断。在很多案例中，即使一些更安全的技术可行，也是不能简单地进入市场。

福特平托和知情同意

在第三章，我们讨论了福特平托案例。我们看到，因为更改所带来的社会利益不能抵消社会成本，所以福特决定不改变平托汽车的设计。

福特对这个问题的处理方法是令人震惊的，公司认为必须在权衡额外成本和是否减少风险之间做出选择。但是，还有另外处理这个问题的方法：把选择权交给消费者。福特可以让消费者选择是以有限的成本来改善油箱装置，或者维持原始设计。在这一方法中，消费者可以自己做决定，额外发生的风险也是自愿接受的。

通过征得每一个潜在的承受风险的人同意，知情同意也被应用于技术发展之中。除非每个人都同意冒险，否则风险就被认为是不可接受的。这个方法的一个重要缺陷是，它给予个体几乎没有限制的否决权，并且在很多案例中将会导致没有风险是可以接受的，最终每个人的情况会更差。有一种方法试图避免这种情况发生，即通过引入对特定风险提供赔偿的可行性，或引入风险的相互交易的可行性。

二　利益比风险更重要吗？

风险能够在伦理上被接受的一个重要原因是，高风险活动能带来利益。通常如果这些高风险活动所带来的收益比成本更多，那么这些风险活动是可接受的。这种观点被后果论所赞同，其中功利主义就是一个具体代表（第三章）。基于功利主义观点，已经发展出许多工具来决定技术风险的最令人满意的级别。其中一个例子就是风险成本收益分析（Fischof, Lichtenstein, and Slovic, 1981; Lave, 1984; Shrader-Frechette, 1985, 1991）。它不同于普通的成本效益分析（见第六章第三节第一部分）。在风险成本收益分析中，将风险降低的社会成本与风险降低带来的社会利益进行衡量。一定技术或产品的最佳风险等级是，净社会收益——社会收益减去社会成本——尽可能高。从这延伸出来的基本伦理思想就是，我们应该为最大多数人的最大幸福努力（Bentham）。工程师经常使用这种风险成本收益分析。

> **风险的成本收益分析（Risk-cost-benefit analysis）**：这是日常成本收益分析的一 233
> 种变化形式。降低风险的社会成本与降低风险带来的社会效益进行比较，如果社会收益获得最高值也就意味着获得最佳风险等级。

对于风险成本收益分析，有两个重要的反对观点。第一，这样一种分析可能会犯定价谬误（第四章第五节第二部分）：不可能总能用金钱形式来表达所有相关的成本、收益和风险。尤其是人们倾向于用货币形式来表达人类生活价值，对此要持保留态度（正如福特平托案例）。第二，很少会考虑知情同意和成本与收益分配，尽管这些也是很重要的伦理因素。第二个反对意见在某种程度上需要将某些道德原则纳入到风险成本收益分析中。[①] 例如，在补偿之后没有人再遭受风险伤害，或如果证明这些人现在比过去生活的更好，这个风险才是可接受的。[②]

三 备选方案的可行性

一个技术风险的可接受性也依赖于可降低风险的备选方案的可行性。假设有两个技术 A 和 B，有着同样的风险。如果我们不去考虑是否有一个可行的备选方案的问题，我们就会犯规模谬误（第四章第五节第二部分）。现在假设，对于技术 A，有一个可降低风险的可行备选方案，且没有其他

① Kneese, Ben-David, Schulze, 1983; Shrader-Frechette, 1985.

② 第一原则是帕累托原则（Zandvgoort, 2000）；第二原则是差异性原则（Rawls, 1971）。

的重大缺陷，而技术 B 则没有备选方案。在这个案例中，我们能较好的推断，技术 A 的风险是不可接受的（因为可降低风险的备选方案是可行的），而技术 B 的风险是可接受的（由于没有备选方案可行，并且技术在其他方面是可接受的）。

> **最佳可行技术（Best available technology）**：作为可接受风险（或可接受的环境排放）的一种方法，最佳可行技术是指不是规定一个具体的技术，而是使用最佳可行技术的备选方案作为标准。

可行性备选方案的重要作用也反映在一些环境法律中，像欧盟制定的综合污染预防控制法令、美国的清洁空气法和净水法案，这些都使用了**最佳可行技术**的概念或类似的概念。其思想是环境排放应该减少到技
234 术所能做到的最佳程度。这种方法没有规定一个具体的技术，但是使用最佳可行技术的备选方案作为标准。

最佳可行技术

欧盟对最佳可行技术的定义如下：①

“最佳可行技术”是指在技术活动发展及其操作方法的最有效和最先进的阶段，这些操作方法指明特定技术的实际适用性，并原则上规定基本的排放限值；而如果突破设计的排放值，则通常很难从整体上降低排放和对整个环境的影响。

1. “技术”应该包括技术的使用和设备设计、建造、维护、操作和最终退役的方法。

2. “可行技术”意味着，在某种程度上，这些技术的发展是在相关工业部门允许下实施的。在经济和技术可行的条件下，考虑成本和利益因素，只要它们对于操作者是合理的、可接受的，那么就可以决定技术是否可以在成员国内部被使用或者用于生产。

3. “最佳”意味着，总体上能最有效地达到高水平的环境保护。

---

① 2008 年 1 月 15 日，“欧洲议会和理事会关于综合污染预防和控制”（2008/1/EC）第 2、12 条指令（汇编版）。（2009 年 1 月 14 日访问）

四　风险和利益是公正分配的吗？

可接受风险的一个重要伦理因素是高风险活动的风险和利益公正分配的程度。例如，如果某特定人类群体总是要为特定的活动承担责任，而另一群体却收获利益，这就是不合理的。一些人认为，每个人在关于风险方面都应该被平等对待。康德的第一绝对律令支持这一观点：你应该只遵循这样的原则来行动，它同时能成为一个普遍的法则（见第三章第八节）。这暗含着一个平等原则。

通过设置标准可以在风险方面做到平等对待。标准对于每个人都是相等的，这并不意味着每个人都面临同样的风险，也就是说在原则上每个人的最大允许风险都是相等的。尽管可以通过诉诸平等伦理原则来保护标准，但是也有人提出了一些伦理上的反对意见。第一个可能的反对意见是没有注意到高风险活动的正反两方面。图 8.1 阐明了这种功利主义的反对意见（Derby and Keeney，1990）。比如说技术 1 的特征在于通过图 8.1 中的点 A 和 B 的曲线。为了使技术 1 达到标准，将成本考虑进来（点 A），对比点 B，高成本只能轻微地减少风险。因此，比起在点 A 花费高成本达到标准，一些功利主义者将更希望找到点 B。 235

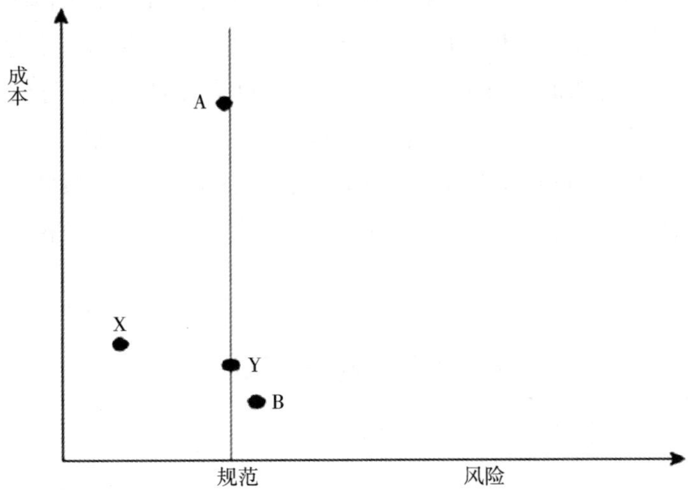

图 8.1　不同技术风险降低的成本

注：点 A 和点 B 代表技术 1，点 X 和点 Y 代表技术 2（Derby and Keeney，1990）。

相比把成本考虑在内，标准化也可能会导致更高的风险。例如在图 8.1 中，技术 2 的特征在于通过点 X 和 Y 的曲线。技术 2 满足标准（点 Y），但是设计更安全的产品，就要违反较小额外成本（点 X）。相较于点 Y，一些功利主义者会更愿意得到点 X。

对标准化第二个可能的伦理反对意见是它的家长式作风（第一章第五节第二部分家长式作风）。人们不会选择管理者——通常是政府——认为这对他们来说是可接受的风险。这个反对意见尤其适用于**个体风险**，即风险只会影响消费者、使用者、销售人员或生产者。这些产品的市场规则可以看作是满足特定条件下的一个选项，如关于风险必要的完整信息和在不同产品间的自由选择，因为这能够导致知情同意。对于**集体风险**，如洪水，会影响更大的群体，市场规则通常不起作用。而通过市场调节就不会有知情同意，因为除了使用者和生产者，风险还会影响其他人。这种情况需要集体决定什么风险是可接受的。这样的集体决定——不是必要的——能带来标准化。[1]

个体风险（Personal risks）：是指仅仅影响个体而没有影响整体的风险。与整体风险的一个主要区别是个体是否能够停止或避免对于他或她自身造成的风险。我们个体能够决定不抽烟，但是我们自身不能决定阻止发洪水。

集体风险（Collective risks）：影响整体而不是个体的风险，比如洪水的风险。

人们也许会想知道，通过风险标准化平等对待人们是否会导致公平的风险分配，这是值得怀疑的，因为人们从高风险活动中获利的程度是不同
236 的。例如，一个平等的风险分配是指如果只有一小部分人能从具体的风险活动中获利的话，那就是不公平的。公平和平等是相关的，但不是相同的。

第六节　风险沟通

根据一些职业的行为准则，工程师必须告知公众相关的风险和危害

① 也可以考虑获得所有相关的知情同意，但其后可能会维持现状，这是一个常见的道德问题。

（见第二章）。在一些案例中，应用此原则的专家，被称为**风险沟通者**。风险沟通提出很多伦理问题（Morgan and Lave，1990；Valenti and Wilkins，1995；Jungermann，1996；Johnson，1999）。第一个问题就是，风险沟通是否应该只是告知，还是（试图）劝告。政府是禁止吸烟，还是应该只是告知吸烟的危害？另一个问题是，如果有些问题人们并不总感兴趣，或者也可能用错误方式解读信息，他们还应该被告知相关风险吗？作为一个风险沟通者，如果人们因为即将来临的飓风所带来的安全风险而不得不尽快离开家，你应该告知人们失窃的风险吗？

> **风险沟通者（Risk communicators）**：告知或建议如何通知公众风险和危害的专家。

在两个例子中，义务伦理和后果论的对比分析在背景中起到了重要作用。从义务伦理观点来看，风险沟通的结果与问题“什么是可靠的风险沟通”是没有关系的。风险沟通首先必须是诚实的（不说谎并且总是说出全部事实）。在此之后，它必须尊重人们选择的自由和自主，因此这不是家长式的（第一章第五节第二部分家长式作风）。这里知情同意的原则应是十分重要的。这意味着你不必试图说服人们，而只是告知即可。从后果论观点来看，在一些案例中原因和结果是十分不同的。判断风险沟通，是依照好的结果。如果它能取得好的结果，通过风险沟通或隐瞒特定的信息来试图说服人们就是道德的。

在风险沟通中，也提出大量信息要如何表达和组织的伦理问题。举例来说，如何详述信息呢？如果一个风险评估被计算出来，你是应该只给出结果，还是也应该告诉人们不确定的因素？你应该解释风险评估是如何进行的，以便人们能够检查它是否可靠吗？从心理研究中我们知道，风险表达的方法对于听众解读这些风险有很大的影响（Martin and Schinzinger，1996，pp. 134－136）。基于同样信息的不同建构，人们很有可能会做出相反的决定。风险测量也会影响人们如何解读风险，伦理判断通常也会隐藏在特定风险的测量中。在风险测量“单位时间死亡人数”中，所做的假设就是每个人的生命都有相同的价值。如果风险表达为预期寿命下降，那么
暗含的假设就是，比起老人的死亡，年轻人的死亡是更糟糕的。这是因为 237
与老年人相比，年轻人的死亡在风险测量中占有更大的比重。

风险感知

在民众中进行风险感知的心理研究中显示，大量因素在人们如何感知风险方面起到重要作用：[①]

- （感知）风险的意愿。
- 活动或技术的预期收益所带来的风险和这些影响的分配。
- 发生最大的负面影响和这些影响可能的可控性（社会破坏的程度）。
- 风险是与环境相关的。与其他环境相比较，很多人预测与工作有关的危险会较小。
- 近距离的和可见的风险。比起较远的，或较不可见或想象的风险，更近的风险通常被认为是更大的危险。
- 表达风险和测量风险的方式。

来源：Slovic，Fischhoff and Lichtenstein（1990），Martin and Schinzinger（1996，pp. 134 – 137）.

一个重要的方法是根据他们如何感知来表达风险，需要思考的问题是何种类型的表达方式是可接受的。我们认识到通常尽可能中立地表达风险是很重要的，对每天二噁英的最大剂量的表达，用微克、毫克、还是千克是十分不同的。比起第一种表达，较后面的表达（可能是无意识的）给人的印象是风险会更小。通常一个特定的表达方法相比其他表达方式将会被有意或无意地做出更可能的解读。这并不是说，你应该有意做一个特殊的解释，而是你应该思考如何才能用最诚实和最好的方法来做出表达。

第七节　处理不确定性和未知

截至目前，我们已经假定，预测和表达有关技术危害的风险在某种程

① 其中一些因素，特别是前三个与风险的可受性密切相关。这意味着人们可能会很含蓄的使用风险定义，即在风险的大小与可接受性方面维持特定的关系。

度上是可能的。但是如果不是这种情况会发生什么呢？考虑假设与手机有关的健康问题，以及种植和消费转基因作物可能对健康和环境带来的负面影响。在一些这样的案例中，风险可以被计算，但问题是所有可能的风险是否都以可靠的方式被评估。因此产生一个重要问题：当一个新技术还存在科学争议或其风险不确定时，它所带来的潜在危害是可以接受的吗？这 238
是一个伦理问题，因为一方面它希望保护社会免遭危害；另一方面，一项技术被完全禁止也是不能令人满意的。目前，关于这个问题的许多伦理方面的辩论都集中在预防原则上。

一　预防原则

预防原则最初被提出是为了处理环境问题（参见下文）。在第十章，我们将讨论如何将预防原则应用于环境和可持续发展问题。但是，这个原则也能应用于未知风险，并且我们将讨论这种应用。这个原则主要适合于这样一种情况，我们不能完全将危险表达为风险，因为我们没有足够的科学知识。一般来说，预防原则是指如果有一定危险的迹象，尽管事实上这个危险不能完全被科学证实，但也必须采取预防措施。

> **预防原则（Precautionary principle）**：规定如何处理不确定和/或不能科学地确认的威胁的原则。在大部分情况下，以下是采取预防原则的常用表达方式：如果存在（1）一种威胁，（2）可能是不确定的，也要（3）采取一些行动，而（4）这些行动是强制的。这一定义包括四个方面：（1）威胁范围；（2）不确定范围；（3）行动范围；（4）规定范围。

预防原则

预防原则最初源于1992年在里约热内卢举行的第一届联合国可持续发展大会地最后一天通过的《里约宣言》，它声明：

为了保护环境，各国应根据自身的能力广泛采取预防性措施。凡有可能造成严重的或不可挽回的损害的地方，不能把缺乏充分的科学肯定性作为推迟采取防止环境退化的资金有效投入措施的理由。[①]

---

① www. gdrc. org/u - gov/u - gov/precaution - 7. html.

就环境资源来理解，不可逆转的伤害通常就是不可替代或修复的。在以上构想中，预防原则是首要的论证原则：它表明某些反对环境措施的理由是无效的。这个原则也被认定为一个规范原则，它规定了某些特定行为。一个非常著名的构想在这里被称作《温斯拜德声明》（Wingspread Statement）：

> 当一个活动会对环境或人类健康产生威胁时，应该采取预防措施，即使一些因果关系在科学上还没有被完全建立。（Raffensperger and Tickner, 1999, pp. 354 – 355）

239 预防原则也被热烈讨论。一些哲学家和法律学者认为，这个原则是实践理性的基本形式或者如亚里士多德所说的实践智慧（Adorno，2004；Hansson，2009）。另一些人则认为，这个原则是不符合逻辑的，因为“它禁止了它所需要的非常措施”（Sunstenin，2005，p. 366）。部分的争论似乎是基于对“预防原则”的不同理解。那些认为这个原则是实践智慧的基本形式的人，将这个原则视为可扩充的，能用不同的方式来说明（参见正文中预防原则的四个方面，它更加具体）。他们认为，这个原则的主要问题是做决定时不仅要基于已知的知识，而且也要基于我们上面所说的不确定的情况。事实上，工程师已经在安全工程中这样做了。认为这个原则是不合逻辑的人，考虑到这个原则的更强版本是，在它没有被科学建立时，禁止任何有潜在风险的活动。由于这样的潜在风险通常内含在正在做的事和竭力避免的事情中，他们认为这个原则是不合逻辑的。

预防原则也在世贸组织（WTO）中的美国和欧洲间引发争论，例如转基因生物（GMO）问题。参照预防原则，欧盟在 1998 年对新的转基因生物发出了事实上的禁令，2003 年被转基因食品的标签要求所取代。因为没有对于转基因生物风险的确定性的科学证据，美国曾反对这些措施实施，并且这一措施被认为是贸易壁垒。2009 年世贸组织规定，暂停审批禁令在世界贸易组织规则中是违法的。[①]

萨丁（Per Sandin）认为，预防原则作为一个规范原则包含四个方面（Sandin，1999）：如果这里（1）有威胁，（2）是不确定的，那么（3）

① www. euractiv. com/en/trade/eu – gmo – ban – illegal – wto – rules/article – 155197.

某些行为（4）是强制性的。

在这个公式化表达中有四个方面：

1. 威胁。
2. 不确定。
3. 行为。
4. 规定，在这里表达为“强制的”。

应用于预防原则的一种技术就是纳米技术，特别是纳米颗粒（参见案例）。预防原则应用于这种技术似乎暗示着在纳米颗粒大规模的引入社会 240
之前，它们的潜在风险应该首先被恰当的评估。尽管这是一个合理的策略，但是也提出了毒性测试和引入社会之间的严格分离策略是否成立的问题。在很多情况下如果没有将新技术引入社会，那么降低复杂性和不确定性是不可能的。通常只有在引入社会之后，特定的技术风险才能被合理的评估，正如下面我们将要看到的。

案例

纳米颗粒

纳米颗粒是非常小的颗粒，其尺寸在1—100纳米之间（10^{-9}米）。如此小尺寸的颗粒比起它们制成的大体积材料，通常有十分不同的力学、光学、磁性和电性质。因此，可能用纳米技术来创造新特征和功能的产品。目前，纳米颗粒已经应用于体育用品、轮胎、抗污衣物、鞋油、防晒品、化妆品、电子产品和自清洁窗户等。

尽管纳米颗粒的一些新性能可能被证明非常有用，能推动经济发展，但它们也暗含着潜在的危险，因为纳米颗粒的毒性和大体积材料是十分不同的。目前，纳米颗粒的毒性可以通过细胞培养或是离体器官（体外）测试、动物测试（在活的有机体内），或通过基于其他小颗粒（非常细微的颗粒）对人体影响知识的原理模型来确定（The Royal Society & The Royal Academy of Engineering，2004；Oberdörster，Oberdörster，and Oberdörster， 241
2005）。但是，对不可降解生物纳米颗粒存在潜在危害的现有知识仍是有限的。因此，哲学家维克特（John Weckert）和摩尔（James Moor）建议将预防原则应用于纳米颗粒风险中（Weckert and Moor，2007）。他们接下来提出更明确的原则构想：

> 如果行为 A 肯定会造成威胁 P，导致一些严重的伤害 E，那么可以应用恰当的补救 R 来降低 E 的可能性。（Wckert and Moor，2007，p. 144）

P 造成的伤害 E 是这里的威胁成分（1），“肯定的”是指不确定成分（2），补救 R 是行为成分（3），“应用”是指规定成分（4）。维克特和摩尔认为将他们的风险预测观点应用于纳米颗粒，“将至少需要一个一致的尝试，来确立对于健康和环境的风险，并且可能减缓产品的发展直到威胁可以被恰当的评估”。荷兰健康委员会在把预防原则应用到不可生物降解的纳米颗粒上也得出相似的结论：在这些颗粒变成产品和大规模的进入市场前，它们的毒性应该被合理地调查（Health Council of the Neherlands，2006，p. 15）。

二　作为一个社会实验的工程

正如科学一样，工程也是实验性质的。在科学中，假说是从理论推断出来的并还要通过实验检验。通过实验，一个假说可以被证明为真或证明为假。与之相同，新设计的产品也可以被看作是合适功能产品的假设。假设要通过模拟和实验室实验、小规模实地测试或临床实验（在药物案例中）来检测它们是否能合理运行。尽管这样的模拟、实验、测试和试验在工程中非常重要，但是在技术产品的功能和所包含的危险和风险方面，它们通常不能提供完全的和可靠的知识（第六章第二节第三部分）。因为种种原因，在新技术进入社会之前，完全预测它潜在的危险通常是不可能的（Krohn and Weyer，1994）。

1. 为了实行风险评估，首先需要确定可能存在的危害和失效机理。但是特定的危害也很可能会被忽视。在实验室实验中也是这样，特定的危害可能并不呈现于表面，它们可能在技术进入社会后才会显现。塔科马海峡吊桥（第八章第一节）和德国 ICE 列车案例（第六章第一节）就是部分未知失效机理的例子。

242 2. 实验室和实地试验并不总是能代表实际生产运行的情况。需要明白的是在实际应用中哪些情况是相关的以及在完成好的测试中，哪些情况是无关的，这方面相关知识只有在产品进入社会后才可以得到。一个例子就是在第六章第二节第六部分中讨论的 2, 4, 5 – T 案例。

3. 风险可能是由于物质长期积累的影响造成的，有时也是与其他物质之间的相互作用造成的。例如，DDT，二噁英和放射性辐射的潜在影响。长期积累或相互作用的影响很难在实验室中研究发现。因此，实际的测试必须通过产品在社会中的使用来进行。

4. 自然和社会技术系统可能被描述为循环的和非线性动力的。即使一个自然循环系统是确定性的，由于这种动力的发展，潜在的危害也不可能被预测。唯一获得影响的方法可能就是将新的技术或物质引入社会。

以上暗示出至少在某些情况下社会变成了工程实验的实验室。这意味着，通过技术在社会的实际运用，其功能和可能的危害和风险才能被测试到。但是，不同于传统科学实验，**社会实验**如果发生某些错误通常很难终止。而且在使用新技术的社会实验中，后果可能是更大的且会对第三方造成影响。如果一个基本粒子在粒子加速器中没有按照预期运转，这只是个事实。但如果在进入社会之后，一个纳米颗粒被证明有毒，这就不是技术事实而是潜在的灾难。技术的社会实验总是接近大规模的，能产生不可逆转的消极后果，并且通常有人类进入实验项目中。换句话说，这些实验会带来重大的社会后果。尽管，也许是因为所提到的工程实验的社会特征，很难确认社会已经变成新技术的实验室。正如欧洲科学管理专家组所写：

> **社会实验（Societal experiments）**：把一项新技术引入社会而成为一场社会实验，通过技术在社会的实际运用，其功能和可能存在的危险和风险才能被测试。

> 我们不可避免地处在一个实验状态之中，尽管这不会在公众视野和公共谈判中体现出来。如果公民通常没有经过沟通商谈就被纳入实验项目中，而且在实验中也是匿名的，之后就会被提出一些严重的伦理和社会问题。尽管对于这个问题，没有简单或现成的解决方案，但如果我们关心的是公众信任，那最小的要求无疑就是我们要知道公众的困境。（Felt et al.，2007，p. 68）

一个关键的问题是，在什么条件下新技术的社会实验是可接受的。其中一个已作为重要判断而提出的原则是知情同意（第八章第五节第一部分）。自从第二次世界大战之后，知情同意就成为包含人类主体实验的主导原则（Whitbeck，1998a）。在此之前，主导的伦理原则是实验者是否愿
243 意让他或她自己参与到实验中（Whitbeck，1998a）。对于包含以人为对象的药物实验，知情同意通常是法律的要求。例如，以人为实验主体的药物试验，要定期公布在当地媒体上。对于其他的实验这可能并不是法律要求，但也应该被视为一个重要道德标准。

工程伦理学家马丁（Mike Martin）和辛津格（Roland Schinzinger）提出把知情同意原则应用于工程的社会实验中（Martin and Schinzinger，1996）。这一应用至少会引发三个问题。第一个问题是，要求人们同意未知的危险或是实验者都不知道的危害，这是否是有意义的。对于一个有着未知风险后果的实验，应该同意什么？这似乎暗示着要接受所有来自实验的风险，因为未知潜在的风险包括任何风险，人们如何能够理性地接受这些实验条件。但是，如果他们没有给出知情同意（这似乎只是理性思维要做的），那么任何包含未知性的社会实验都是不可接受的。

第二个问题是，这个原则的限制性是不是太大了？只要有一个个体反对某个社会实验，那就应该放弃这个实验，即使它能为社会其他人带来巨大的利益。至少在某些情况下这似乎是不公平的。例如，如果对于反对实验的人来说，真正的危险很小，而社会利益很大。当然，比起整个社会来说，实行的工程社会实验是较小规模的，但是如果其中包含大量潜在利益，在这种情况下有时知情同意可能是一个限制性过大的条件。甚至，对于医学实验也提出是否知情同意原则是不公平的质疑，因为它排除了社会上大部分人会获益的实验（Hansson，2004b）。

第三个问题是，如何处理间接参与实验但无法提供知情同意的那些人。一个具体例子是子孙后代。例如，将核能引入社会就相当于一个社会实验，它涉及子孙后代，因为核废料会持续辐射几千年；即使废料会被尽可能安全地储存或处理，它仍旧会给后代带来不确定的和可能未知的危险。有些人可能推断，知情同意原则显示，只要它会对后代产生危险，核能的引入就是不可接受的。但是，这个判断可能为时过早，因为其他能源，特别是化石燃料，也会对后代产生危险，因为它们会造成温室效应或在不久的将来不能满足世界能源需求（可持续能源如太阳能和风能）。解

决这个问题的一个方法可能是引入相对于真实同意的**假设同意**概念：在什么条件下可以放心的假设，未来几代人会同意一项对他们有危害的实验？

> **假设同意（Hypothetical consent）**：知情同意的一种形式。如果在符合一定条件的情况下，例如，为了他们或为了他们自身利益而同意应该是合理的，有时人们并不要真正地同意而只要假设同意。

上面提到的问题引发重大质疑，对于技术的社会实验，知情同意原则是否是可取的。当然，重新构想一个原则来解决这些问题也是可能的。如果用个体拒绝知情同意作为社会实验的指导原则，那么该个体需要提出一个替代方法，至少解决主要的潜在道德问题，如对于要经受社会实验却不知道或没有办法表达的人，这 244
是不尊重他们的道德自主。更为具体的是要能考虑一系列原则，如下面所列：

- 应该告知关于实验的实验课题，它的计划、风险和潜在危险、不确定性和未知因素，以及预期利益。
- 社会实验应该由合法的民主机构批准。例如，它们可以是国会，也可以是由国会或政府掌控的政府团体。
- 实验课题应该有一个关于实验的计划、执行和中止的合理说明。
- 实验对象，特别是在实验中遭受危险的对象，应该不让他进入实验，或允许进入但给予额外的保护。
- 实验应该在不同群体之间和不同世代之间公平分配利益和风险。

第八节　小结

作为一名工程师，应该负起道德责任，来确保你设计的技术的安全性。安全并不能理解为没有风险，而是降低危险和风险到一个可接受的水平。本章中用了大量方法来评论工程师们要把这份责任应用于实际的专业实践中。你能使用多种不同的策略来保证设计安全，包括内在安全设计，增加安全因子、增加负反馈机制和提出多重独立的安全壁垒。另外，通过风险评估，风险可以被预测，系统的过程包括四个步骤：排放评估；暴露评估；结果评估；风险评估。在风险评估基础上，能够反映特定风险的可接受性，但风险的可接受性是否只根据风险的大小判断。以下伦理因素对于判断风险的可接受性都很重要：

1. 关于风险知情同意的程度
2. 权衡高风险活动的利益和其不利因素及风险的程度
3. 更低风险的替代性行为的可行性
4. 风险和利益公正分配的程度

反思风险的可接受性，不仅需要技术的和科学的专业知识，也需要伦
245 理的专业知识。而有时工程师在这方面的知识不比其他人多，这就是为什么风险的可接受性通常不能仅由工程师来回答。一方面，这限制了工程师的责任，但是另一方面也给了他们额外的责任，即他们必须告知其他人相关风险（风险沟通）和让他们参与关于风险可接受性的决策。

工程经常会在部分未知的情况下进行——不是技术的所有风险都能事先预测到的。在这些情况下，为了解决潜在的危险，可以采取预防原则，即如果这里有威胁，是不确定的，那么某些行动是强制性的。在工程中这个原则可以通过不同方式被更具体表达出来。例如，它不仅需要附加的安全措施（如上面所讨论的），也要求在技术引入社会之前进行风险评估。尽管预防原则是有用的，但是它不能消除一个新技术引入社会所产生的所有不确定性。新技术引入社会相当于一个社会实验，而问题是在什么条件下这样的实验是伦理上可接受的。经常被提到的标准是知情同意，尽管这个标准是否能被有效应用于社会实验是值得怀疑的。然而，社会实验中对实验的潜在受害者的道德自主的尊重是非常重要的。

表面上，工程的不确定性和未知作用似乎限制了工程师的责任。正如我们在第一章第三节中看到的，知识的后果是责任的一个条件。事实上，技术的发展总是包含着不确定性和未知，因此减少了工程师的责任。另一方面，未知和不确定的风险总是存在，因此工程师要有特殊的责任，因为他们能指出哪里有不确定性和未知，及可能的潜在风险。因此，工程师不仅要告知他们知道的，也要告知什么是他们不知道的，这是很多工程师觉得十分困难的任务。然而，这个能力被视为工程师的一个重要美德。

问题研究

1. 为什么工程师负有安全责任？

2. 不确定和未知之间的差异是什么？

3. 为什么观点“如果技术 x 具有 r 风险是可接受的，那么技术 y 具有相同的 r 风险也是可以接受的”是不合理的？说出 5 种论据。

4. 类型 I 错误和类型 II 错误之间的区别是什么？在风险评估中，你认为何种类型的风险更加糟糕？说出理由。

5. 个体和集体风险之间的区别是什么？核能的危害是个体的还是集体的？这种风险可以通过知情同意处理吗？如果可以，如何处理呢？

6. 为什么风险的平等分配并不总是公正的？举例说明。

7. 作为社会实验，工程的意义是什么？在这个意义上，你能举出在社会中何种工程明显是实验性的例子？说出理由。 246

8. 说出一种技术，其风险是可以接受的，而技术本身是不可接受的。反之，技术是可以接受的，而风险是不可以接受的？

9. 考虑以下情况：一个国家正在为一种罕见疾病的爆发做准备。[①] 如果这一疾病传染到这个国家，600 人将因此而死亡。为了减轻疾病，可以采用以下的减缓方案：

- 方案 A：可以挽救 200 人的生命。
- 方案 B：有 1/3 的概率挽救 600 人的生命，2/3 的概率无人可挽救。
- 方案 C：400 人死亡。
- 方案 D：1/3 的概率没有人死亡，2/3 的概率 600 人都会死亡。

（1）就预期的死亡和拯救人数而言，方案 A 和 C 是不同的吗？方案 B 和 D 呢？

（2）你认为哪个计划方案能被多数人所接受？

（3）能够公正地呈现方案的风险和优势吗？如果可以，又如何呈现？如果不能，呈现不同方案的风险和优势的最好方法是什么？

10. 在对转基因玉米的一项风险评估中，有一种观点认为：“既然我们没有足够的科学证明其对健康有不利影响，那么转基因玉米对健康就不会构成影响。”

---

① Tversky and Kahneman, 1981, p. 453; Martin and Schinzinger, 1996, p. 134.

（1）这种观点合理吗？

（2）假设将预防性原则应用于转基因玉米，把其当作消费者的食品引入。那将意味着什么？

11. 作为一名工程师，你负责一个新的火车隧道的安全。隧道由双向列车轨道组成。每隔 x 米，都会在两个轨道之间建立一个连接点，以便在事故发生时（如发生火灾）乘客更加容易逃离。这将减少由于事故造成的死亡和受伤人数。你需要做个设计来决定 x 的理想值。x 的理想值可能是 100 米，250 米，也可能是 500 米。相关数据见表 8.1 和 8.2.

表 8.1

每隔 x 米连接点	每次事故平均死亡人数	每次事故平均受伤人数	每年额外成本（施工和维护）
x = 50	5	100	500000 欧元
x = 100	10	200	300000 欧元
x = 200	20	200	200000 欧元
无连接点	40	500	没有额外成本

表 8.2

事故发生的概率（每年）	0.01
每列火车的平均乘客数	400
每年平均的火车数	2500

247 **表** 8.3

死亡	500000 欧元
受伤	50000 欧元

相关设计标准规定每次旅行事故乘客受伤死亡个体概率应当低于 10^{-7}，这一设计标准并没有法律约束力。在操作手册中可以找到每次火车事故所造成受伤和死亡的社会成本的相关数据（见表 8.3）。

（1）如果应用设计标准，最大距离 x 是多少？

（2）在古典功利主义的伦理框架下，x 应该是多大？

（3）你认为，理想距离 x 如何决定？

问题讨论

1. 你认为应当由谁来决定风险的可接受程度？工程师、政治家、公司管理层、公众？说出答案并讨论观点，工程师的安全责任是什么？

2. 在决定技术风险和危害的可接受性方面，你认为知情同意是好的原则吗？讨论为什么是或不是。如果你不认为知情同意是好的原则，指出如何保护潜在受害者的道德自主性。或者你认为道德自主性不够重要吗？

3. 风险沟通者应当考虑他们的信息对公众的影响吗？或他们仅仅只要确保人们可以正确解读这些信息并自主作出决定？

4. 如果预防性原则禁止采用必需的措施，你同意预防原则是不一致的吗？解释为什么你认为它是一致的或不一致的，以及这个一致性（不一致性）暗含的原则的可接受性。

第九章　工程中的责任分配

249 学习目标

完成本章的学习后，读者应该能够

- 描述法不责众的问题，并解释它如何应用于工程
- 根据道德公正性和有效性要求判别责任的分配
- 说明道德责任和法律责任的区别
- 区分不同的法律责任概念，并讨论利弊
- 描述在组织中不同责任分配的模式，讨论它们的优缺点，并加以运用
- 描述工程设计如何影响责任分配

本章框架

第一节　引言　/　255

第二节　多手问题　/　257

　　一　花旗银行大厦　/　258

　　二　造成多手问题的原因　/　261

　　三　责任分配　/　262

第三节　责任和法律　/　263

　　一　追责与规则　/　265

　　二　疏忽与严格追责　/　266

　　三　企业责任　/　269

第四节　组织责任　/　270

第五节　责任分配和技术设计　/　274

第六节　小结　/　278

问题研究　/　279

问题讨论　/　281

第一节　引言

案例

自由企业先驱号 250

1987 年 3 月 6 日，滚装客货轮自由企业先驱号在泽布吕赫港外倾覆。海水迅速灌满了整艘船，船上近六百人中只有 383 人幸存，189 人遇难，4 人失踪。造成此次灾难的主要原因是船在起航时，内外艏门是打开的。为了防止乘客身体出现不适和头痛，艏门有时会故意保持打开一段时间，以便让所有的尾气排出。

而关闭艏门是水手长助理的工作，但是他却睡着了。大副需要检查艏门是否关严，并向船长报告。然而在起航时，大副却在栈桥上协助船长工作，而由于没有示警灯，在栈桥上并不能看到艏门是否关闭。之前也出现 251
过几次类似的疏忽，导致船在起航时，艏门是打开的，但是没有发生上述的灾难后果。① 像自由企业先驱号案例，在灾难发生之前普遍存在人为错误。但是造成这场灾难的首要原因是设计问题，因为当甲板进水以后会导致滚装船不稳定。

此外，设计像先驱号滚装船的海运工程师很可能已经意识到船内部的不稳定性。甚至，防止滚装船在甲板进水后快速倾覆也有一个简单技术方案。② 在甲板建立隔离舱就能轻易地挡住水并防止快速颠覆。③ 然而，这样的隔离舱增加滚装船的装载时间，而增加装载时间意味着增加运输成本。另外，隔离舱也降低船的空间利用率，从而降低船的运输能力。在西北欧，船舶公司正面临着火车和飞机的激烈竞争，因此他们不希望看到日益增长的运输成本或者更长的装载时间。

---

① 法院 No. 8074 正式调查自由企业先驱号的报告。London：Crown，1987.

② Platform Ethiek enTechniek TU Delft，Werkconferentie Ethische aspecten van de Ingenieurswetenschappen 19 April 1996，Delif，The Netherlands：1996.

③ Platform Ethiek enTechniek TU Delft，Werkconferentie Ethische aspecten van de Ingenieurswetenschappen 19 April 1996，Delif，The Netherlands：1996.

官方对先驱号沉没的调查于1987年4月27日展开，调查工作由英国最高法院调查委员会高等海事法院负责，高等海事法院不具有起诉权利，但它可以推荐普通法院进行起诉。调查过程中对几种角色的人进行了特别调查，分别是水手长助理斯丹利（Stanley）、大副赛贝（Sabel）、船长勒瑞（Lewry）以及岸上船长克比（Kirby），克比直接负责制定船上引导说明和安全说明。船主中的几个董事也受到审查。调查结果是船长勒瑞被禁航一年，大副赛贝被禁航两年，水手长助理斯丹利免于处罚，船主受到了书面谴责。高等海事法院给予船舶公司书面评估报告是毁灭性的，指出“马虎病”与过失存在于公司的各个层面。

尽管所有的灾难幸存者并没有立即进行起诉。然而，由于部分受到比利时当局和遇难者家属的压力，起诉过程很快在英国展开。到1989年，事情变得清晰起来，船舶公司被指控“企业误杀”，换句话说是由于公司，而不是个人或者个体造成的事故，此时船舶公司汤森·托勒森（Townsend Thoresen）已经被另一轮船公司P&O收购。1990年9月，案件在位于伦敦老贝利的中央刑事法院开审，共有八人受到了指控，除了货运公司，水手助理斯丹利、大副赛贝、船长勒瑞和克比，另外还有三名董事德威林（Develin）、艾尔斯（Ayres）和阿尔辛多（Alcindor）也受到了指控。

当案件开审后，法官要求陪审团的成员忘掉一切他们所知的关于案件的情况，甚至是高等海事法院关于船舶公司的毁灭性报告也不应被使用。检察官试图证明船舶公司和船上的船员出现的错误，即在船离港的时候艏门是打开的，“明显”的正是由于这一错误导致轮船的倾覆。而大多数的
252 证人包括经验丰富的船员都没有发现这一因果关系是“明显”的。法官也认为没有足够的证据表明艏门的打开（原因）与自由企业先驱号的沉没（结果）之间有明显的连接关系。1989年10月19日，部分源于法官的压力，陪审团决定：由于没有足够的证据，所有被告均无罪释放。

主要来源：Van Gorp and Van de Poel（2001），Baeyens（1992）.

自由企业先驱号案例说明一些关于工程责任的问题。首先，它显示要查明和追究由多人参与的，多因素造成的灾难事故的责任非常困难，这种问题被称为多手问题。其次，它表明即使有充足的理由认为某人要为他的行为负有道德责任，但也许他也不用承担任何法律责任，因此产生道德责

任和法律责任的区别。最后，该案例提出如何在复杂的组织活动中更好的分配责任，以避免发生自由企业先驱号惨案。

在本章，我们将首先在第九章第二节讨论多手问题，处理多手问题需要注意工程中的责任分配，我们将讨论工程中的三种责任分配方式，分别是：法律责任；组织模式责任；技术设计责任。我们将论证在每种情况下所产生的责任分配问题，并分别通过道德公平（由合适的人承担责任）和效用（责任分配是否有利于避免伤害和实现有利结果）进行评估。

第二节　多手问题[①]

直到现在，我们的关注重点都是个体工程师的行为责任。然而社会技术的后果是由许多不同参与者相互作用的结果，除了工程师外还包括用户、政府、公司、管理者等。可能认为有人，如果所有的参与者都能分别为自己的行为负责，总结果将有利于社会。这样的假设通常并不成立，正如挑战者号案例（第一章第一节）：决策的分散导致不同的组织各自专注于自己所负责的领域，因而各组织并不认为应对整体的安全负责。自由企业先驱号案例也存在类似的情况。

许多问题通常由于活动的参与人很多，因此很难找出一个特定结果的
责任所在，例如一个复杂的工程项目（Thompson，1980；Bovens，1998）。 253
在某种程度上这是一个很现实的问题，通常在一些复杂的组织或工程项目中很难识别和证明谁应该为什么负责。尤其对于外部人员来说，很难甚至根本不可能知道，谁该为什么负责或者做什么预防措施，谁知道什么或者不知道什么等等问题。如果想让一个人负有法律方面的责任时，这个问题会特别明显，因为法律需要不负责行为的证据，而且该证据必须符合一定的证据标准。

多手问题也是一个道德问题，这是因为它很有可能导致没有人为工程灾难承担道德责任。这在道德上是有问题的，至少有两个独立的理由。第

① 这节内容部分来自 Van de Poel 的手稿。

一，对于包括受害者、公众和工程界的每一个人而言，如果工程灾难发生后，没有人为此负责，这在道德上是不能令他们满意的。当然，寻找责任人有可能是被误解的，但至少在某些情况下应该有人承担责任，这应该是合理的。事实上，一些哲学家已经提出**集体责任**概念，即在一些复杂案件中不考虑孤立的个体承担责任，而是考虑整体的责任。我们可以直观地说在任何需要个体负责的案件中都需要集体承担责任。对于这种情况，局外人很难区分一个复杂的工程应该由个体负责还是由集体负责。承担责任的第二个原因是要从错误中吸取教训，并在以后做的更好（Fahlquist，2006a，2006b）。如果没有人对灾难负有道德责任，这种情况可能不会发生。[①]

> **集体责任（Collective responsibility）**：一个群体的责任。

现在我们可以定义**多手问题**，也就是如果没有任何一个人需要对结果承担责任时，那么就由集体在道德上为结果负责。在这个定义下，自由企业先驱号案例可能不是一个多手问题，因为该案中至少有几个人满足道德责任的条件，虽然难以公平的分配他们需要承担的道德责任。为了说明多手问题，我们下面来考察另一个案例。

> **多手问题（Problem of many hands）**：如果没有任何一个人需要对结果承担责任时，那么就由集体在道德上为结果负责。

一　花旗银行大厦

为了说明工程中的多手问题，我们再来回顾一下第三章第九节第三部
254 分描述的案例：位于纽约市中心的花旗总部的设计与施工案例。这座59层的建筑由著名结构工程师勒曼萨尔设计，并于1977建设完成。1978年，勒曼萨尔通过一系列偶然事件得知这个建筑的钢架结构存在缺陷。在第三章我们关注勒曼萨尔发现这一缺陷之后的事情。在本章，我们重点关注1977年的事情，即在勒曼萨尔发现大楼的缺陷之前。很明显尽管无人知

① 人们有时会认为明确责任可能会阻碍对已发事故和未遂事故汲取教训和公开，因为其主要关注谴责而不是公开和汲取教训。事实也许是重点关注法律责任、损害赔偿以及公众对罪魁祸首的责备。然而，从事故中学习的意愿似乎意味着至少有一些道德责任是可接受的。

道，但当时结构缺陷就已经存在，那么谁该为这个缺陷负责？

为了回答这个问题，我们先简要地描绘结构缺陷的主要原因。我们主要关注三个主要的参与者，正是他们造成了结构缺陷：（1）大厦设计者勒曼萨尔；（2）施工期间将焊接改为螺栓连接的承包商；（3）批准改动却没有告知勒曼萨尔的公司员工。我们认为这三个参与者都不应为 1977 年的建筑缺陷负责，这就带来了多手问题。

花旗大厦的结构缺陷主要由以下两个事件的结合引起：一是大厦的独特设计；二是连接方式从焊接变成了螺栓连接。① 正是二者的结合造成大厦的结构缺陷。将上述两个事件孤立来看，它们都不会对大厦的结构强度造成影响。采用这样独特设计的主要原因是该大厦的首层位于地上几层之上，在地面支撑大厦的四根柱子分别放置在地基四个顶角之间而不是在顶角本身的位置上。之所以采用这种设计结构是因为大厦原址上有一个教堂，在大厦完工以后要保持教堂原样。然而，勒曼萨尔在 1978 年发现，由于采用了螺栓连接，这座独特设计的大厦，在遇到强风吹击时倾斜角度可达 45 度。而根据纽约市的气象记录，发生足以引起大厦总体结构失效的风暴概率是 16 年一次（也称作 16 年一遇）。②

现在我们对造成花旗银行大厦结构缺陷的原因有了一定了解，接下来我们分析刚才提到三个参与者是否都能被合理地追究相应责任：勒曼萨尔、承包商和审批人（公司职员）。在这之前，我们先回顾第一章第三节提到个体承担道德责任的条件，那么上述的三个参与者如果要对结构缺陷负责仍需满足以下条件：

1. 他做了错误的事情。
2. 他的错误与结构缺陷存在因果关系。
3. 他已经知道建筑的结构缺陷。
4. 他的行为不受约束。

对于第四个条件，三个人都符合，因为他们不是被迫行事。第二个条

① 事实上，也有第三种因素：勒曼萨尔团队的人将对角风支撑规定为衍架而不是柱体，所以并没有考虑安全因素。这一小部分连接的结果会增加结构的缺陷。跳过这一点，没有这个错误，建筑本身也存在结构性缺陷，虽然失效的概率可能低于每 16 年一遇的概率，但这个概率仍然高得不能接受。

② 电动阻尼器设计的建筑，如果功能将减少到每 55 年失效一次的概率。然而由于暴雨中造成的断电，阻尼器可能会失效。

件他们也都符合，他们每个人的行为都造成结构缺陷的出现，例如，连接方式的改变（承包商），批准设计变更（批准者），特别设计的选择（勒
255 曼萨尔）。

这里最关键的责任条件是知识条件（个体对缺陷的认识）和错误的条件。如果加上这些条件，就会出现下文的情况。勒曼萨尔不需要为1977年的事情承担责任，因为他不知道连接方式从焊接变成了螺栓连接，并能预见到正是这一改变成了大厦结构缺陷的关键。对于承包商，他当然知道连接方式的改变，他也可能知道大厦的独特设计，但他可以说自己不知道二者相结合会导致大厦产生结构缺陷。这里有个原因可以解释为什么说承包商可以或者应该不知道这种缺陷：第一，在正常情况下将连接方式改为螺栓是没有任何问题的；第二，承包商不是像勒曼萨尔那样的专业结构工程师，由于缺乏相应的专业知识，他不可能预见到会导致结构缺陷。此外，承包商的申请也获得批准，因此他是没有过错的。最终，承包商也不能被追究相应的责任。

那么批准连接方式改变的审批人呢？他能够预见连接方式的改变将导致结构缺陷吗？如果真是这样，他会错误地批准这种改变吗？这里同样有许多理由解释公司职工不需要为自己的行为负责。根据摩根斯顿（Morgenstern）描述，勒曼萨尔也认为：

> 采用螺栓连接在技术上是可行的，从专业角度讲也是正确的。即使最终的结果是失效的，勒曼萨尔也认为对他的设计变更是合理的，如果位于曼哈顿工地的每一个决定都需要来自剑桥的批准，那么这个大厦将永远不可能完工。最重要的是现代摩天大楼是如此结实，发生灾难性的崩塌是不太可能的，因此当工程师开始寻求方法来限制大厦的晃动（焊接接头的目的），他们这样做是只为了增加住户的舒适感。（Morgenstern，1995）

此外，当得知大厦的连接方式改为螺栓以后，勒曼萨尔不得不花几周时间对此进行调查，并被他的学生质问如果发生斜对角45度的风会对大厦结构造成怎样的影响。即使勒曼萨尔可以或者应该能够在连接方式改变的情况下预知大厦的结果缺陷，审批人是无法预知的，那是因为与勒曼萨

尔相比，审批人对大厦设计原理和经验知之甚少，因此他也不能被追究相应的责任。结果变成所有的参与者都没有被追究责任。综上所述，表面上看这是一个多手问题，现在就需要集体来为此承担责任。

在花旗银行大厦案例中，我们可以将勒曼萨尔、承包商和审批人看成一个集体。我们假设这三个人可以合作和分享信息，将责任合理地归咎到集体需要运用一些条件。我们将假设这些条件与曾经应用于个体的情况类似，也就是说，集体的不受约束的行为导致因果关系，应该已经知道这种行为结果，以及可能犯下错误。[①] 很明显，集体的不受约束的行为和个人不受约束的行为一样。集体也对结构性缺陷构成因果关系。不太明确的是 256
集体是否符合知识和错误的条件。

集体满足知识条件的重要论点是，如果他们分享了知识和专业，他们就应该会知道该建筑存在结构缺陷。事实上，在 1978 年被告知焊接到螺栓链接的改变后，勒曼萨尔就知道这一缺陷。

错误条件也满足吗？从结果论来看是满足的。高达 16 年一遇的结构性破坏是不可接受的，应该没有工程师会提出质疑。另一种可能的说法是该建筑仍然符合纽约城市建筑标准，因为该标准只要求考虑 90 度的风，而不是 45 度的风，而该建筑对于后者而言也只存在结构缺陷而已。然而，风的四分法效应早在二十世纪七十年代就众所周知，1899 年的城市建筑规范也已经要求考虑各种可能，即使有些规范后来才有（Kremer，2002）。此外，错误的做法并不限于违反规范。工程师被期望的是应该达到一个合理关护的水平。普理查德（Pritchard）认为，“什么是合理关护？标准是既要符合公众的合理预期，也要被经验丰富的工程师认为是可以接受的做法”（Pritchard，2009）。在这种情况下，结构的创新设计看起来需要考虑 45 度的风（参阅 Kremer，2002）。因此，在 1977 年，对花旗银行的结构缺陷承担集体责任似乎是合理的。

二　造成多手问题的原因

在花旗银行大厦案例中，产生多手问题的主要原因是由于信息掌握在

① 应用这些条件到集体中，提出一个重要的哲学问题，是否集体能做出行动并为之承担责任。这里我们会避开这个问题。

不同的参与者手中。由于信息的分散导致勒曼萨尔、承包商和审批人都不知道连接方式的改变会导致大厦结构出现问题。然而如果站在集体层面，这样的结构缺陷应该可以被合理地预见。这就揭示多手问题产生的一个通常原因是：信息的分散。关键点在于与集体应用相比，每个个体孤立地应用知识可能会产生不同的结果。这就是为什么我们有时会断定没有个体可以合理地预见到一定的危害，而在集体层面同样的危害是可以预见的原因。

个体和集体责任之间产生的冲突也可能发生在其他条件下，如错误的行为条件，例如个体司机对温室效应的责任。个体司机通过使用他们的汽车排放的温室气体浓度—— 孤立地考虑——是完全无害的（假设温室气体排放量低于该水平没有影响），然而所有的汽车司机加起来产生的影响就会为子孙后代带来相当大的风险。在这个例子中，本质上任何个体都没有做错事或存在过错，而从集体层面看显然是有伤害的，所以会很自然地
257 认为做错了事。

多手问题也可能是由于许多条件组合产生的，即每个条件单独来看是没有问题的，但是当它们组合起来就会产生严重的后果。例如，公司雇员知道产品的缺陷，可能——由于组织和组织内的具体程序的分层特性——无权去修复缺陷或提醒顾客注意。他的上司可能有行动自由，但他也许根本不知道这样的缺陷。以上表明，花旗集团的例子不是一个个案，多手问题可能在工程中（和其他地方）会经常发生。

三　责任分配

集体责任的概念有助于表达这样的道德直觉，那就是在一个复杂的工程中，如果在发生灾难后没有个体应该为此承担责任，就需要集体承担责任。然而，目前为止还不知道可以把哪些人放入集体中承担共同责任。这需要注意集体成员之间的**责任分配**。那么该如何分配责任？在回答这个问题时应该明确为什么要讨论责任承担，是基于以下两个原因：一是如果符合一定条件，让人们对自己的行为和这些行为的后果负责，这在道德上是重要的。在第一章第三节中，我们讨论个体公平承担责任的条件：做错、因果关系、可预见

> **责任分配（Distribution of responsibility）**：把（个人）责任归于或分配给不同的行为者。

性，以及行动自由。我们将之称为**道德公平性要求**。道德公平性要求也可以被应用到积极责任上：在这种情况下认为如果他们能够承担这份责任，人们就应该被赋予积极的责任。除此之外，这也意味着他们应该有办法，也有权力来履行他们的积极责任。

> **道德公平性要求（Moral fairness requirement）：** 要求责任分配必须是公平（正义）的。在积极责任中，可以解释为责任应该被加于一个人，如果根据以下条件——做错、因果关系、可预见性，以及行动自由，该人可以合理地负责。就积极责任而言，也能被解释为个体应该被分配到个体能够承担的责任。

另一个原因是我们想避免产生坏的或灾难性的后果。功利主义认为，这个目标是责任归属的唯一目的。责任分配最好的结果是有效防止伤害，这是责任分配的道德要求，我们将之称为**有效性要求**。有效性要求似乎与积极责任尤为相关，因为此时并没有出错，但它也与消极责任有关，因为它要求人们从自己的错误中学习，并避免做某些事情，这两个目标的前提都是假设为错误承担责任。 258

> **有效性要求（Effecitiveness requirement）：** 责任应该按照具有最好的后果，亦即能够有效地防止伤害（并获得积极的结果）的道德要求来分配。

我们将假设一个理想的责任分配是道德上公平而有效的。多手问题表明，有时很难满足这两个要求。如花旗集团的案例，让某个人对这种结构性缺陷负有责任似乎在道德上是不公平的。然而，这种责任的分配或者责任的缺失，似乎并没有非常有效地避免伤害。怎样才能兼顾公平性和有效性的要求？这个问题没有给出明确的答案。相反，我们将在下面讨论责任分配的一些机制以及道德公平性和有效性。这些机制就是法律（第三节），责任分配的组织模型（第四节）和技术设计（第五节）。

第三节　责任和法律

责任不仅是一种道德观念，也是一个法律概念。然而，责任概念在法

追责（Liability）：根据法律的一种回溯式责任。通常与支付罚款或赔偿损失、恢复原状的义务相关。

律上的运用与在道德上不同。因此，我们将用**追责**来指称法律上的责任。法律责任与道德责任在哪些方面不同？首先，个体承担法律责任和道德责任的条件或基础通常是不同的。法律规定的责任条件，根据不同类型的行为，不同类型的结果以及在不同的国家可能都会有所不同。对于道德责任，通常使用第一章第三节中设置的条件。这种差异意味着正如在自由企业先驱号案例中他/她很可能不需要承担法律责任时，其在道义上有责任对自己的行为负责。与之相反，一个人也可能只需要承担法律责任，而不用背负道德责任。其次，在法庭上法律责任是建立在一个正式和规范的程序基础之上。它要求法官或陪审团作出裁决，责任条件必须被证明适用于正式的法律意义，而道德责任更多的是非正式的。第三，法律责任通常意味着有义务支付罚款或偿还赔偿金，而这并不意味着负有道德上的责任。第四，法律责任通常适用于不好的事情发生以后，而道德责任在不好的事情发生之前和之后都有所关联（积极责任，见第一章第四节）。[①] 例如，自由企业先驱号案例中的一个争论：工程师要有积极的责任设计包括一些安全措施，如隔离舱的设计，即使他们不这样做也不用承担法律责任。道德和法律责任之间的关键区别总结在表 9.1 中。

即使法律责任和道德责任是不同的概念，人们也可能会试图让它们尽可能相似。例如，一个人谨守职责，在相同条件下可能会被认为是消极的道德责任。支持将道德责任转化为法律责任的一种论证是，如果在道德上不负责任的行为不会承担相应的法律责任，那么就会造成缺少道德行为的
259 动力，也就很少有人这样做了。然而还可能怀疑人们倾向于不道德的行为，除非他们会受到惩罚。这种论证支持在道德责任的基础上谨守职责，其考量是建立不道德行为的法律并不可取。但是，法律在某些方面偏离道德并不一定是不道德的，其中一个原因在于不是每件事情都能既满足法律的要求，也满足道德的要求（见第四章第五节混淆法律与伦理的谬误）。

---

① 法律有时候也暗含前瞻性的责任（如，父母对子女的责任），但在这里，我们主要关注事实发生以后的责任。

在很多国家，通奸在法律上并没有被禁止，但并不意味着其符合道德要求，相反法律在这方面并没有要求。

表 9.1　　道德责任和法律责任的主要差异

	道德责任	法律责任
定义	道德过失责任条件：错误做法、因果关系、自由和可预见性	基于法律规定的条件
确定	可以非正式地确立；你可以自己考虑你是否是有责任的	在法庭上建立完善的规范程序；需要司法证据
承担后果	不需要惩罚或补偿	通常意味着支付罚款或赔付损失义务
判定路径	回溯与前瞻	回溯

因此，这两种论证并不必然导致道德责任和法律责任必须一致的结论。但是法律以及由此产生的责任不可能永远适用于所有情况下的道德责任。因此，即使一个人永远无法将道德责任转化为法律责任，在一些情况下，即使他或她的道德责任是有争议的，让其承担法律责任也是可取的。即使他们不能合理地承担道德责任，让他们承担法律责任会使他们更加谨慎，并防止负面影响。所以，通过多种方式来解决问题。换句话说，将其归于法律责任是基于效率的考量而不是基于道德公平的考量。下面，我们将讨论把法律责任作为防止技术不良后果的手段的可能性和局限性。

一　追责与规则

法律责任是一个可以用来处理技术社会后果的法律手段之一，当然，这不是唯一可能的手段。另外的主要法律手段是**规则**，规则可以禁止特定技术产品的开发、生产和使用，但多用来为技术的设计、生产和使用制定一系列限定条件。在第六章第四节 260
中，我们已经看到这种规则为技术设计制定了规范性的框架。如果这种规范性框架满足一定条件，它可以被当作一个处理技术设计引发的道德问题

> **规则（Regulation）**：是可以禁止某些技术产品的开发、生产或使用的法律工具，但多用来为技术的设计、生产和使用制定一系列限定条件。

的很好的方法。然而，这种规范性框架在激进的、创新设计的情况下通常不存在，其中一个原因是规则一般是基于现有的技术知识、结果和过去的技术经验。因此，规则往往不能处理创新带来的变化。最终规则或许会导致必须禁止某些创新，或者落后于技术的发展。

考虑到创新带来巨大的经济和社会效益，如今大多数政府都避免禁止某些创新的规则，结果是规则往往滞后于技术的发展。这主要是知识和经验不足的问题，而因为法律规则制定是一个漫长而繁琐的过程，即使发现某些技术的负面影响，也可能要几年时间才能在新法规中得到充分解决。在这种情况下法律责任可以提供一个非常有吸引力的可选择的法律框架来处理技术带来的社会后果。

法律责任并不需要政府预见到新技术的后果，而是使得开发技术的人——通常是公司和他们所雇用的工程师——在一定条件下对技术带来的后果承担法律责任。可能有人认为掌控技术的发展的最应该承担责任，因为他们拥有创新及其影响方面的丰富知识，而且也处于最佳的位置去避免某些缺陷产生。甚至一项法律责任应该会刺激他们采用积极的道德责任。接下来的问题是：刺激这一行为的最好的法律责任形式是什么？

二　疏忽与严格追责

> **疏忽（Negligence）**：不遵守一定的义务。疏忽常是构成法律责任的一个要件。在法律上，为了说明存在疏忽，常常需要有证据表明：负有义务，违反义务，造成伤害，以及破坏行为和伤害或损失之间存在一个因果关系。

> **关怀义务（Duty of care）**：法律义务是在实行任何可以预见的伤害他人的行为时，坚持一个合理的关怀标准。

一个人承担责任必须满足的条件取决于法律。虽然法律因国家而异。但在西方世界的大部分地区，法律责任的主要条件是**疏忽**。为了对疏忽进行索赔，必须予以证明：

1. 应尽的义务。通常是**关怀义务**，这是个体的法律义务，在实行任何可以预见的伤害他人的行为时，坚持一个合理的关护标准。关怀义务通常出现在特定的关系中，如父母与子女之间或业主与租客之间。此外，工程师和公众之间的关系也被定义为这样

一种关怀关系。对于工程师而言，关怀标准既取决于公众对工程师的合理 261
预期也取决于日常工程实践。因此，关怀义务有时是基于工程师隐含的道德责任，并不需要在法律中做出明确的解释。

2. 违反该义务；

3. 人身伤害或损失；

4. 破坏行为和伤害或损害之间的因果关系。

疏忽不要求被告实际上预见损害，但一个理性的人处在被告的职位，应该能够预见到伤害。

与疏忽相比，**严格追责**不要求被告只是因为疏忽承担责任，而只要被告人从事风险性活动，且这种风险活动造成伤害。技术创新在这种意义上而言很明显是一种风险性活动，它可能会对社会带来未知的危害。因此，创新是严格责任的“潜在候选人”。事实上，美国和欧盟国家承认**产品责任**，要求制造商对产品的缺陷承担责任，而不需要制造商行为过失的证明。

严格追责（Strict liability）：一种追责形式，不要求被告只是因为疏忽承担责任。

产品责任（Product liability）：制造商对产品的缺陷承担责任，而不需要制造商行为过失的证明。

欧盟理事会产品责任指令 85/374/EEC

第 1 条：由产品缺陷造成的损害，生产者应当承担责任。

第 4 条：应要求受到损害的人证明损害、缺陷以及缺陷和损害之间的因果关系。

第 6.1 条：考虑所有的情况，当产品不能提供给人预期的安全时，它就是有缺陷的。

第 7 条如果生产者能够证明：……（e）当他把产品投入流通时，当时的科学和技术知识还不能发现缺陷的存在，他不应承担本指令产生后果的责任。

第 15 .1（b）条：每个成员国可以通过放宽第 7（e）条规定，维持
或……提出生产者应当承担责任，即使他证明在他把产品投入流通时，当 262
时的科学和技术知识的状态并不能使其发现缺陷的存在。

对技术产品施加严格追责的原因之一是它促使工程师和其他人在创新中要非常小心，例如，通过调查对可能产生的危害采取预防措施。因此，严格追责可能会提升安全性。事实上它可能是满足穆勒的自由原则（第三章第七节第二部分）或关于技术风险（Zandvoort，2000）的知情同意原则（第八章第五节第一部分）的唯一方式。这两个原则禁止人们遭受（未知的）风险，除非是他们同意的风险或危险活动。

然而，严格追责也有缺点。首先，严格追责可能放慢创新的步伐。这通常被认为是不可取的，因为创新是当今社会和技术进步的重要源泉。反对者认为，严格追责并不禁止创新，而是要求要谨慎创新。其次，当他们没有过错或无法预见损害时，让他们承担责任似乎在道德上是不公平的。如果应用严格追责，工程师或他们工作的企业可能会对技术危害承担责任，虽然不是道德上的责任（如果用在第一章中讨论的条件来理解道德责任的话）。另一方面，对于潜在的受害者而言它似乎也是不公平的，他们必须承担损害：比起工程师防止损害，他们可以做的甚至更少。事实上，欧盟引入产品责任的动机之一是严格追责（也称为“无过错责任”），在他们看来会导致更公平地分配技术创新的风险和收益：

> 无过错责任作为生产者的一部分是充分解决问题的唯一途径，特别是我们这个时代日益增长的技术化，风险的公平分配是内在于现代技术产品之中的。[①]

尽管如此，欧盟产品责任指令为缺陷产品提出了一个例外条款，即产品投入流通时，当时的科学和技术知识状态并不能提前预见缺陷的存在。[②] 这种不可预见的风险被称为**发展风险**，大多数产品责任都将发展风险看作一个例外条款。

> **发展风险（Development risks）**：产品责任的一种情况——产品投入流通时，当时的科学和技术知识状态并不能提前预见存在的缺陷。

① 理事会指令 85/374/EEC。

② 各国都有自由将这一指令排除在法律之外，但大部分欧盟国家都遵守这一指令。

发展风险作为例外条款是基于两方面考虑。其中之一是对创新过多的阻碍；另一种是让生产者对他们无法预见到的危害承担责任在道德上是不公平的。虽然这两种考虑都是合理的，但是值得怀疑的是他们是否提供一个确凿的论据把发展风险从责任中排除。首先，把发展风险从责任中排除似乎是不发展关于新产品潜在危害的科学和技术知识的一个红利：一旦获得这些知识，就可能需要承担责任。从效率角度来看，这显然是不可取的，因为这可能意味着社会不必要地承受某些风险。其次，即使不可能事先预测新技术的各种危险——正如在第八章所看到的，也有很好的理由来假设这样——应该明确的是，未知风险的受害者应该承受伤害而不是把产品引入整个社会。欧盟对产品责任的公平性论证似乎也适用于发展风险。 263

三　企业责任

不仅是个人，企业也可以承担法律责任。在这种情况下，企业会被视作法人，这就是所谓的**企业责任**。在自由企业先驱号案例中，航运公司直接因杀人被起诉。企业责任的一个主要优势在于，受害者或政府不需要找出公司中负责的个人。例如某产品存在缺陷，他们可以把公司当作一个法人直接起诉该公司。如果公司作为法人被认定有罪，那么它将支付罚款或对其所造成的死亡伤害做出补偿。尽管如此，企业责任也存在一些缺点和局限性。第一，企业与自然人不同，并不具有良心，它们“既没有灵魂也没有躯体”，① 而且也不能被判入狱。因此，适用于自然人的法律手段并不一定也适用于企业。

> **企业责任（Corporate liability）**：当企业作为一个法人时，它就负有企业责任。

> **有限责任（Limited liability）**：原则是股东对于企业的义务和债务的责任局限于他们享有的企业产值。

第二，大多数现代企业的特点是**有限责任**（Kraakman et al，2004，pp. 8 –9）。这也意味着股东要对公司的债务和义务承担责任，最大不超过他们共有的企业价值。然而，企业可能造成的损失超过其所持有股票的总

① 归功于爱德华·梭罗，即第一位男爵梭罗（1731 年 12 月 9 日—1806 年 9 月 12 日）。

价值。这些额外的伤害将由受害人来承担。而且因为事实上公司与自然人不同，可以被拆分、兼并或破产而消失。有时破产、兼并或拆分是企业深思熟虑的策略，用来避免或限制责任索赔。

第三，企业责任的道德公平和效率很大程度上取决于在组织内企业责任如何转嫁到个人头上。例如，对公司的责任索赔可能会导致没有造成损害的员工被解雇。另一方面，对造成损害发挥重要作用的管理层很可能毫发无损。在如果他们的行为不违法，且没有证据显示有任何个人责任的情况下尤其如此。这一点在组织中的责任分配需要特别注意，也是我们下面主要讨论的一个主题。

第四节　组织责任①

大多数现代组织的特征是任务和角色的划分。这就牵扯到组织中谁要具体负责。在这一节，我们将讨论在组织中三种不同类型的责任分配方式：

264 1. 等级类型，在组织的层次结构中最高级别的人员负责；

2. 集体类型，组织中的每个成员被整合起来作为一个整体为组织的行为负责；

3. 个体类型，组织中的每个成员对与他或她相关的领域负责。

这些类型首先要确定谁要为那些不良后果承担积极责任。哪种类型是实际适用的，在很大程度上取决于一个组织的正式和实际组织形式。在自由企业先驱号案例中，一些个人，如副水手由于他们睡着了与灾难的因果关系（个体类型）而被起诉。其他人，如德威林、艾尔斯和阿尔辛多被起诉是因为他们属于最高领导（等级类型）。我们也可能提出一些规范性问题，哪种类型是“最佳的”，不仅适用于消极责任的分配（事情发生后），而且也适用于积极责任的分配。有两点考量很重要，首先，在如何分配责任方面，这种类型在道德上是否是公平的；其次，是否可以有效避免不良行为。下面我们将讨论涉及这三种类型的一些问题。

---

① Bovers, 1998.

等级责任

在**等级责任类型**中，只需要组织中最高级别领导人对行为负责。等级类型比较有吸引力是因为它相对简单和清晰。不过在当今社会，等级类型在防止不良后果方面并不总是有效的。一个主要原因是，事实上组织中的管理者在某种程度上是游离于组织之外的。在实践中，组织中的高管往往很难及时得到正确的信息，或有效引导下属组织的行为。然而，在组织造成伤害以后，他们获得的知识将激励管理层收集必要的知识，以更好的驾驭组织。等级责任类型似乎也是道德上不公平的。如果管理者对他们组织内发生的事情没有很好的了解，仅仅只能在有限程度上做引导，那么他们怎么能对不良行为负责呢？因此，严格以等级进行责任分配也会导致道德上的反对。

> **等级责任类型（Hierarchical responsibility model）**：只有组织中的高层人员对组织行为负责的类型。

集体责任

集体责任类型，即集体中的每位成员都要为同一集体中的其他成员的行为负责。集体责任类型对大型组织不是很有吸引力，因为它不可能在不同程度上对集体成员分配责任，致使每个人都要为集体组织的行为承担平等程度的责任。这一类型不能对造成过错或尽力阻止某种伤害的个体差异进行说明，通常在道德上是不能接受的。集体责任类型的另一个缺点是没有人会对组织整体活动的结果负责。而不管作为个体是否对这一行为做出贡献，事实上每个人都对整个行为负有同样的责任。在这种情况下，特别是在大型组织中，对那些怕管闲事而自讨苦吃的人来说是有吸引力的。集体责任类型仅仅适用于一些比较特殊的情况。引入集体责任类型的一个重要条件是集体成员之间必须能够有效地相互影响，[①] 这就要求范围较小和集体成员之间的平等。大型组织

> **集体责任类型（Collective responsibility model）**：集体中的每位成员都要为同一 265
> 集体中的其他成员的行为负责（以及集体的行为负责）。

---

① Dovens 提出适用于集体责任的四个条件：（1）集体特征必须事实上是高度团结的；（2）高效的、专业的外部监督不可行；（3）对其他成员或集体行为负有责任的个体应该预先认识到，这种类型的责任将被采用；（4）承担责任的个体应有机会对最终结果发挥某种程度的影响。

通常不会满足这种条件。实现这一要求的可能性是努力实现较小组织以更加团结的小组织。

个人责任

> **个人责任类型**（**Individual responsibility model**）：在这个类型中，每个个体只要他或她符合个体责任的条件就应该承担责任。

在**个人责任类型**中，每个人都会承担责任，只要他或她符合在第一章第三节中讨论的个人责任的条件。这个类型的一个主要优点是它在道德上是公平的。该类型也是有效的，因为它鼓励个人负责的行为。尽管如此，正如我们所看到的，个人的道德责任可能会带来多手问题，集体组织可能带来不良后果，任何人都无法负责，这显然是这一类型的缺点。然而，从这一点不能断定不应该应用这一类型。人们也可以通过某些组织措施来避免这方面问题，如更好地分享信息或授以员工与他们个体责任相应的权利。后者例如可以制定利于内部揭发的好的公司政策，这样员工就可以放心地提出问题而不用担心被解雇（第二章第三节第四部分）。

结论

显然，就道德的公平性和有效性而言，以上讨论的类型都是不理想的，也没有单一的答案可以告诉我们在组织中责任如何才能被最好地分配。应该指出的是在特定情况下哪种类型是最适用的，部分取决于组织在实际运行中的问题（和组织的法律地位）。例如，如果一个组织是严格按照等级运行的，那么应用集体责任类型既是道德上不公平的，也是无效的。然而，这种关系也适用于另外一种情况：在特定的情况下或特定的任务中如果某一责任类型被判定为最可取的，可以尝试使组织符合这种责任
266 类型。下文讨论这样一种情况，即为了某一责任类型，必须成立一个设计团队，做出某项选择，进而有助于设计团队的组织设置。

安全责任应该如何分配？

假设你是一家生产汽车公司的工程师，研发部主管要求你为一个新卡车的设计成立一个设计团队。成立设计团队时你必须考虑的一个问题是如何为卡车的安全分配责任，其实问题并不在于如何在给定的组织设置中分

配责任，而在于如何最佳地分配这一责任，以及接下来使组织的设置符合这一分配（显然，在你的考量中，与责任相比，其他关于安全的考量扮演很重要的角色，但我们会暂时撇开这些考量）。在这种情况下，你可以先制定安全责任分配的必要条件。例如，有人可能会考虑以下必要条件：

1. 所有被分配了某种责任的个人（或团体）应该能够履行这些责任。

2. 对于局外人，也就是说那些不是设计团队成员的人，如果有一个卡车出现安全疑虑或问题，应该很清楚由谁负责澄清。

3. 从卡车安全的意义上来说，责任分配应该是有效的。

实现这一目标，在责任分配时可以考虑不同的类型或类型的组合。例如：

1. 等级类型，设计团队的主管负责安全。

2. 集体类型，所有的设计团队成员对卡车的安全负有同样的责任。

3. 个体类型，设计团队的每个成员负有与他或她的个人工作相关的责任。

4. 安全的责任也可以分配给一个特定的安全官员。例如，对于这类关注，许多组织有特别的 HSE（健康，安全和环境）人员。

当我们以上述的必要条件来评估这些类型时，每一个似乎都有特定利弊。等级类型可能在必要条件 2 上做得较好（外人很清楚谁负责），但是否设计团队主管能够监督和管控所有与安全相关的决策也是值得怀疑的，因此，必要条件 1 和 3 不完全符合。个体类型将激励设计团队的所有成员 267
以安全为重。然而，保证卡车的整体安全性要考虑不同工程师（分小组）设计的卡车在不同部分之间的衔接/相互作用，这可能需要一个完整的方法。在个体类型中，没有人可以为那种可能带来灾难性后果的衔接负责，因为任何团队设计成员都很难承担责任。因此个体类型不符合必要条件 2（清楚）和 3（有效性）。在集体类型中，整个团队（每个个体成员）都可以有一个完整的方法来解决安全问题。但是，这一类型是否是有效的（必要条件 3）和公平的（必要条件 1）也是值得怀疑的。因为这一类型假定所有设计团队成员知道和了解其他成员所做的，以及可能带来的影响，而这在实践中可能很难做到。由于这些原因，人们可能会选择安全官员来对整体的方法（必要条件 4）负责，也可能与个体类型相结合，以便使每个成员对他或她所做的工作负责。

在关于责任的哲学文献中，许多作者呼吁加强个体类型（Bcvens，

1998）。应该指出的是如果选择个体类型，这就需要改变当前大多数组织。个体类型要求在组织内部人们可以以积极负责任的方式自由操作①。而在一些组织中，这种自由也是有限度的，而且法律通常将责任分配给整个组织（企业责任），或者是所有者或管理者，而不是个体的雇员。再者，这种方式也反映了大多数组织目前的组织方式和员工的法律地位。正如我们在第二章第三节第四部分中所看到的，例如，言论自由在组织内部不能保证与个人和国家之间的关系程度相同。强化个人类型可能因此需要组织和法律做出重大的改变。此外，个体类型也有很大的缺点，特别是没有人为个体行为所带来的集体后果负责，在所有其他类型中也有为此做出的一些规定，尽管这些类型都有其自身的缺点。据此可以得出这样的结论：通常针对特定情况的需要来量身定做类型组合才是最好的选择。

第五节　责任分配与技术设计②

不仅法律和组织影响责任的分配，工程设计对此也有影响。如：飞机的自动驾驶仪。自动驾驶仪接管飞行员的一部分行动，因此也接管他们一部分任务。设计通常着眼于安全和成本的实效性，以决定哪些任务分配给
268 自动驾驶仪，哪些分配给人类飞行员，但较少考虑这样的设计决策也会影响错误的消极责任。例如，在发生事故时，自动驾驶仪的设计要求是只能在起飞和着陆的时候开启和关闭，一旦发生事故的时候，人类飞行员不能自由地校正飞机飞行，那么也就不再对事故造成的灾难承担责任，因为行为自由是责任的一个必要条件。在这种情况下自动驾驶仪的设计者（生产商）就要对其承担责任。然而，有时候他们也不符合负责任的条件，因此也就没有人被追究责任。那么，多手问题就会发生。即使是选择造成最低事故率的最有效的设计，这仍可能被认为是设计自动驾驶仪的一个不良影响。

① 这里已假定组织能够为个人创造机会履行责任，这种类型责任就可被引用。

② 这节部分源自 Van de Poel（2007）。

另一个重要但却经常被忽视的问题是，如果某些任务通过设计决策分配给飞行员，就应该有明确的条件或可以创造这些条件，这样飞行员就可以负责任地执行这些任务。例如，飞行员需要一些能够引导飞机飞行的信息（知识条件是责任的条件之一）。因此，系统应及时向他们提供正确的信息。但即使是这样的情况，飞行员也要依赖于系统和系统设计师来获得可靠的信息，飞行员不能简单地看向窗外来估算飞行高度。

把责任分配给某些人和在实际情况下这些责任承担者所必需采取的行为之间并不匹配，如：农药 2,4,5 – T 安全的争议（第六章第二节第六部分）。农药的开发人员和测试安全的科学家认为农民会根据说明书来使用该产品。然而这些说明书似乎忽视农民必须劳作的实际情况，现实情况也很难让农民承担分配给他们的责任。

如自动驾驶仪和农药 2,4,5 – T 案例，工业设计不仅把责任分配到个人，也可能意味着劳动和责任更加复杂的分化。如：有些技术需要特定的社会结构才能正常发挥作用。希腊哲学家柏拉图认为要驾驶一艘船，就需要一艘船和船长，而船员需要服从船长的指令。换句话说，驾驶一艘船需要分级的社会结构。与之类似，当代技术哲学家兰登·温纳认为原子弹要求一个权威的社会结构，“原子弹是一个特有的政治产物，只要其存在，其致命性要求它必须由集中的、严格的等级链来管控，以消除所有使其运行不可预测的影响。炸弹的固有社会体系必须是专制的，没有其他方式”（Winner，1980，p. 131）。温纳可能在某种程度上夸大了专制结构的要求，但是原子弹要求一些社会结构的控制，以防止某些滥用似乎是不可否认的。因此，技术可能会进一步要求沿着等级线分配任务和责任，它们也可 269
能会进一步要求更加复杂的劳动和技术分工，正如案例 V 芯片一样（见下文）。

案例

V 芯片

V 芯片是一种电子装置，可以内置到电视机里来阻止暴力的或其他不适合儿童的电视节目（FCC，2009）。美国从 2000 年 1 月开始，要求在所有 13 英寸及更大尺寸电视机上安装 V 芯片。V 芯片的功能如下：电视台

270 播报等级作为节目的一部分，父母通过设置一个阈值等级来编程V芯片，V 芯片会阻止所有超过该等级的节目。

为了让芯片正常工作，它需要一个统一的评级系统和评级机构。后者可以是电视台、节目制作者、政府或独立的评审委员会。在美国，全国广播协会，全国有线电视协会，美国电影协会已经建立一个被称为“电视家长指南”的评级体系。节目制作者或电视台为节目做出评级。电视家长指导委员会监测评级系统的应用，并处理相关投诉。

如果我们把 V 芯片与以往的情况，或美国以外的情况作比较，在任务
271 分工中一些有趣的变化会变得清晰（见图 9.1）。在传统情况下，父母直接决定孩子们看什么样的电视节目，他们这样做大概就是打开或关闭电视而已。大多数国家对电视节目虽然有一些道德和审美的限制，但没有正式或法律限制，例如，“品味不错”。

第二种情况是，节目中包含的评级（见图 9.2），这可以帮助父母决定哪些电视节目孩子们可以看，哪些不能看，在许多欧洲国家都有这一系统。在这个系统中父母仍主要决定孩子们观看的东西，虽然节目的判别部分已经被掌管节目评级的人接管。

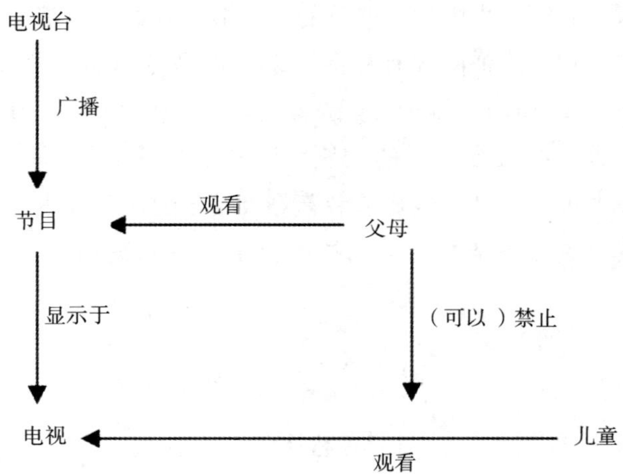

图 9.1　关于电视暴力的传统劳动分工

随着 V 芯片应用，家长的实际作用进一步减弱。如果他们选择使用 V 芯片，他们只需要设置他们的孩子可接受的等级。但是如果这样是他们认

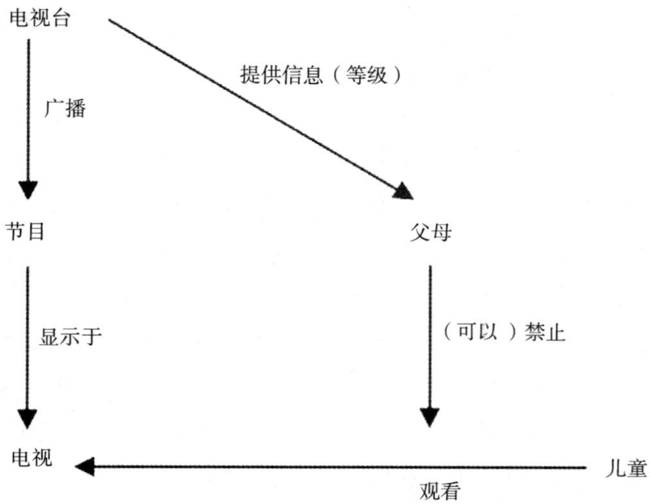

图 9.2　国家关于电视暴力的劳动分工

定——至少是默许——不仅评级体系应用得当，而且评级系统与他们自己的规范和价值观也不谋而合。（见图 9.3）事实上也存在这样一种情况，父母认为是不可接受的，而评级系统则判定为可接受的，与此同时他们可能认为一些节目是可接受的或有用的，而评级系统判定为不可接受的。

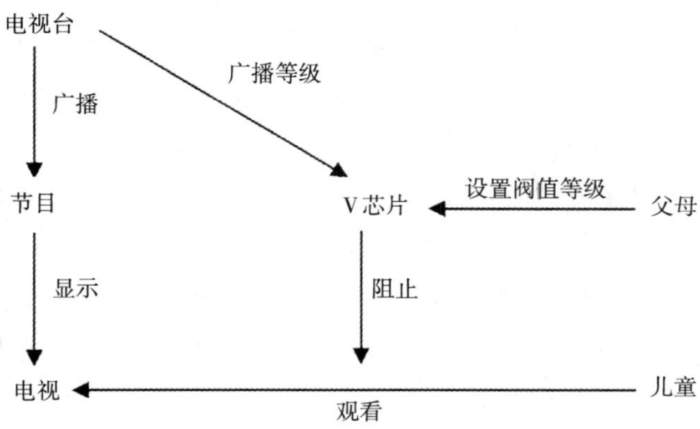

图 9.3　实施 V 芯片后的电视暴力劳动分工

因此，V 芯片给不同参与者分配一些任务和职责。我们可以从有效性和道德公平性上判断由此带来的责任分配。对于有效性，一个主要问题是责任分配的后果是什么？例如，相比没有使用V芯片，会有更少的孩子观看暴力节目吗？V芯片又如何影响播出的节目？电视台和节目制作者获得奖励做出负责任的节目，但评级系统也可能被当作电视节目索然无味的一个借口，因为每个人都有权力使用V芯片阻止他们不喜欢的节目。

关于道德公平的一个问题是涉及的参与者能否合理地承担其被分配的责任。父母可以对V芯片编程吗？电视台可以为节目做出评级吗？这两个问题的答案似乎都是肯定的。引申的问题是这些缔约方是否是承担这些责任的合适的相关方。比如，如果有人认为父母应该为他们的孩子看什么电
272 视负主要责任，一个关键问题是：V芯片减少父母的责任吗（因为其他各方也发挥作用）或它使得父母比之前承担更多的责任（因为他们现在有更好的方法来控制孩子们看什么电视）？有人可能也想知道电视台对节目做出评级是否是恰当的，对孩子看电视是否有影响。一些人可能会认为在自由社会，这些决定应该完全都是父母的责任，而不是电视台的一个合理任务。

第六节　小结

即使所有的技术开发人员都为他们个体行为采取负责任的态度，他们的整体效果也不一定是良性的，一个主要的原因就是多手问题。这正如第一章第三节讨论的个体条件情况下（错误行为，因果关系，可预见性和行动自由），因为没有个人需要负责（技术发展的负面结果）由集体承担合理责任的结果。为了克服多手问题，需要重视责任的分配。在本章中，我们已经讨论分配责任的三种机制：（1）法律；（2）分配责任的组织模式；（3）技术发展。每种情况下所产生的责任分配问题分别通过道德公平（是否由合适的人承担责任）和有效性（责任分配是否有利于避免伤害和实现有利结果）进行评估。

法律是一些人要为他们的某些行为和结果承担责任，法律责任与道德责任对应。一个人需要承担道德上的责任不一定需要承担法律上的责任，反之，如果他要承担法律上的责任就一定要承担道德上的责任。法律责任

也可以作为一种手段防止技术可能带来的负面影响，它可以代替规则。与规则不同的是法律责任不需要预见新技术可能产生的结果。相反，它要求那些开发这些技术的公司以及他们所聘用的工程师，根据实际情况对其开发的技术承担相应的责任，这些情况包括疏忽责任和严格追责，以及其它情况。疏忽责任是由于违反应尽职责所造成的伤害或损坏，严格责任不需要违反职责，只要足以证明其要为造成损害的行为承担责任。与工程相关的严格追责的例子就是产品责任，但是这里产品责任不包括发展风险，即技术在研发过程中不能合理预见的风险。

我们已经讨论三种类型的组织责任分配：等级、集体和个人，每种类型在公平和有效性方面都有自己的优势和劣势，每一种类型都不能为多手问题提供通用的解决方法。在一些特殊情况下，几种类型需要结合应用。273
此外，在技术中工程设计影响责任分配，不同的设计技术可以为用户提供不同的自由度和知识，也会因此影响他们的责任，因为行为的自由度和可预见性是责任的先决条件。技术也可以通过任务的分配来影响责任分配。

即使通常没有一种责任分配方式明显地具有最大的吸引力，但是额外关注责任分配可能有助于避免或至少弱化多手问题。最后，关注责任如何分配的问题就是关注由个体承担的责任，但如果人们仅仅专注于个人责任，也很容易忽略其他责任。

问题研究

1. 解释为什么多手问题是一个道德问题？

2. 你认为在哪些方面公司可以作为道德主体？与人类作为道德主体有何区别？

3. 公司责任的缺点是什么？

4. 严格追责

（1）什么是严格追责？

（2）严格追责以哪种道德原则为基础？

（3）你认为严格追责在所有情况下都是合理的吗？

5. 道德责任和法律责任有何区别？

6. 在组织中三种类型的责任分配是什么？描述这些类型。

7. 哪种类型的责任分配用在勒曼萨尔安全案例中是最恰当的？

8. 解释技术设计对责任分配的影响。

9. 你认为电视台有责任就V芯片对节目分级吗？请解释。

10. 思考以下关于滚装渡轮的安全的附加信息[①]。

在需要制定法律的安全要求方面，国际海事组织（IMO）发挥重要作用，负责船舶的立法。早在1981年，海事组织就知道如果水进入滚装渡轮的甲板，那么它们就会快速倾覆（Van Poortvliet，1999，p. 52）。尽管当时有一个简单的解决方案，但海事组织并没有调整其规范来解决问题。

因为海事组织通过的立法需要政府部门执行，只有政府接受，海事组织公约才必须执行。因此，在制定公约时，重要的是使尽可能多的政府尽量接受这一公约，否则仅仅只会有一小部分舰船才不得不遵守这一公约。如果遵守该公约会花费很多成本，船运公司可以决定悬挂另一个没有批准海事组织公约的国家的国旗航行。因此，国际海事组织也有一定的压力，不发布太严格的安全要求。

除了国家海事组织外，保险和分类公司在安全要求的制定方面也发挥
274 了很大的作用。运营公司从保险公司如伦敦劳埃德保险公司购买船身保险，轮船也需要分级。分类组织是私人机构，必须监督船舶在建造过程中遵守法律，以及在其使用寿命内船舶的适航认证。分类组织仅仅只会考虑船舶的设备和建造，而不会考虑乘客的安全。对于船运公司或设计船舶的船厂，很少有激励措施，国际海事组织公约和船舶保险公司只是要求他们做的更加安全。当灾难发生时，随之而来的调查常常得出的结论是人为错误造成的灾难，只要船建造完成符合规定，很少有人会关注船舶的设计。

（1）讨论以下角色，他们是否要对滚装渡轮的固有的不稳定性负有责任（应受责备）。使用在第一章第三节中讨论的责任条件。

- 设计这些渡轮的海事工程师
- 国际海事组织
- 政府
- 保险公司
- 分类组织

① Van Gorp and Van de Poel, 2001.

- 船运公司
- 造船厂

（2）这是一个多手问题吗？

（3）为了提高滚装渡轮的安全，如何才能做到积极责任的最佳分配？

问题讨论

1. 在技术灾难发生后，如自由企业先驱号、挑战者（第一章）和德国高速列车（第六章），很多关注集中在谁要为其负责。然而，对于工程师而言，主要关注的不是责备谁，而是在未来如何防止类似灾难发生。换句话说，人们不应该注重追溯责任和过失责任，而应该注重前瞻性责任或积极责任。你认为如何？这两种观点互相排斥吗？或他们之间有什么联系？如果人们关注焦点是前瞻性责任，多手问题仍然会是一个问题吗？

2. 文中提到了责任分配的两点要求：道德公平性和有效性。你认为哪一点要求更重要？如何处理两者之间的冲突？

3. 在你的观点中，法律责任是否应该尽可能地基于道德责任？除了道德责任外（如有的话），哪些因素可能与法律责任相关？正如在本章讨论的，你认为目前存在的法律责任的形式会有什么后果？

4. 工程师经常试图通过技术设备提高技术系统的安全性（例如，自动驾驶仪、自动抱死系统、完全自动化程序控制），这意味着系统运营商
要承担什么样的责任？你认为这会使这些系统更安全吗？你认为通过让安 275
全设备提高安全性是一个理想的发展方向吗？或者应该以另一种方式来处理安全问题？

第十章　可持续性、伦理和技术

米切尔·布伦森(Michiel Brumsen)

277 **学习目标**

完成本章的学习后，读者应该能够

- 区别人类中心论与生物中心论
- 描述环境问题
- 反思“可持续发展”概念以及如何为之辩护和实施
- 反思可持续社会里的可实现性
- 将可持续性的考虑纳入设计过程

本章框架

第一节　引言　/　283

第二节　环境伦理学　/　284

第三节　环境问题　/　286

第四节　可持续发展　/　288

　一　布伦特兰定义　/　288

　二　道德理由　/　289

　三　可操作化　/　292

第五节　一个可持续的社会能够实现吗?　/　295

第六节　工程师和可持续性　/　297

　一　在设计过程中要关注的要点　/　298

　二　生命周期分析　/　300

第七节　小结　/　305

问题研究　/　306

问题讨论　/　307

第一节　引言

案例

生物燃料 278

我们如何持续提供能源以满足我们对交通运输的需求？根据已知“石油峰值”理论，石油生产量将会从现在开始减少。与此同时，我们对交通运输的需求似乎会持续增长，这也意味着我们不能持续地依赖石油资源。旨在减少或不依赖石油运输的另一个原因是使用石油产生的汽车废气造成温室效应。

这个问题的一个解决方法是开发和使用生物燃料。生物燃料是从相对而言近期无生命或活的生物材料中得到的固体、液体或气体燃料。生物燃料与化石燃料主要区别是，后者是衍生已久死亡的生物材料。使用生物燃料有两个明显优点：首先，燃料不会耗尽，因为我们总能创造更多；其次，用于制造生物燃料的植物从大气中吸取出温室气体 CO_2，从而降低温室效应。可谓是一举两得。 279

但所有的事情，如果听起来太好就会觉得不真实……事实大抵如此。首先，它加剧全球气候变暖——以上的推断忽略了这样的事实，因为机械的使用及肥料生产的需要，农业也消耗大量能源，这些农作物转化成燃料的过程也会耗费大量能源。显然，如果这种能源消耗出现在植物生长和把最终产品作为燃料的循环“外部”，对全球变暖的影响并不像看上去那么小。也许更重要的是用农作物生产燃料会带来有害的副作用。较高的需求通常意味着更好的价格，农作物如甘蔗、小麦和玉米作物可能会变得更加昂贵，这可能意味着那些已经在努力养活自己的人将不再具有农作物的管理权。①

有人说，第二代生物燃料能解决这些问题，原因是第二代生物燃料是基于非粮食作物的。然而，这种作物的生产还是需要土地、水、肥料，这就可能会出现供应短缺或价格大幅增加的情况。因此，第二代生物燃料可能导致食品价格的间接增加。此外，大量生产这种作物可能会驱动已经存在的负面

---

① 2008 年食品价格上涨，不管是正确或错误，部分原因是生物燃料推动的。

趋势的增长，如森林砍伐（获得可耕地）以及对农业中单一种植的依赖。

第三代生物燃料——细菌或藻类正在被研究和开发。然而，尽管它们在上述方面大大优于第一代或第二代生物燃料，但目前这种燃料的生产成本过高。

来源：Naylor et al（2007）；Inderwildi and King（2009）；Zah et al.（2007）.

许多问题由此产生。我们是否有义务去预防未来的环境问题，即使它们主要是影响子孙后代？让每一代人自己去解决跟他们生活相关的问题不是更好吗？如果我们有这样的义务，为什么？此外，关于生物燃料的讨论清楚地表明，在当代和对后代的义务之间有个权衡问题：在我们努力将用于运输的燃料对未来几代人的影响降到最低的过程中，我们在多大程度上有理由危及目前最贫困人口的粮食供应？其中有一些问题，我们将在本章中指出。

在过去几年里，一些环境问题的例子，如气候变化、森林砍伐、空气污染、土壤污染、可用的洁净水和过度捕捞等引起了政府和个人对环境问题的日益关注。在许多情况下，技术是造成这些问题的一部分原因，但往往也是潜在的解决方案。在道德哲学中，这些问题带来了所谓对“环境伦理学”的关注。因此，我们会在这一章开始做个简短的讨论，什么是我们
280 所理解的“环境伦理学”（第二节）。我们将讨论我们能够区分的环境问题的类型（第三节）。之后，我们将考察术语“可持续性”，如何能够从道德角度论证可持续发展的正当性。最后，哪种可持续能够为之辩护（第四节）。追求可持续发展是不是可以作为一个不可商谈的观点。这些问题的讨论，在这里可以概括为一句话“可持续性，我们应该做的”！问题是：究竟什么，以及在哪种条件下，是我们应该做的？接下来，我们将考虑可持续发展社会的各种可能性（第五节）。在第六节中，我们将具体考察工程师在这一过程中所扮演的角色。

第二节　环境伦理学

伦理学首先且最重要的是涉及到人与人之间的互动关系。所以，即使

你可能遇到的观念是人们对于环境负有一定的责任，但这一观念事实上在道德上是正当的吗？

在这个问题上可以给出两种不同的解答。首先，对环境保护的责任是来自人类和社会的责任。如果我们随意污染环境，燃尽我们现有的化石燃料而导致资源枯竭，有可能对当代人和后代造成严重的后果。环境伦理学中，这种观点被称为**人类中心主义**（Achterberg，1994）。这一立场声称环境只有工具性价值，只有被我们利用的价值（Baxter，1974）。但是有人有可能认为，出于自身利益的原因，我们必须采取影响深远的措施以长期地保护环境，一个健康的环境对于满足人类基本需求，如食物、洁净的空气和干净的水源等是十分必要的。第二个解答认为自然环境有其自身的价值（内在价值），因此应该在道德方面进行考虑。这被称为**生物中心主义**。所以，即使环境（或者部分环境）没有任何使用价值，它仍然具有道德价值。内在价值的概念源自环境伦理，并且在许多相关保护环境的政策文件中都会发现这种观点。这么做在道德直觉上也是正当的：环境值得保护不仅仅是因为它的使用价值。我们发现这种观点可以完美地应用在艺术上，为什么不可以应用在环境上呢？

人类中心主义（Anthropocentrism）：（一种哲学观点）认为环境仅仅只有工具价值；也就说，只对人类来说有价值，自身并没有价值可言。

生物中心主义（Biocentrism）：这种观点认为环境具有内在价值（自身的价值）。

如果环境有道德价值，无论是工具价值或内在价值，它都应该被保护。由此可以得出结论，人们都要对环境负责。此外，工程师负有一个特殊的责任，因为技术对环境有正面和负面的影响，并且正如我们在第一章讨论的，工程师们还有很强的专业知识。工程师们认识到这种责任，正如我们在第二章中看到的职业规范。必须这样做的事实是，在社会上有很多关于环境问题和环境保护重要性方面的共识，而且技术可以在这里发挥重要的作用。

第三节 环境问题

281 环境问题有许多种，而解决它们首先需要明确它们的定义。总体而言，可将环境问题分为三种。

1. 我们谈论的**污染**就是某些物质被排放到环境中。例如空气、水、土壤吸收“异物”，使它们不太适合维持生命。

> **污染（Pollution）**：环境问题在于损害环境或将有害的东西加入到环境中。
>
> **枯竭（Exhaustion）**：环境问题的一种类型，一部分有价值的物质被从环境中消除，而这部份物质是不容易、或者甚至是不能再生的自然资源。
>
> **不可再生资源（Non-renewable resource）**：不能更新或复制的自然资源。如化石燃料。
>
> **可再生资源（Renewable resource）**：能够更新恢复或复制的自然资源。
>
> **退化（Degradation）**：环境结构损害。如土壤侵蚀。

2. 如果有些东西从环境中消失，我们称之为**枯竭**。例如，**不可再生资源**的使用，如化石燃料、矿石，以及材料如热带木材。如果它们只能被消耗而现在或未来没有更多生产，例如种植植物的可能性，我们称之为不可再生资源。**可再生资源**是可以更多地生产出来的资源。所以，当化石燃料不可再生时，生物燃料是一种可再生资源。一种资源是可再生资源但也很容易耗尽，比如过度捕捞。而一旦过度捕捞持续发生数年，再要恢复鱼类种群就不可能了。

3. 环境结构的变化，我们称为**退化**。例如土壤侵蚀、生物多样性减少、温室气体的累积及臭氧层的空洞。注意，退化往往发生在向环境中添加或者从中移除某些物质的时候，所以这些类别并不相互排斥。

前面提到的共识是我们很难发现自身面临的问题：目前严峻的形势是什么，如果我们不采取任何行动，它将会如何发展？我们应该如何权衡环境价值与其他的价值，比如经济价值？而且，我们该怎么保护或维持一个健康宜人的环境（有什么要求?），或者说我们应该努力保护未受破坏的自然吗?

众所周知，人类福祉和福利的延续性受到威胁是由于资源的枯竭，水、空气和土壤的污染，这就意味着必须加大力度维护宜居的环境，环境是人类赖以生存的条件。自从一些问题已经触及社会承受的底线，环境问题也成了重要的社会问题。例如，污染源附近的房屋更便宜些，如住房靠近公路、城市垃圾、主要工业设施等地区。在国际背景下，经济实力较弱的国家在严格环境立法下愿意允许或鼓励企业投资。其中一个例子是大型船舶包括油轮的拆除。涨潮时，这些油轮会全速停靠海滩（如孟加拉国等 282
其他地方）。它们用原始方法拆除，而没有考虑任何环境方面的影响。可以说，环境问题触及了社会底线，但不平等的存在（和它们的持久性）也导致着这些环境问题。在这种背景下，“可持续性发展”最近几年经常被提到。

生态足迹（Ecological footprint）：计算一个人生活方式带给环境的负荷，并将之展现为支持这种生活方式所需要的空间。

可持续发展的核心在于福利的发展，正如我们经历的一样，必须是可持续的（不仅在西方国家也包括其他所有的国家）。事实上，**生态足迹**在目前情况下并不能给予澄清（见图 10.1）。在本质上可以计算一个人的生活方式带给环境的负荷，并将之展现为支持这种生活方式所需的空间。[①] 圆圈代表伦敦生态足迹。[②]

一个重要发现是，每个洲生态足迹的大小差别都很大。世界野生动物基金会的地球生命力报告表明，美国的人均生态足迹为每人 9.6 公顷，欧洲人均 5 公顷，亚洲和非洲为人均 1.4 公顷。目前的世界人口，每人约 1.9 公顷地标面积可用于生产（即，人均土地表面能提供的真正的资源）（World Wildlife Fund，2002）。同样的报告表明，全球污染的总足迹太大， 283
占世界人口总面积约百分二十。换句话说，各种资源的再生能力无法跟上需求。结论很明显，我们不能继续这样下去了。

---

① 互联网提供了各种简化的计算。

② www. voetafdruk. be/htm/voetafdruk/wat/wat. htm.

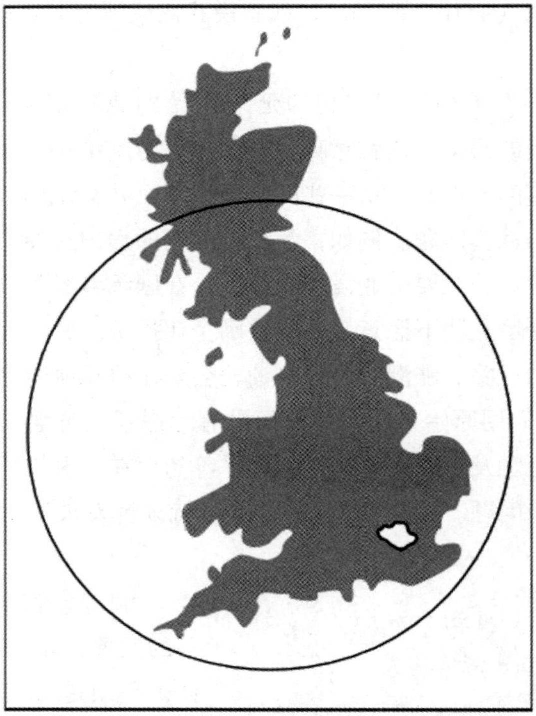

图 10.1　伦敦的生态足迹

第四节　可持续发展

一　布伦特兰定义

可持续发展（Sustainable development）：既满足当代人的需求，又不损害后代人满足他们自己的需求能力的发展。这是布伦特兰定义。

最著名的**可持续发展**定义源自《布伦特兰报告》（见下文）。

可持续发展

可持续发展是这样一种发展状况：即在满足现代人的需求的同时，又不损害子孙后代满足其自身需要的能力。它包含两个关键概念：

● “需求”的概念，尤其是世界贫困人口的基本生活需求，这一点应优先考虑。

● 技术状态和社会组织就环境满足当代和后代需求的能力方面提出限制性措施。

（World Commission on Environment and Development，1987）

可持续发展不仅仅和自然生活环境有关。在这种背景下，有三个因素对可持续发展很重要：生态、社会和经济因素。① 对于可持续性而言，这意味需要考虑某些特定因素：生态价值不能无限制地优先于社会公正性或经济可行性。我们必须知道这三个方面并不是总存在冲突，一种方法或设计的选择能够同时为多个领域带来积极的效果也是有可能的，比如，可以用一种设计来减少所需材料的使用。这无论从经济还是环境角度来看，都是非常有利的。

二　道德理由

可持续发展的核心在于两种公平。第一种公平是关于我们自己一代和 284
后代之间的资源分配公平，即**代际公平**。它所对应的问题是，“我们可以继续使用化石燃料直到完全枯竭，然后让下一代寻找替代品吗?”第二种公平是可持续发展需要的是资源在我们自己这一代内进行公正分配（比较第一世界与第三世界），即**代内公平**。它所对应的问题是，“即使会导致食物更贵，我们也利用农业资源生产生物燃料吗”？这两种类型的公平可以用不同的方式描述。我们将讨论三种理论背景。无论是我们所指的代际还是代内公平，它们都不会有多大区别，唯一的区别是，代际公平是通过时间区分的，而代内公平是通过地域区分的。从道德上来说，这些区别都是微不足道的。但是，理

代际公平（Intergenerational justice）：这种公平指不同年代的人之间资源的公平分配。

代内公平（Intragenerational justice）：这种公平指同一代的人之间资源的公平分配。

① 这也可表述为人、地球与繁荣。在约翰内斯堡举行的可持续发展世界首脑会议（2002），采用的副标题“人、地球与繁荣”反映了这种要求，即可持续发展意味着经济和社会的发展与环境的平衡。从商业角度看，这个标题有时被解释为“人、地球、利润”三大支柱，或三大底线。

论基础的选择将对如何实践可持续发展有一定的影响。

财产权

可持续发展的第一个可能基础源于**财产权**正当分配的历史性原则。[①]关于产权传统的问题是能否证明这些财产是属于个体的。如果将这一历史原则运用到环境和可持续发展中，可以得到如下观点：环境属于全人类，但劳动所得是属于自身所有。然而，这只有在其他人也可以分配到同样数量的情况下才会发挥作用，正如布伦特兰定义中指出的“不损害后代人满足他们自己需求的能力”。我们只有在为后代留有足够资源的情况下，才可以将环境和资源看作是我们这一代的财产。本质上，这是**污染者付费原则**的一个扩展，[②] 或“谁破坏，谁就要负责修复”。其出发点就是，谁对环境造成破坏谁就必须负责修复。

财产权（Property right）：对某些事物或资源，如金钱、土地或环境资源(如干净的空气)的所有权。

污染者付费原则（Polluter pays principle）：谁破坏环境，谁就必须负责修复的原则。

功利主义

功利主义通过下面的方式为代际公平辩护，就是说我们发展的方式已经不允许我们再继续我们的生活方式。这意味着在未来一段时间里所有的
285 总效用会减少。反过来说，功利主义的目标——让最大多数人得到最大的幸福——就不可能实现。因此不可持续发展的路线是不可取的，这一论证涉及到两种观点：第一，总效用最大化需要极长时间，短期内最大化不会导致可持续发展；第二，人们对这种功利性推理存在争论，如果我们现在使用大量资源，而让我们后代发挥他们自已的聪明才智来解决问题，那么在整个周期内预期的总效用将达到最大化，但这一事实陈述的真实性很难评估。除此之外，这种批评表明功利主义在不同人群或整个周期内，对分配的问题不够敏感。在道德上这是令人非常不满意的。

---

① Singer，2002，ch. 2；Locke，1986，1690.

② 在国际上首次提到的原则可以追溯到1972年，经济合作和发展组织（OECO）建议书，关于涉及环境政策国际经济方面的指导原则，该原则指出：“污染者付费原则用于分配污染预防和控制成本以鼓励稀缺资源的合理利用，并避免国际贸易和投资的扭曲。”因为得到大多数经合组织和欧盟国家的支持，它被视为一种地区习惯法。在国际环境法中，里约热内卢环境和发展宣言提到了这一点（原则16）。

义务伦理

义务伦理在金规则（对待他人的绝对无疑的道法律令）基础上为代际公平辩护：“对待其他一代就像你希望别人对待你那样。”（金规则有点类似于康德的普遍法则，见第三章第八节第一部分。）显然，我们不需要很长时间推理就可得出结论，我们不希望其他几代人因为我们没有资源的原因而放弃生活。现在看来，金规则不能用来为代际公平作充分辩护，因为当我们做很多不利于未来的事情时，我们的情况也不会变得更糟——那我们为什么要努力这样做呢？换句话说，一个因果关系的不对称性引发了金规则是否可以应用于代际公平问题。然而，这只是一个明显的问题。金规则不是给别人理由来善待你，而是要自己设身处地去考虑我们应当如何对待他们。因果关系的不对称性不会影响想象力的运用。因此，鉴于我们希望另一代人能对我们好（不管我们是考虑现实的自己或是想象我们是未来一代的一部分），我们都必须对后代的人好。

人们也可以根据绝对律令的第二种方式即互惠原则进行推理。子孙后代应该与所有群体一样对待，他们不仅是一种手段，而且是自己的一个目的。如果我们放纵的生活让后人不能满足他们自己的需求，那么我们视他们为实现我们目的的一种手段，没有经过他们允许，并通过这种方式否决他们努力争取生存的机会。但是，如果我们努力维持满足后代需求的能力，如下的事实就是公正的：后代有他们自己的目标，他们希望以一种合理的方式去努力。

有两种经常被提到的反对可持续发展的论点，它们可以搁置道义伦理学理论。第一个争论是前几代人是否也为我们努力过。除了一个高标准的生活外，我们也面临着大量的环境问题。鉴于我们必须用我们的智慧去克服这些问题，为什么未来几代遇到同样的问题就是不公平的呢？然而金规则并不是有关别人如何真实地对待我们，而是我们希望别人如何对我们，
有人偷了我的自行车的事实不能说明我要去偷别人的自行车。 286

第二个争论是，最大的环境问题是由发展中国家——如中国——的人口和消费增长造成的。这可能导致问题是，为什么我们应该努力去解决一个源自其他地方的问题。然而，我们需要认识到除了关心消耗性增长，这些国家仍然有很多事要做。换句话说，这些问题不在于我们，如果我们自己的福利只能通过否认他人的福利来维持，我们很难坚持福利的公平，我

们只是将他人作为一种手段而不是目的。

对于这个问题，我们需要认识到对环境影响主要是由经济增长与人口增长相结合所决定的。既然物质福利和教育影响人口增长，长远来看，更大的代内公平可能会导致减少对环境的影响，即使在短期内更公平的财富分配将导致更高的环境压力。然而，代际和代内公平的紧张关系也导致出现了对生物燃料问题的讨论，这仍然是一个严重而困难的问题，并不会通过上述理由而完全解决。

三　可操作化

许多人觉得布伦特兰定义是模糊的，从各方面具体情况来看有很多内容可以加进去。爆炸式的增长以及造成的结果让许多人认为可持续发展已经成为一个非常空洞的词语，但我们不应该感到悲观。尽管布伦特兰定义很抽象，但并不意味着不能以一个更具体的合理方式呈现出来。我们应该将它定义成什么呢？进一步探讨的基础是我们应该如何在具体的时间和地点上承担责任。总而言之，布伦特兰定义需要可操作化：当我们谈论技术的可持续设计时，如果我们谈论的是环境政策或者转化为具体的设计准则，那么它应该细化到一些更加具体的政策措施。

重要的是，可持续发展的运作需要规范的选择。而选择涉及到相关方是谁，以及他们应该如何权衡彼此之间关系。制定可持续发展的决策需要符合伦理。我们不应该草率地得出结论，所有进一步的定义都是一样好的。究竟哪个定义是最好的，应该进行伦理讨论。如果你否认这样讨论的必要性，这将导致规范的相对主义及其所有固有的问题（第三章第五节第一部分）。

要点讨论

布伦特兰定义提出最重要的问题是什么？或者这些讨论的问题已经提上日程了吗？

● 需求：这里讨论的是哪一种需求？对当代人的需求有争议吗？在不
287 可持续的定义下，是否限制人口的发展？我们生活的流动性变得越来越大。例如，我们至少有一辆车，我们一年去度假几次（乘飞机），我们渴望宽敞、舒适的生活空间，我们想要最新型号的手机，并且希望整年都可以吃到来自国外的蔬菜。这一切都是很容易满足的吗？如果不是，哪些需求是合法的？这些只是基本需求吗，如食物和住所？如果我们认为他们应该不仅仅有基本需求，我们怎样满足他们呢？

- 当代需求：它们是谁的需求呢？定义较少引用的第二部分清楚地表明，布伦特兰委员会希望首先满足第三世界的基本需求。因此，我们可以推断出，只有环境空间允许，世界上更繁华地区的需求才能实现。

- 子孙后代的需求：我们如何知道他们的需求是什么？从表面上看，这一点可能会导致一个说法，“我们当然不知道50年或者100年后人们的需求，因为50年到100年前的人们显然不知道我们现在的感受！”从需求合法性观点来看，这一解释并不充分：“明显的”需求不一定是合法的。然而，这一点很重要。经济和科技发展可能会将现在合法的需求变成非法的，反之亦然。

- “在不损害子孙后代需求的情况下满足当代的需求”：我们应该将其解释为：我们不能减少后代的选择权，或者我们应该理解为要留下满足子孙后代所需要的空间吗？如果我们基于技术将持续发展概念选择为第二种解释，那么我们认为未来技术应该达到什么样的程度才可以满足需求呢？未来的科技水平是不确定的，我们正在冒的风险可能被认为是不负责任的。此外还有一个问题：技术不会自己发展，它需要我们当代人的工作去研究推进。这就是为什么有观点认为我们不需要做太多关于可持续发展的推测，因为未来的技术将能够更有效地提供未来的需求，现在来谈论很可能会被质疑。

第一个解释，我们不可能以任何方式减少后代的选择被称为**维持现状原则**。从本质上说，相比我们从上一代获得的，我们一定不能传给下一代一个更贫穷的环境。这种观念也体现在我们一定不能依赖环境“贷款”，也就是说，我们不要制造那些相信后代人能够解决的问题。① 上述定义至少有一个主要缺点：更穷的意思是什么？它是否意味着一切都保持一成不变或为了改善环境所做的补偿导致另一方面的环境恶化呢？问题是这种对比很快会变得非常困难，可以用核电站产生电力以降低二氧化碳的排放来补偿 288

> **维持现状原则（Stand still principle）**：相比我们从上一代得到的，我们一定不能传给下一代一个更贫穷的环境。

① 2002年，在约翰内斯堡举行的可持续发展世界首脑会议上，维持现状原则一直是新的兴趣点和辩论的主题。

具有很长半衰期的放射性废物存储吗？认为这个问题的所有答案都是一样好的观点是错误的。有些答案比其他答案更符合伦理，也就是说，它们为可持续发展提供更好的理由。

环境空间

一个经常被含蓄或明显地使用并尝试用其实现可操作化的一个术语是**环境空间**。欧盟国家的第六环境行动计划的目标之一是可再生和不可再生资源的使用不超过环境可以承载的上限。这个术语确定我们可以使用的环境空间大小的科学的、客观的方式。一旦确定其大小，很显然我们必须做的是：必须确保我们对环境的影响不超过我们的环境空间。这个想法与生态足迹的概念相关。如果我们确切地知道一定的面积对环境的影响是什么，那么就可能使用一定面积表示某人对环境的影响。因此，我们必须知道环境的**承载能力**是什么，除了不可逆转的破坏外，哪些破坏是我们可以做的？

> **环境空间（Environmental space）**：（最大的）可再生和不可再生资源使用，不超出环境承载的上限。
>
> **承载能力（Carrying capacity）**：除了不可逆转的破坏外，环境可以承受的破坏程度。

假设我们能够计算承载能力，那么，在可持续性的运作中利用环境空间的概念是非常有问题的。首先，与知识相关的理论问题。不仅有很多是需要我们学习的，而且有些事情是我们永远无法知道的。事实上，当不可逆转的破坏已经变得清晰时已经太晚了。在较小的环境里，可更换系统来检测环境效应，但在像地球一样大的环境里，这简直是不可能的。人们可以做出预测，但这些都是基于一个给定的、稳定的、系统的假设。系统是否相对稳定，它是否在很大程度上可以自我更正，或者是否某种程度的损害会导致越来越不可控的破坏？因此，我们不得不做出这些假设，不可逆的环境损害的风险大小有赖于这些假设。这些风险的可接受性取决于社会后果的可取性或可接受程度，以确保避免风险的发生。我们还愿意为化石燃料环保收集和烟气净化投资多少呢？这些措施可防止我们能源消耗超过环境能够承载的上限，一旦能源的成本上升（涉及成本），很可能使部分民众遭受经济上压力不得不在能源账单上花费更多。

如果我们在环境空间概念上对可持续发展采取措施的话，这可能会使我们将这些规范性问题的回答留给科学家，即使他们在这方面没有特别的专长。环境空间的概念可能是有用的，但我们必须确保规范性问题得到他 289
们应得的关注。

预防原则

当我们考虑不可逆环境损害的风险是可接受时，就会经常提及我们在第八章第七节第一部分的预防原则。正如我们已经在里约宣言看到的，预防原则定义如下："在存在严重或不可逆损害威胁情况下，不应将缺乏充分的科学确定性作为推迟采取成本效益措施以防止环境退化的理由。"可持续发展和预防原则之间的重要联系在于我们不应该把环境负债留给未来的几代人。换句话说，我们不应把我们已知存在的问题留给我们的子孙后代，因为我们自己都不能确定这个问题是否有严重的环境影响。这样我们就不会陷入观望政策陷阱。预防原则的主要问题是禁止得过多。反对者指出，如果我们坚持遵循预防原则，我们现在认为一些重要而可取的技术创新将无法实现。最初认为高速火车运输会带来种种负面效应，如果这种怀疑在当时被认真对待，火车运输不会变得如此重要（见 Schivelbusch，1986）。反对者认为，预防原则提出很高的要求，事实上其中有很多荒谬的要求，因为永远无法证明这些不会造成损害。但是，似乎更为正当的是，我们有合理的理由而不是无可辩驳的证据来证明这不会造成伤害。然而什么是合理的理由？另一个问题在于成本效益。如果我们不知道会发生何种损害，尤其是在不知道发生损害的可能性有多大的情况下，那么预测一项措施在什么时候是否符合成本效益是非常困难的。

第五节　一个可持续的社会能够实现吗？

人们常说可持续的社会根本不可能实现。"可持续发展依然未能实现，因为它不符合成本效益经济说"或者说"消费者根本不想花费更多来支持可持续产品"。然而，我们应该审慎地对待可持续发展是不能实现或者不可能实现的想法。至少必须准确地知道我们想表达的意思。

如果我们说某事是可能或者不可能的，我们在脑海中常有一定的限定条件。没有一定限定条件的讨论可能性毫无意义。而且这些限定条件也已经被讨论过；“我无法完成作业，因为我答应朋友去酒吧”这个借口比起“我不能完成作业，因为我不得不带我妈妈去医院”更不能被接受。讨论并不止于预期缺乏可实现性或不可能性，因为我们必须首先考虑的理由是
290 可接受的，因为我们首先考虑借口。

当我们试图弄明白为什么可持续的社会是不可能实现时，我们经常面临经济上的一些限制条件。“不可能通过第三代生物燃料来满足我们对运输的需求，因为它们太昂贵了。”然而，首先这些表述并不具体。环境损害的代价尚未充分反映在产品的价格中。换句话说，产品的价格并没有充分考虑所有的环境成本。对产品价格中环境影响计算不一致的例子是我们必须支付汽油使用的环境税，但环境税并不适用于改用煤油作为飞机燃料。这就导致这样一个事实，在欧洲许多地方坐飞机比火车便宜。虽然与飞机相比，火车似乎是一种更具备可持续的交通选择。第二，经济限制条件不是自然法则。你无法逃避自然规律，但是你当然可以选择做与经济无关的事情。照顾老人有何收益吗？即便如此，我们仍然觉得我们必须这么做。

有些可持续发展的要求在当前社会中是遥不可及的事情。没有多少人愿意减少他们的流动性来降低对于环境的危害，而这将是道德上理想的事情。我们想去世界其他地方度假，想驾驶自己的车去工作，我们的出行变得如此重要，我们不想把牺牲它作为对可持续发展社会的一个贡献。然而这也可能会改变，虽然它可能不会只是简单地通过一些技术提供替代品就会发生改变。有时有些强烈争论的限制条件使得可持续的选择变得不可能实现。但明确这一点是好事，而不是在没有提供任何理由的情况下终止所有的讨论，说“这是不可能的”。

与经济和社会可实现性相关的一个问题是，考虑到在民主制度中相对较短的时间范围内，我们是否会实现可持续性的社会。政客们不太可能为了可持续的需求而采取严厉的措施。一方面，政客们希望连任，另一方面，政府责任不仅仅只是关注社会实现可持续发展以便于环境的改善。政客们也有部分责任是创造就业，这就需要一个具有经济吸引力的环境。有替代的民主制度是否更有可能实现可持续发展？对于更有可能实现可持续发展，还有替代民主制度的另一种选择吗？我们可以尝试让决策变得更加以专家为主。然而，正如我们在之前讨论环境空间一词时所看到的，无论

在技术方面还是环境保护方面，都没有专家可以提供给我们一个如何实现可持续发展的完整故事。即使他们的实际知识很丰富，但他们的专业知识和权威不大于一个普通人关于规范性的思考（见第一章第五节第二部分技术统治论）。那么一个绿色的专政会是一种选择吗？即使一个独裁者有关于实现可持续发展的好的意图，但我们经常会看到独裁政权无法实现他们的初衷。因此，不应对这个解决方案有多少预期。此外，人们可能想知道，强制行为改变是否会导致民众减少对可持续发展的参与，而这将产生长期的负面影响。最后，对公民权利和自由的限制在道德上也是被质疑的。

有些人认为，可持续发展的技术会因为需求而出现，所以市场会带来一 291
个解决方案，正如已经在许多情况下出现的那样。这意味着如果经济上不可行，我们就不该为之奋斗。比如，化石燃料的使用：原因就在于当它们成为稀缺资源时，会因此变得更加昂贵，然后其他能源将会变得更具有竞争力。

除了所说的经济法则的力量外，大多数情况是第一个以自身的优势采取更可持续行动的人将在竞争中处于严重的劣势地位。[①] 等待市场来解决问题，很可能使情况变得更糟。作为解决这种问题的一种方案，你可以想象有特定分支的法规，比如政府或分支机构发布的标准。与之相反，设置标准可能会导致保守主义，从而不会有太多创新。然而，是否是这样一种情况也是值得怀疑的。从环境角度来看，对技术的需求将继续维持。所以从成本角度来看，保持领先一步的技术设计是很明智的。而在可持续的设计中，每次做一些小的调整以满足对环境法律的要求可能比最初对可持续设计的主要投资更加昂贵。[②]

第六节　工程师和可持续性

虽然在什么是可持续发展的社会，以及如何实现可持续社会方面仅仅达成有限的共识，但工程师在一定程度上能够做出力所能及的贡献。通过

① 这种情况在“囚徒困境”名义下，在博弈论中都有所研究。

② 不过，这也有风险，因为人们不知道需要在哪方面投资达成共识。当然，人们也可能在未来规范的确定性内容方面的预测是错误的。

不同的方式，技术知识能够直接或间接解决或防止环境问题的发生。这意味着工程师有责任利用这些机会。

可以采取各种技术措施来满足保护环境的责任。而这些措施可以根据水平和类型进行分类。

按水平分类如下：

a. 产品水平

b. 流程水平

c. 业务水平

按类型分类如下：

1. 清理污染

2. 废物流处理（管道末端）

3. 预防废物排出

措施 b2 的例子（在流程水平上处理废物流）是水在排放之前净化。汽车中的催化剂是措施 a2 的实例。改造成低能耗/更清洁的生产流程是 b3 或者 c3 的例子。现在这两个列表的兴趣不在于细致和详尽的区别，而是帮助提高技术可持续方面的反思。人们普遍认同类型列表是一个提高效率
292 的方法。换句话说，类型 3 通常是最有效的，其次是类型 2，最后是类型 1。所以，如果已经实施或设想的措施是类型 1 或 2，这时候思考类型 3 是否可以替代就是很值得的。如果我们已经有了措施 a3，我们可以试着去考虑措施 b3 或者 c3。

此外，值得注意的是 a3 类型措施可以是不同性质的：如制造更节能的汽车，使复杂的设备模块化，以便有部分损坏时不需要整体更换，通过设计师的努力，消费者在机器报废前不会将它们丢弃。人们可以通过这种努力来实现很多效果，与之形成鲜明对比的，例如目前在手机领域的实践。尽管市场已经处于饱和状态，生产商仍然希望维持生产，通过不断创新设计来说服消费者淘汰手头上的产品（即使他们仍然有完美的功能），这在各个行业普遍存在。

一　在设计过程中要关注的要点

正如我们在第六章中所看到的，设计过程中会遇到很多道德方面的问题，而这同样也适用于可持续性问题。这些问题会关注一种产品在其生命

周期内（如生产阶段、使用阶段以及报废阶段）对环境的影响。每个阶段都会碰到相应的环境问题，一个阶段对环境影响的选择可以影响另一个阶段对环境的影响。作为在实践设计中如何考虑可持续的例子，我们将讨论一个热泵锅炉的设计。

生命周期（Life phase）：产品经历从生产阶段、使用阶段以及报废阶段的过程。

案例

热泵锅炉

热泵锅炉是满足家用热水需要的一种设备，它是通过热力学循环的过程，从资源中提取热量把水加热。它是一种反向的冰箱。

这种设备的一个重要特征是热可以被泵送到它通常不会去的方向上。热泵锅炉可以从地下水或者通风空气中提取热量，而且这通常是利用未使用的低—质的能量，产出（定义为［高质能量输出/高质能量输入］×100%）甚至会超过100%。所以，这似乎是一个真正的可持续设备。

在设计过程中，我们必须做出一系列影响设备可持续性的选择。

- 寿命：设备要求的寿命？
- 可回收性：这是一个专业术语，可以在许多方面来定义。原则上几 293
乎所有东西都是可回收的。问题是回收涉及到消耗多少能源。重复使用是另一个选择：热泵锅炉能够以模块方式设计，因此允许更换较短寿命的组件可以让它工作更长的时间。
- 能源：热泵锅炉的运转需要天然气和电力吗？
- 就像冰箱一样，一个热泵锅炉包含一个主制冷剂——这是适合物质热力学性质的一个循环过程。制冷剂主要是会影响到温室效应和臭氧层空洞，但这些影响在程度上也有很大差别（第六章第三节）。
- 源介质：热来源于哪里。

注意此前这些设计选择，甚至还没有开始触及热泵锅炉的技术是否可持续的问题。情况很可能是，也有其他一些技术提供更优的功能组合，或热泵锅炉的应用会比旧技术带来更多的环境问题。有时候获得可持续性的最大好处是通过取消一整套概念，而不是在给定的概念中通过抓住各种小设计来获得的。这一思路在讨论氢燃料电池汽车问题上发挥了重要作用，这种汽车比当前汽油、柴油和天然气汽车更具有可持续性。但是，对可持续交通是否应该包含类似于汽车这样的解决方案问题并没有做出回答。可持续技术发展受到系统限制，即设计选择要在框架内，且不能被忽视。可持续性特别适合于激进的设计选择（第六章第四节）。

在新技术和设计发展中，如何做出负责任的选择？又如何在经过试验和测试的概念下解释这些选择？下面将给出一些例子以解释如何做出上述选择。

二　生命周期分析

生命周期分析的出发点是，为了实现可持续性设计，必须能够比较设计及替代设计对环境产生的影响。这可以通过绘制提取、精制、生产、使用和处理的整个周期的环境影响图来完成。[①] 重要的是这些比较的整体性：公平地比较产品，或者可以运行各种功能的更好方法，这只能通过对整个生命周期的观察来实现。这一观点反映在一些工具和设计方法中，有些比
294 较是定量的，另外一些更多是定性的。

> **生命周期分析（Life cycle analysis）**：对产品从生产、使用到处理整个过程的环境影响进行分析，并描述出来。

定量

有各种各样的软件包如 SimaPro 和 EcoScan，适合定量的生命周期分析。这些软件包会利用由生产（原料获取、加工方法以及运输）、使用以及报废（重复使用，回收和废物）造成的各种环境影响组成数据库。最终，以上这些都会通过一个具体的分数来表示产品或设计对环境的总影响。图 10.2 是生命周期分析结果的例子。为了获得更好的设计，要洞察哪些阶段会有影响，以及首先会发生什么样的影响。通常可以得出的结论
295 是，在这一阶段做出的大多数工作可以改善环境影响。

这种类型软件对可持续设计有很大的好处，但也有一些局限性。一个

① 实际往往会划分为更多阶段，但在这里似乎这样划分已经足够。

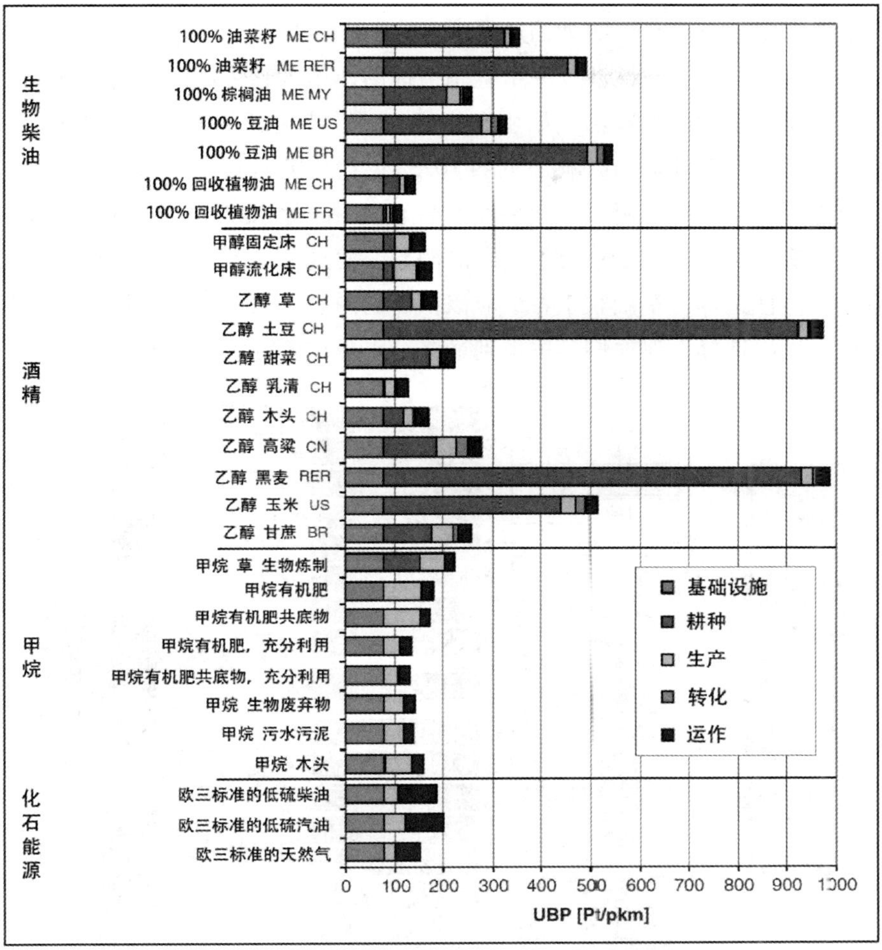

图 10.2　化石燃料（汽油、柴油、天然气）与生物燃料对环境的影响的综合比较

现实的局限是做定量分析太耗时。因此，在实践中只是有限的替代设计对环境的影响是可以被检测的，选择替代方案就显得尤为重要。事实上，尤其是当各种功能被组合到一个设备中，以及替代方案在如何分组上有所不同时，这就使进一步审议更加耗费心力。例如，家庭需要同时提供暖气和热水，这两个要求可以通过高效的锅炉来实现，但热泵锅炉并不能同时有效地执行这两个任务，除非安装一个低温集中供暖的装置。因此，看似更加可持续的热泵锅炉的功能要求往往要结合大多数家庭的真正需求，而这会使它变成一个不太有利的选择。然而，这种比较需要我们对整个供援和供应热水系统而不是仅仅只对热泵锅炉做出一个生命周期分析。在这种情况下实行定性分析是更明确的选择。

第二个重要局限性涉及一维生态指标的使用。它是用来简化这些类型的包装所产生的能量输出，如生态指标 99,[①] 或更新的配方。[②] 这些指标表示一维尺度对环境的影响（见图 10.3）。耗尽的材料、污染和退化都通过权重因子放在一起衡量，而使用软件包的用户不能改变这些权衡要素。这在真实性和客观性上给出了错误的假象，而这又是不合理的。权衡要素应以规范性选择为基础联系着最应该权衡的内容。软件用户、设计师都没有权利做出选择，但他们是关系到最终结果更重要的因素。

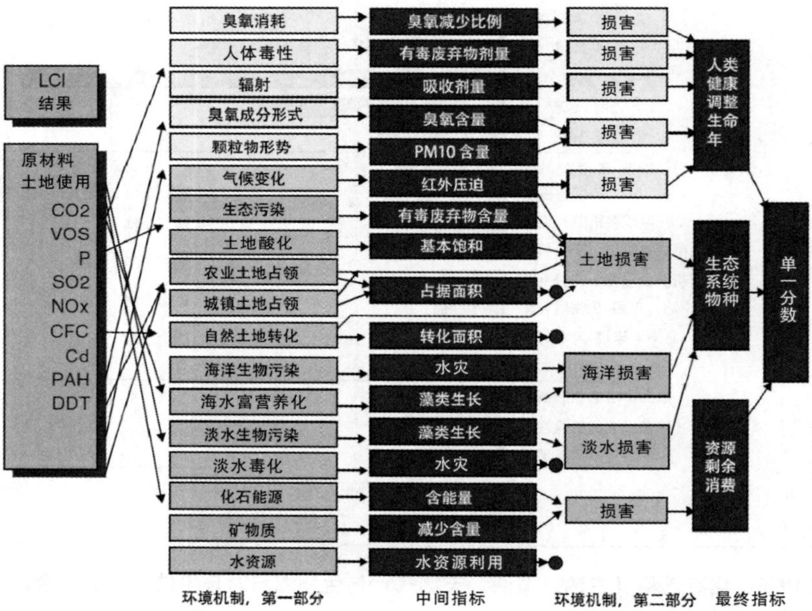

图 10.3　生命周期影响评估的方法论的整体结构

比如，如何根据环境影响来决定何时更换汽车。通过产品生命周期内消耗的能量，可以看出在生产阶段的能源消耗比起使用阶段要少。因此，可能会得出这样一种结论，即频繁购买新车更符合可持续性发展的要求。新车的能耗较低，这一点很容易补偿其生产过程产生的成本。但是，如果

① www. pre. nl/eco – indicator99/default. htm.

② www. lcia – recipe. net.

我们来看有害物质排放的情况，与使用阶段相比，生产阶段的排放相对较高。这就可能导致相反的结论：不要太快换车。所以问题是：原材料的枯竭（化石燃料的使用）应当比空气污染更严重吗？这是许多产品微小变化的一个重要的需要讨论的内容。然而，使用一维输出做出的定量的生命周期分析不会影响这个讨论。因此结果似乎有些随意，因为它们的出发点是基于使用生态指标规范，虽然有可能有必要在制定生态指标的阶段集中进行这种规范辩论，从而在对技术做出选择时进行明确的生命周期比较；但仍然有必要怀疑关于权重因素的规范性辩论在这种抽象层次上进行是不是最好的，以及将那些使具体的生命周期评估从这场辩论中屏蔽掉是否是个好主意。面对显然是随机出现的生态指标的截然不同的结果，人们经常感到困惑。

定性 296

更注重定性的生命周期方法往往会得出一些经验性规则的设计。**LiDS 循环方法**（LiDS 是生命周期设计策略的缩写）主要关注以下八个经验性规则（Brezet and Van Hemel，1997）：

> **LiDS循环方法（LiDS wheel approach）**：生命周期设计策略的缩写。一种定性的生命周期方法。

1. 新概念发展
2. 低强度材料的选择
3. 减少原材料
4. 优化生产工艺
5. 高效的分配系统
6. 在使用阶段减少环境影响
7. 优化初始生命周期
8. 优化生命周期终结系统

让我们先简要介绍这几点经验法则在实践中意味着什么，以热泵锅炉为例。首先，提出新概念，实际上是最重要的一点，功能的巧妙整合能够 297
带来优势。例如，可以设想热泵锅炉意味着空调装置。一台设备提供两个功能，热泵锅炉已经划分提供热水和集中供热的功能。从可持续性视角来看，这种考虑是很有问题的。接下来，可以考虑将这一设备用于多个家庭。

选择低强度材料意味着选择无损害的和非稀缺的材料。如果可能的话，它们已经进行回收或至少被再循环，而且它们具有低能量。选择热泵锅炉冷却剂，重要的是要考虑导致如温室效应和臭氧层空洞等问题。在使用阶段（6），环境影响对于这种机器是非常重要的，但它毕竟是一个能源“变压器”。机器的产量取决于许多因素，包括能源，如天然气或者电力。天然气的优势是对于大多数家庭来说，热水的能源保持不变，燃气热泵产量略低，而且压缩机不能密封，这样冷却剂的流失就会对环境产生影响。此外，如果电力能够作为能源的话，就没有必要依赖化石能源，可以通过各种方法产生电力。除了冷却剂的产量和流失外，还有另外一种在使用阶段可能对环境产生影响的资源：大规模的使用地下水作为热源可能导致其冷却，当提及热负荷的时候，人们通常提到加热，但冷却也需要被归入这个主题中，可能的后果还没有显现，因此使用另一个热源可能是更明智的。

在优化初始的生命周期时，我们可以考虑模块化构建，以便零件可以更换。但是，可靠性高和其他问题会促使用户更换设备零件而不是过早的将之舍弃。对于这个问题，“最优”不等同于“尽可能长的时间”，如果某件事情需要长时间工作，这就对生产和材料提出额外要求，可能还会有回收的后续问题。此外，技术进步可能非常迅速，旧机器在使用过程中对环境的影响可能比一个具有同样功能的新机器造成的影响要高出很多倍，这很容易补偿其他两阶段额外环境的影响。换句话说，从环保的观点来看，机器最好回收更换。

就可持续性而言，一种设计的定性生命周期是一种很好的方法，它可以帮助对可持续性进行最大的改进，以及提出最重要的设计问题是什么。一些可持续的问题发生在设计框架外，因此，不能用这种方法处理。

应该注意的是，生命周期分析的重点是对环境的影响。问题是可持续性发展的其他方面是否得到有效处理，诸如代内公平和代际公平等。从长远角度来看，因环境质量问题得到处理，代际公平问题也间接得到处理。而环境的破坏往往被归结为社会中的一些弱势群体，从而代内公平问题也从某种程度上得到了间接解决，因此，较低的环境伤害特别有助于这一群
298 体。然而，这与优先考虑地球上最贫穷人的基本需求是完全不同的。如果还记得在讨论设计过程中引入的对可持续性发展的考量，这些考虑就不足为怪。在该框架外必须采取各种措施以实现真正的可持续发展。然而，生命周期方法对此几乎没有任何影响。

第七节　小结

本章提出两个观点可以解释我们应该关注并保护环境的原因。一个观点是人类中心主义，即环境唯一的价值就是为人类造福。第二个观点是环境本身是有价值的。无论从哪个方面来考虑，环境都是需要被保护的，尽管原因不同或者程度不同。

如今关于环境讨论的一个核心概念是“可持续发展”。在1987年，布伦特兰委员会给出以下定义：“可持续发展是在不损害子孙后代需求的情况下满足当代的需求”。这个定义又引出可持续发展是否合理，以及特别是在工程背景下又要如何来（具体的）操作等问题。

就公平而言，两种基本价值奠定着可持续发展的基础：代内公平和代际公平。代内公平是指公平分配公共资源，例如发达国家如美国、欧洲和发展中国家，如非洲之间的分配。代际公平是指几代人之间的资源分配，比如我们和我们子孙后代之间。正如我们在本章最开始看到的关于生物燃料的例子，两种类型的公平可能会发生冲突。生物燃料可能通过降低如石油短缺和温室效应对子孙后代的影响等问题促进代际的公平，但同时他们也可能降低代内公平，因为这可能导致更高的食品价格，尤其是会损害到已陷入贫穷和饥饿的第三世界的人们。

关于操作化，下面提出实现可持续发展的更具体的原则：

1. 维持现状原则，即我们留给下一代的环境不能比我们上一代留给我们的环境更加糟糕。在这里，一个关键的问题就是我们所说的“更加糟糕”是什么意思，我们是否可以通过一方面的改进来弥补另一方面的恶化。

2. 环境空间概念，它是基于科学确定的不应该超越的环境承载能力。我们已经看到，确定承载能力涉及规范的选择，不能只留给科学家和工程师，否则会导致技术统治论（第一章第五节第二部分）。

3. 预防原则，它指出环境影响的科学分歧不应该成为推迟采取针对
可能导致不可减少的不利影响的措施的理由，尤其是如果这些措施影响到 299
成本效益。这一原则的异议是可能会妨碍太多发展。

我们已经看到，技术选择对自然和环境有着深远的影响，可以促进实现可持续发展，也可以使之变成“不可持续发展”。在此基础上，工程师有一个特殊的责任，该责任可以是开发特殊的环保方法和可持续的技术。然而，工程师也可以在标准的设计流程中考虑环境和可持续性。这可以通过可持续性设计来实现，可以通过生命周期的方法来赋予具体形式。真正可持续性的设计意味着讨论系统的边界，也可能意味着你必须考虑一种激进的设计——借用第六章第三节中的话来说。

然而，工程师的责任超越了仅仅设计可持续的产品。一项技术要被接受，有时必须是建立在社会层面做出改变的基础上。这种责任不仅在于工程师，而且部分在于社会如何做。一个更可持续的社会未必是可持续的。事实上采取更为环境友好的技术，也不能保证可以创造一个真正的可持续社会：一个满足布伦特兰定义的可辩护的概念的社会。在许多情况下甚至有必要采取更激进的措施，如完全终止某些活动或技术，这些更为激进的措施并不总是在工程师影响的范围之内。然而，实现可持续发展的责任主要在社会中其他行动者手中，这一事实不能成为工程师无动于衷的理由。关于讨论从可持续角度看什么是社会的明智选择以及工程师是否愿意贡献自己的专业知识是有意义的，而关于什么在技术上是可行的选择，只有当工程师愿意贡献他们的专业知识时才能做出。

问题研究

1. 实施“可持续发展”意味着什么？提出实施布伦特兰定义需要的三种方法。

2. 解释“环境空间”的概念。提出两个理由说明，为什么决定环境空间的不仅仅是科学可以回答的事实性问题。

3. 提出生命周期定量分析的两点不足。

4. 为什么社会和环境问题不能分开？

5. 在第八章第七节第一部分中，提出了预防性原则的四个维度。指出在本章讨论的环境问题原则中对这四个维度的应用。

6. 解释维持现状原则意味着什么。

7. 如何区分三种环境问题？并举例说明，每一个问题都表明它是如何受到技术影响。

8. 将环境破坏成本内化到产品价格中是什么意思？解释这如何有助于促进更加可持续的技术。

9. 你认为哪一种可持续发展的理由最有说服力？并指出，这种理由意味着概念的操作化吗？ 300

10. 就本章开始讨论的生物燃料案例说明，工程师应当对代际和代内公平进行考量吗？哪一种考量更加重要，为什么？

问题讨论

1. 你认为动物或环境可以享有权利吗？如果不能享有，这是否意味着人类没有对动物或环境的道德义务，或者是否有其他理由要求承担这些义务？否则又如何？

2. 由于污染造成的伤害都会获得赔偿吗？谁应该负责赔偿，赔付的金额应该如何计算呢？你想到的问题是什么？

3. 工程师负有设计可持续技术的责任吗？如果是这样，那么应该负有多大的责任？其依据又是什么？

附录一

301 部分国家的工程资质和组织

表附 1　　概述

国家	美国	英国	澳大利亚	荷兰	欧洲
头衔/资质	PE	CEng IEng	CPEng RPEQ	Ir. Ing.	EUR ING
管理与认证机构	州认证机构	工程委员会	NERB 澳大利亚工程师 BPEQ		FEANI
其他重要组织	NSPE NAE ABET IEEE ASCE ASME AIChE NIEE OEC	RAEng IET ICE IMechE IChemE IED	ACEA APESMA	KIVI NIRIA	

美国

职称和资质

在美国，工程师可以获得专业工程师许可证（PE）。“为了获取资质，工程师必须完成四年大学学习，最少在专业工程师的指导下工作四年，通
过两项集中的能力测试，并且从国家认证机构获得认证。然后为了保留认 302
证，工程师们在其职业生涯中必须不断地保持和提高他们的技能。‘只有有资质的工程师才可以签字和盖章，并将工程计划和图纸交给公共管理部门以获得批准，或为公共或私人客户提供盖章的工程业务。”

（www. nspe. org/Licensure/WhatisaPE/Index. html）.

许多工程方面的工作，特别是工业方面，并不需要认证。

更多的信息见网址：

www. nspe. org/Licensure/WhatisaPE/index. html

对于国家认证的概述，见网址：

www. nspe. org/Licensure/Licensing/Boards/index. html.

重要组织：

NSPE（国家职业工程师协会）：www. nspe. org

NAE（国家工程院）：www. nae. edu

ABET（工程技术认证委员会）：www. abet. org

IEEE（电子电气工程师协会）：www. ieee. org

ASCE（美国土木工程师学会）：www. asce. org

ASME（美国机械工程师协会）：www. asme. org

AIChE（美国化学工程师协会）：https://www. aiche. org

NIEE（美国国家工程伦理研究院）：www. niee. org

OEC（在线伦理中心）：www. onlineethics. org

行为规范

ASCE：https://www.asce.org/inside/codeofethics.cfm

ASME：https://files.asme.org/ASMEORG/Governance/3675.pdf

IEEE：www.ieee.org/portal/pages/iportals/aboutus/ethics/code.html

AIChE：www.aiche.org/About/Code.aspx

NSPE：见 附录 II

英国

职称和资质

“工程委员会是英国工程专业的管理机构。我们拥有 235000 名特许工程师（CEng）、注册工程师（IEng）、工程技术人员（EngTech）、信息和通信技术的技术人员（ICCTech）。此外，制定并持有国际公认的专业能力和道德规范的工程委员会掌管职称的授予与存留。这可以确保雇主、政府部门和广泛的社会机构无论在英国还是海外，对注册者的知识、经验和承诺都抱有信心。（www.engc.org.uk）

CEng（特许工程师）

“特许工程师的职业资格对所有可以证明其专业能力和承诺的人开放。这些资格建立在我们的专业标准、英国工程职业能力标准之上，并通过教育和工作经验发展而获得。

303 如果你有特殊的学历，这个过程将会更加简单，将允许你获得临时注册的权利。对于特许工程师而言，就是：

- 在工程或技术上，被认可的荣誉学士学位，再加上由专业工程机构认可的硕士学位或适当的进修学习获得硕士学位。
- 或一种被认证的、综合的工程学硕士。

不过如果你没有这些学历，你仍然可以成为特许工程师。关于评估流程的更多的信息可以在英国—工程职业能力标准中查找到。”（www.engcorg.uk/professional-qualifications/chartered-engineer/about-chartered-engineer.aspx）

IEng（注册工程师）

“注册工程师的职业资格对所有可以证明其专业能力和承诺的人开放。

这些资格建立在我们的专业标准、英国工程职业能力标准之上 并通过教育和工作经验发展而获得。

如果你有特殊的学历，这个过程将会更加简单，这也将允许你获得临时注册的权利。对于注册工程师而言，这些就是：

- 工程或技术认可的学士或荣誉学位；
- 工程或技术认可的较高的国家证书或大专及以上学位，外加适当的进修获得学士学位；
- 或已被授权的工程机构批准的 NVQ4 或 SVQ4。

不过，如果你没有这些学历，你仍然可以成为注册工程师。关于评估流程更多的信息可以在英国—规范中查找到。”（www. engc. org. uk/professional-qualifications/incorporated-engineer/about-incorporated-engineer. aspx）

重要组织

ECUK（英国工程委员会）：www. engc. org. uk

RAEng（皇家工程学院）：http://www. raeng. org. uk

ICE（英国土木工程师学会）：www. ice. org. uk

IET（英国工程技术学会）：http://www. theiet. org

IMechE（英国机械工程师学会）：www. imeche. org 304

IChemE（英国化学工程师学会）：www. icheme. org

IED（工程设计学会）：www. ied. org. uk

其他相关机构（学会）见：

www. engc. org. uk/about-us/our-partners/professional-engineering-institution. aspx

行为规范

皇家工程学院：

www. raeng. org. uk/societygov/engineeringethics/pdf/Statement_ of_ Ethical_ Principle. pdf

IET（英国工程技术学会）：www. theiet. org/about/ethics/rules

IMechE（英国机械工程师学会）：

www. imeche. org/NR/rdonlyres/4AFBFBCD-69CC-4FB5-8A0C-0DC7101B71F6/0/CodeofConductAugust2009. pdf

IchemE（英国化学工程学会师）：

http://cms. icheme. org/mainwebsite/Resources/File/ByLaws2004. pdf

澳大利亚

职称和资格

“澳大利亚对工程师没有整体上的正式监管体系。工程服务在特别领域被不同法案所管理，其中许多涉及建筑行业的工程师，也有许多附属法规，如规章制度，通过法律和委员会的命令强制实施各种规定的标准，并给工程工业造成不必要的成本。昆士兰州目前是唯一一个通过立法要求工程师注册的一个州（如提供工程服务）。在昆士兰州，没有注册登记的人被禁止提供专业的工程服务。唯一的例外是在已注册的职业工程师直接监督下执业的个人。在其他州和地区，工程师都是在国家职业工程注册委员会管理的自治体制下作业（NERB）。”（www. engineersaustralia. org. au/nerb/regulatory-schemes/introduction. cfm）

与职业工程师有关的注册是国家职业工程注册（NPER）。“国家职业工程注册的必要条件是澳大利亚工程师认可的四年制工程资质或同等资格认证。在申请登记注册的时候，申请人还必须证明他们在实践方面的实践能力。”（www. engineersaustarlia. org. au/nerb/applying/professional - engineers/professonal. cfm）

以下两种职称与国家职业工程注册的要求类似：

• CPEng（特许专业工程师）。“特许地位是澳大利亚工程师所专有的。具有特许地位的职业工程师享有政府、企业和公众的认可。”（www. engineersaustralia. org. au/ieaust/index. cfm? 0F9D7A85 - BD73 - 7DEA -

B482 – F0A8012BC0EA）

- RPEQ（昆士兰注册职业工程师）。见昆士兰职业工程委员会：www. bpeq. qld. gov. au

重要组织

澳大利亚工程师：www. engineersaustralia. org. au

NERB（国家工程注册委员会）：www. nerb. org. au

BPEQ（昆士兰职业工程委员会）：www. bpeq. qld. gov. au

ACEA（澳大利亚工程师咨询协会）：www. acea. com. au 305

APESMA（澳大利亚职业工程师、科学家和经理人协会）：www. apesma. asn. au/

行为规范

澳大利亚工程师（ACEA 和 APESMA 都有采用此规范）：

www. engineers – australia. org. au/shadomx/apps/fms/fmsdownload. cfm? file_ uuid = F0647595 – C7FE – 7720 – EA17 – 70AC27062E0B&siteName = ieaust

荷兰

职称和资格

Ir. 是从大学获得硕士学位的工程师的职称。Ing. 是从职业学校获得学士学位的工程师的职称。在荷兰，工程师没有系统的认证或注册制度。

组织

KIVI NIRIA 是工程师和工程专业学生组成的一个协会。有 25000 名会员的 KIVI NIRIA 是荷兰最大的工程协会。KIVI NIRIA 涵盖所有的工程学科。参见 www. kiviniria. nl。

行为规范

KIVI NIRIA：www. kiviniria. net/CM/PAG000002804/Gedragscode – 2006. html.

欧洲

职称和资格

只要符合以下要求，欧洲的工程师可以晋级到 FEANI（欧洲国家工程协会联合会）EUR ING 职称：

“在中等教育后，由一个或多个官方机构进行高级认证，通常被授予者年龄在 18 岁以上，最低接受 7 年制教育，培训和经验是 FEANI 对于 EUR ING 职称的要求。构成如下：

- 至少三年的工程教育并成功获得由某一学科或大学颁发的学位（U），或由 FEANI 认可同等机构颁发的学位（见 FEANI 指南）。
- 至少有两年有效的专业经验（E）。
- 如果教育和经验累加小于要求的七年，就必须由认证的工程机构通过教育（U）、经验（E）、培训（T），或通过初步的工程专业经验将差额
306 补回来。

除了这些要求外，EUR ING 职称必须符合一种行为规范，即尊重 FEANI 意见书规定的行为规范：专业工程师的道德和行为。”（www. feani. org）

组织

FEANI（欧洲国家工程协会联合会）：www. feani. org

行为规范

FEANI（见附录三）

常用链接

职称和资格

en. wikipedia. org/wiki/Professional Engineer

行为规范

www. onlineethics. org/Resources/ethcodes. aspx

ethics. iit. edu/indesOfCodes. php? cat_ id =9

courses. cs. vt. edu/ – cs3604/lib/WorldCodes/WorldCodes. html

附录二

NSPE 工程师伦理规范

前言

307　　工程是一个重要的学习型职业。作为职业成员，工程师被期望表现出最高标准的诚实和正直。工程对人们的生活质量有直接而重要的影响。因此，工程师提供的服务要求诚实、公正、公平、合理，并且必须致力于保护公众健康、安全和福祉。工程师必须履行职业行为标准，即坚守道德行为的最高原则。

I　基本原则

工程师在履行职业义务时，应：

1. 把公众的安全、健康和福祉放到至高无上的地位。

2. 仅在其权限范围内进行服务。

3. 仅以客观和真实的方式发布声明。

4. 作为每一位雇主或客户的忠实的代理人或受托人。

5. 避免欺骗性行为。

6. 以诚实、负责、有德、守法的方式进行职业实践，提高职业的荣誉、声望和效用。

II 实践规则

1. 工程师应把公众的安全、健康和福祉放到至高无上的地位。

a. 如果工程师的判断在危及生命或财产安全的情况下被拒绝，合适的做法是工程师应当通知客户或雇主，以及其他权威机构。

b. 工程师只批准符合适用标准的工程文件。 308

c. 除非法律或文本规范的授权或要求，工程师不得在未经客户或雇主事先许可的情况下泄漏事实、数据和信息。

d. 工程师不允许使用他们的名字或在商业投资中与任何他们认为从事欺诈或不诚实的企业的人或公司合作。

e. 工程师不得协助或支持任何个人或公司的违法行为。

f. 对任何涉嫌违反本规范的行为，工程师应当向职业机构和相关的公共部门报告，并与有关部门配合提供所需的信息或协助。

2. 工程师仅在其权限范围内进行服务。

a. 在特定的技术领域中，只有受过教育或培训获得资质的工程师才能接受任务分配。

b. 工程师不应在其能力范围之外课题的计划或文件上签字，也不应当对没有其指导和控制的相关计划或文件授权。

c. 只要每个技术阶段都是由各个技术阶段具有资质的工程师签署和密封文件，工程师就可以接受任务，承担整个项目协调工作并对整个项目工程文件的签署和密封负责。

3. 仅以客观和真实的方式发布声明。

a. 工程师在专业报告、声明或证词中应当客观和真实。在这些报告、声明或证词中应包括所有相关资料，并且注明日期为当前日期。

b. 工程师可以在获悉事实和能力的基础上，公开发表技术观点。

c. 对于由利益团体引发或偿付的技术问题，工程师不应当发表任何声明、批评或争论，除非他们已经在他们的评论中明确地确定利益关系方，并揭示工程师在这些事件中存在利益关系。

4. 工程师应作为每个雇主或客户的忠实的代理人或受托人。

a. 工程师应披露所有已知的或潜在的可能会影响他们的判断或服务质量的利益冲突。

b. 在同一项目或同一项目上的相关服务中，工程师不应当接受多方的补偿，不管金钱或其它方式，除非有关各方已被充分告知并一致同意。

c. 就他们负责的工作方面，工程师不得直接或间接地从外部代理中征求或接受金钱或其它方式的补偿。

d. 工程师作为政府、准政府机构或相关部门的成员、顾问或雇员不
309 得参与与他们自己或私人组织或公共工程实践所提供的服务有关的决策。

e. 工程师不得向他们的组织负责人或雇员作为其成员的政府机构索要或接受合同。

5. 工程师应避免欺骗性行为

a. 工程师不得伪造他们的资格或他们对自己或同事的资格进行虚假陈述。不得歪曲或夸大以前工作的责任。招揽就业的宣传手册或其它说明不得歪曲有关雇主、雇员、同事、合资企业或过去的成就方面相关的事实。

b. 工程师不得直接或间接提供、给予、索取或接受公共权力对合同授予的任何影响，或能够被公众合理的解释为影响合同授予的效力或目的。不得为了确保工作而提供任何礼物或其它有价值的报酬。不得为了确保工作而支付佣金或手续费，除非这是由他们自己真正的雇员建立且拥有的商业或市场机构推行的。

III 职业义务

1. 工程师应以诚实正直的最高标准指导所有的关系。

a. 工程师应承认错误，并不得歪曲或改变事实；

b. 当他们认为一个项目不成功时，工程师应向他们的客户或雇主提供相关建议。

c. 工程师不得接受损害他们的正常工作或利益的外部雇佣。在接受

任何外部工程工作之前，他们需要通知雇主。

d. 工程师不应该通过虚假或误导性的理由来试图吸引另一位雇主的工程师。

e. 工程师不得以牺牲职业的尊严和完整性为代价来提高自身利益。

2. 工程师在任何时候都要努力为公众利益服务。

a. 鼓励工程师参与公共事务、青年职业指导；并为提高他们的社区安全、健康和福祉而工作。

b. 工程师不应完成、签署或密封不适用于工程标准的计划或说明。如果客户或雇主坚持这种违反职业道德的行为，工程师应通知主管部门并撤出项目服务。

c. 鼓励工程师拓展公共知识，提升工程鉴赏能力及其成就感。

d. 鼓励工程师坚持可持续发展原则，以保护子孙后代成长的环境。 310

3. 工程师应避免一切欺骗公众的行为或实践。

a. 工程师应避免材料事实虚假或遗漏严重事实的陈述。

b. 同上，工程师在招聘人员时也应遵循上述原则；

c. 同上，工程师可以为行业或技术出版机构准备一些文章，但是这些文章不应暗示作者对他人所做工作的称赞。

4. 工程师在未经许可的情况下，不得泄漏与现在或以前他们服务的客户、雇主或公共机构有关联的业务或技术流程方面的保密信息。

a. 工程师不得在未经各方同意的情况下，就特定的项目提拔或安排新的工程师，而让工程师获得该项目的特别的、专业的知识。

b. 工程师不得在未经各方同意的情况下，参与或代表与特定项目有关的对手的利益，或诉讼中代表前客户或雇主的利益。

5. 工程师在他们的职业义务中避免利益冲突的影响。

a. 工程师不得接受财物或其它方面的报酬，包括免费工程设计，指定材料或设备供应商的产品。

b. 在与工程师职责相关的工作方面，工程师不得直接或间接地从承包商或有关各方那里接受佣金或津贴。

6. 工程师不应该试图通过对其它工程师的不诚实的批评，或其它不正当或可疑的方法来获得专业工作的雇佣、晋升。

a. 工程师不得要求、建议或在有条件的基础上接受一项委任，因为在这种情况下他们的判断可能会受到影响。

b. 受薪职位的工程师只有在与雇主政策一致并符合道德标准的情况下才可以接受兼职的工程工作。

c. 未经同意，工程师不得使用设备、用品、实验室，或办公设施进行外面的私人执业。

7. 工程师不应该以直接或间接的方式恶意伤害其它工程师的职业声誉、发展前景、职业实践或就业。工程师认为他人不道德或（存在）非法行为，应将这些信息汇报给其对应的监管部门。

a. 私人执业工程师不得对同一客户的另一位工程师的工作进行审查，除了他们的相关知识，或除非他们的相关工作已被终止。

b. 在政府、工业或教育部门的工程师因其工作职责要求有权审查和评估其它工程师的工作。

311 c. 销售或工业工程师有权与其它供应商的产品进行工程比较。

8. 工程师应对其提供的专业活动负责，但是，工程师在其利益无法得到保护的时候，可以寻求除重大过失以外其它实践服务的补偿。

a. 在工程实践中工程师应遵守国家认证法律。

b. 工程师不得利用非工程师协会、公司或伙伴关系作为其不道德行为的“外衣”。

9. 工程师应对其工程工作提供信用保证，并认可别人的专有利益。

a. 工程师应尽可能地书写名字，以对其设计、发明、著作或其它成就承担个体责任。

b. 工程师使用客户提供的设计，应认识到设计仍然属于客户的财产，未经许可，不可复制给他人。

c. 工程师在为他人工作之前，可以随时做出改进、规划、设计、发明或作出其它记录可以证明其版权或专利的，都应当积极地申请所有权。

d. 工程师的设计、数据、记录和标注专门代表雇主的工作的都是雇主的财产。如果对信息的使用超出原有的目的，雇主应给予工程师相应的补偿。

e. 在职业生涯中，工程师应推进职业发展，并且应当通过从事职业实践、参加继续教育课程，阅读技术文献，参加职业的会议和研讨会，保证他们职业领域符合时代发展的潮流。

注释1：“可持续发展”是指在满足人类对自然资源、工业产品、能源、食品、运输、住房和有效废物管理需要的同时，迎接挑战，以保护环境质量和后代发展的自然资源。

2007 年 7 月修订

美国地方法院接受哥伦比亚特区的命令，NSPE 道德规范前 11 节（c）禁止竞争性竞标，以及所有的政策声明、意见、规定或其它指南，解释其范围，都已撤销非法干扰工程师的法律权利，并在反垄断法保护下，向潜在客户提供价格信息。因此，NSPE 的道德规范、政策声明、意见、规定、及其它准则禁止在任何时间或以任何金额提交工程服务的报价或投标竞价。

NSPE 执行委员会的声明

为了纠正颁布的最高法院判决和进入最终判决后某些情况导致的误 312
解，1978 年4 月25 日的决议指出，美国最高法院宣布：“舍曼法案不要求竞标。”

美国最高法院的判决进一步明确指出：

1. 工程师和公司可以单独地拒绝为工程服务投标。

2. 客户不需要寻求工程服务的投标。

3. 联邦、州和地方法律法规获得工程服务的程序不受影响，仍然具有十足效力及作用。

4. 国家社团和地方分会在公共机构的专业选择和谈判程序方面，可以自由地、积极主动地寻求立法。

5. 国家注册委员会的职业操守规则，包括禁止工程服务的竞争性投标规定都不会受到影响并具有十足的效力和作用。国家注册委员会有权采取专业的行为规则，可以采用规范管理程序来获得工程服务。

最高法院指出，“判决中没有禁止 NSPE 及其成员试图影响政府的行为。”①

---

① 关于将规范通过个人应用到公司的问题，商业模式或类型不应否定也不该影响个人对于规范的遵从。规范涉及专业的服务，而服务必须由人来执行，在业务架构中都是由人建立和执行这些政策。该规范已明确的书面形式表明其适用于工程师，努力履行其规定也是 NSPE 成员义不容辞的责任。这一情况适用于规范所有相关的守则。

来源：下载于 www. nspe. org/Ethics/CodeofEthics/index. html. 由国家职业工程协会（NSPE）许可转载。

附录三

FEANI 关于行为规范的立场文件:职业工程师的伦理和行为

2006 年 9 月 29 日由 FEANI 会员大会批准

伦理原则

工程师的决策和行为对环境和社会都有很大的影响。因此，工程职业 313
有义务确保其在公众利益，以及健康、安全和可持续方面发挥作用。

框架声明

国家工程师协会和 FEANI 在关于保证注册方面有很多共同的规范，也有实施上述伦理原则的意图。由于这种融合，欧洲工程职业作为一个整体，可以对职业工程师的行为发表一个通用的声明。

每位工程师都有义务行事正直且符合公众利益，并使用一切合理技能谨慎地开展工作。

这样，工程师：

• 应在必要的水平上保持相应的能力，并只承担其能力范围内的任务。

• 不得曲解他们的学历和职称。

• 向雇主或客户提供公正的分析和判断，并遵守适当的保密义务，避免利益冲突。

• 应履行职责，防止对健康和安全发生本可避免的危害，并防止对环境产生本可避免的不利影响。

• 对他们的工作承担相应的责任，并在监督下执行。 314

• 要尊重与他们一起工作的同事的个体权利，也要尊重他们工作的社会的法律和文化价值观。

- 在他们胜任的领域内，应努力推进关于技术理解问题的公众讨论。

行为规范

关于工程伦理和行为的泛欧洲声明，最好是通过国家工程协会发布的规范来实现。在一般情况下，这些规范可以把所列目标结合在一起来反思国情，并允许通过国家实践的要求增加额外的目标。①

① 来源：下载于 www. feani. org/webfeani/，经 FEANI 许可转载。

附录四

壳牌行为规范

壳牌总经营原则

壳牌总经营原则是对壳牌集团每一个子公司如何处理事务进行指导。 315

壳牌集团的目标是高效的、负责任地赚取利润，从事经营油、气、化学品和其它业务，并参与寻找和开发其它能源以满足不断变化的客户需求以及世界对能源不断增长的需求。

我们认为，在未来几十年石油和天然气是全球经济发展不可或缺的能源。我们任务是确保以获利的、环保的以及对社会负责任的方式提炼和供应能源。

我们寻求一个高标准的业绩，以维持我们在激烈的竞争环境中处于长期稳定和持续增长的地位。

我们目标是与客户、合作伙伴和决策者紧密合作推进能源和自然资源的高效和可持续利用。

我们的价值观

壳牌员工共有一套核心价值观——诚实、正直、尊重他人。我们也坚信信任、开放、团队合作和敬业精神是基本价值，并对我们所做的感到自豪。

可持续发展

作为经营原则的一部分，我们致力于可持续发展。这需要平衡短期和长期的利益，同时需要将经济、环境和社会因素纳入企业经营决策中。

责任

壳牌公司承诺五个方面的责任。在评估基础上，管理层有职责持续地评估优先事项并履行这些不可分割的责任。

316

对股东

为了保护股东投资，提供长期回报，与该行业中的其它佼佼者形成竞争力。

对客户

在技术、环境和商业知识的支撑基础上，在价格、质量、安全和环境影响方面，通过开发和提供有价值的产品和服务来赢得和维护客户。

对员工

尊重员工的人权，提供员工良好和安全的工作条件、竞争条件和就业条件。

促进员工的发展和对其聪明才智的最佳利用，创造一个具有包容性的工作环境，即每位员工都有平等机会发展他/她的技能和天赋。

鼓励员工参与计划和指导工作，向他们提供反馈意见的渠道。

认识到商业上的成功有赖于所有员工的努力贡献。

对合作伙伴

寻求与承包商、供应商和合作企业的互利关系，推广应用壳牌总经营原则和等效原则。有效推进这些原则的能力将是决定建立或保持这种关系的一个重要因素。

对社会

作为社会中的企业成员，遵守法律法规，合法经营，尊重基本人权，并对健康、安全和环境等方面进行合理关注。

原则 1

经济

长期盈利能力是实现我们经营目标和持续增长的关键。这是客户对壳牌产品和服务的效率和价值的一种衡量方法。它为持续的投资提供必要的企业资源，并要求开发和生产未来的能源供应以满足客户的需要。没有利 317
润和强大的财政基础，就不可能履行责任。投资和撤资决策的标准包括可持续发展因素（经济、社会和环境）以及投资风险评估。

原则 2

竞争

壳牌公司支持企业自由竞争。在适用竞争法的框架内，寻求公平、合乎道德的竞争方式；不会阻止其他人与本公司自由竞争。

原则 3

商业诚信

壳牌公司在业务的各个方面，坚持诚实、诚信和公平，并期望所有那些与我们做生意的人都坚持这样的信念。任何直接或间接形式的给予、报酬、索取，接受或收受贿赂都是不可接受的。好处费也是贿赂，也不应该发生。员工必须避免在他们的私人行为与他们在公司经营中负责的业务之间发生利益冲突。员工也必须对雇用他们的公司的潜在利益冲突作出声明。代表壳牌公司所有业务的交易必须根据已有程序公正、准确地反映在公司的账目中，并接受审核和披露。

原则 4

政治活动

公司的政治活动

壳牌公司在法律的框架内以对社会负责任的方式经营，并追求他们的合法的商业目标。

壳牌公司不向政党、组织或他们的代表支付报酬。壳牌公司不参加党派政治。然而，在与各国政府打交道时，根据我们的价值观和经营原则，壳牌公司有权力和责任在任何影响公司、员工、客户、股东或当地社团事件上表明我们的立场。

员工的政治活动 318

个人希望从事社区活动，包括竞选公职，只要当地情况允许，他们就有机会参加。

原则 5

健康、安全和环境

为了实现可持续的绩效管理，壳牌公司在健康、安全和环境管理方面建立了一套系统的方法。

为此，壳牌公司把这些事项当做关键的业务活动来管理，为改善而设置标准和目标，并衡量、评估，向外部公布绩效。

持续努力地寻求方法来减少业务、产品和服务对环境的影响。

原则 6

地方社区

壳牌公司的目标是通过不断改进方法，直接或间接地为所工作的社区的总体福利作出贡献，从而成为好邻居。

管理业务活动产生的社会影响，并与他人合作以提高当地社区的利益，减轻活动带来的负面影响。

此外，壳牌公司将积极地推进直接或间接与业务相关的社会事务问题的解决。

原则 7

沟通和交流

壳牌公司承认，经常性的与股东对话和交流是必不可少的，并致力于通过提供充分的相关信息，将业绩报告给合法的当事人，商业机密除外。

在与员工、业务伙伴和地方社区之间的互动中寻求倾听，并以诚实和负责任的态度对他们的意见作出回应。

原则 8

合规

319 遵守所在国家的一切适用的法律和法规。

遵守原则

诚实、正直和尊重他人作为我们的核心价值观，推动我们所有的工作，也是我们经营原则的基础。

经营原则适用于所有的大大小小的交易，并驱动所有壳牌公司员工在任何时候开展行动。

我们通过我们的行为作出自我判断。如果我们按照法律和商业原则行事，我们的声誉就会得到支持。我们鼓励我们的生意伙伴也遵守这些原则或同等的原则。

我们鼓励我们的员工表现出领导力、责任感和团队合作精神，并通过这些行为为壳牌的全面成功作出贡献。

以身作则，确保所有的员工都能意识到这些原则，遵守本声明的精神是管理者的责任。

贯彻这些原则是通过一套全面的保障措施，以确保员工理解这些原则并确认他们会遵从这些原则。

作为担保体系的一部分，它也是管理层的责任。向员工提供安全和保密的渠道，以提高关注和报告不遵守的行为。反之，员工有责任向公司报告涉嫌违反经营原则的行为。

多年来，商业原则是我们业务经营的基础，也是我们持续成功的至关重要的因素。①

---

① 来源：《壳牌行为准则总的经营原则》第 8 - 11 章之“如何遵守壳牌总的经营原则”。见壳牌网站：www. shell. com/home/content/aboutshell/who_ we_ are/our_ values/code_ of_ conduct_ 3003 2008. html，@ Shell International Limited 2006. 壳牌国际有限公司许可转载。

附录五

DSM 价值观和举报政策

DSM 价值观[①]

引言

320 随着世界范围内超过 200 个站点的运行，DSM 正在全球积极推进在化学、生物技术产品以及材料性能等方面的活动。因此，DSM 是社会的一部分。我们知道公司正日益受到公众的关注，而 DSM 作为社会的一个整体的组成部分，负有主要责任。我们认识到公众对我们行为的接受是我们成功的必要条件。

正因为如此，我们才会接受 DSM 价值观的指导。我们明确说明这些价值观，让公司内外的所有人都理解 DSM 是什么，以及我们所处的立场。这不是一套全新的规则，而是在我们行为准则的基础上升级版本的价值观，记住有三个关键的人物构成：我们的客户、员工和我们服务的社区。

DSM 价值观指导我们的选择和决策，并影响我们经营业务的方式。它也是公司和员工行为的评判标准。

DSM 价值观适用于所有的 DSM 员工，不管在何种情况下都适用。它们也适用于被 DSM 收购的公司和企业——即需要在一定时间内实现符合 DSM 价值观的标准。在与其它公司构建关系时，在所有各方的努力下，我们也尽量确保这些伙伴们尊重 DSM 价值观。

321 董事会主席皮特・艾威丁（Peter Elverding）

① 见 DSM 网站 www. dsm. com/en_US/downloads/about/Values_English. pdf。经 DSM 许可转载。

核心价值观

• 我们活动的目标旨在创造价值：为我们的客户和股东创造价值，为我们的员工和我们所服务的社区创造价值。通过将企业精神和持续的社会需求、强烈责任感相结合来实现目标。

• 我们为我们的客户、员工、股东和生意伙伴的利益服务。在很大程度上，我们的成功取决于他们的成功。我们与客户和其它生意伙伴的关系是互利的伙伴关系。我们考虑我们所服务社区的利益，也要考虑地方的、区域的、国家的、国际的、政府部门和相关利益团体的需要和要求。

• 人才是任何企业成功的关键，这在如 DSM 一样的科技型公司中尤其如此。因此，尊重人才是 DSM 价值观的基石。此外，没有“经营许可”，我们也不能成功，我们只能通过良好的企业公民权利才能实现。

• 我们秉承透明和开放的政策，提供关于我们的活动、策略、财务政策、组织结构以及对社会和环境影响等方面明确的信息。我们定期发布关于我们的财务业绩、社会政策、安全、健康和可持续发展等方面的报告。这些报告还包含我们遵守自己 DSM 价值观的一个评价。我们力求与广大公众和我们所服务的社区进行积极对话。我们与世界沟通的方式是直接影响利益群体，间接通过媒体发布影响。

有价值的伙伴关系

DSM 的目标是创造价值，而其所面临的挑战在于成功地保障我们客户和产品的终端用户。

• 除了正式颁布的国家和国际法律，我们不接受任何对自由贸易的限制。

• 根据产品的管理原则，在产品的整个生命周期内，我们必须要管理并最大限度地减少产品的附加风险。在这方面，我们与我们的供应商、客户和其它有关企业共享相关的知识、专业知识和经验。

• 在考虑业务伙伴关系时，我们的选择不仅仅是基于经济因素考量，
而且也要考量未来伙伴在安全、健康、环境管理和可持续发展方面的 322
表现。

• 在做决策时，我们也要考虑股东、客户、供应商和员工的观点。

●关于双方所作出决定的中立性，我们的员工不会接受或给予任何礼物，以避免造成妥协或带来疑问。

●如果有任何迹象表明某个合作伙伴正在进行违法操作或一贯的违反DSM的价值观，那么我们的员工必须要按照合同管理与解决问题。

尊重他人

用人单位雇主与员工关系的基础是公开、公平、信任。我们鼓励我们员工表现出是有能力的、可靠的、自主的和敏锐的。毋庸置疑，我们承认联合国定义的基本人权，尊重员工及其诚信是我们人力资源政策的基石。

●我们对员工的知识和技能进行持续投资培训以确保他们长期的就业能力。

●通过让员工参与制定和执行我们的业务目标，我们创造一种坦诚的氛围并激发员工的开放性和责任感。

●为员工提供培训和指导以促使他们成长和发展。

●在获得普遍认可的基础上，我们追求公平和竞争性的薪酬政策。

●我们承认员工有组织起来保护自身利益的权力。

●我们寻求建立无任何事故和伤害发生的工作环境。在任何层面上，我们的员工在识别和改正不安全的情况中发挥着积极的作用。

●我们尽我们最大的努力以防止与公司活动相关的职业病和健康问题。

●我们不使用童工或强迫劳动。

●对民族、种族背景、年龄、宗教、性别、性倾向或残疾方面，我们不以任何方式进行歧视。

良好的企业公民权

为了保证我们的未来并确保“经营许可”，我们希望我们的业务不仅有利可图，而且还要获得社会认可。作为社会公约的一部分，我们赞同在化工行业国际责任关怀计划中规定的义务。

●我们强烈地意识到我们对环境的责任，我们也赞同可持续事业的重要性。在企业中我们的活动除了满足当今的需求以外，也不能损害子孙后代的需求。

● 我们对于产品及其生产工艺的选择遵循着促进和保障可持续、安全
的承诺。在充分考虑公众意见基础上，开发新技术时始终保持极大的谨慎 323
态度。此外，本着透明和开放的政策，我们向广大客户和公众提供有关我
们产品和生产工艺的明确信息。

在生产过程中，我们正在努力以最大限度地减少原料和能源的使用。

● 从员工、客户、公众和环境角度出发，不断地评估和改进我们的工作方法、生产工艺、产品和服务以确保他们是安全而可以接受的。

● 遵守法律法规。如果这在实践过程中存有漏洞，就会与 DSM 价值观存在冲突，员工必须向公司管理层报告。

● 员工知道并遵守当地的传统和风俗习惯。

● 员工禁止试图通过给予帮忙或给予礼物来影响政治决策的进程。

● 在诸如自然灾害和公众骚乱的紧急情况下，我们优先考虑我们的员工和我们工厂附近居民的安全问题。

● 鼓励员工采取一种具有公民意识和社会责任感的态度。

● 员工要避免提出代表公司的官方机构和代表私人公民的行为之间存在利益冲突的建议，因为这可能会损害他们作为官方机构的诚信或损害公司的诚信。

● 拥有"内部信息"的 DSM 员工禁止从事或推荐第三方关于 DSM 证券的交易。员工通过 DSM 获取其它公司非公开信息也同样被禁止参与其它公司的股票交易。

DSM 举报政策①

DSM 采用这个文件规定的政策和程序，以支持个人在面临涉嫌严重渎职行为方面表达他们的忧虑（也称为举报）。

① 《DSM 预警：DSM 举报政策、程序表达对涉嫌严重渎职行为的担忧》。见 www. dsm. com/en_ US/downloads/governance/whistleblower_policy_en. pdf. 经 DSM 许可转载。

1.0 政策

1.1 DSM 在工作中致力于高标准的公开、正直和诚信。为了维持这些标准，DSM 鼓励其员工对涉嫌严重渎职的行为表达他们的担忧，而不用担心被惩罚或不公正对待。

1.2 涉嫌严重渎职行为包括 DSM 公司行为或员工行为违反：

- 法律法规；
- DSM 价值观；
- DSM 公司要求；

1.3 DSM 管理委员会于 2004 年 6 月 14 日通过。

324 **2.0 背景**

世界各国政府都认识到员工有时会对在工作中发生的事情存在担忧，但是却不敢报告这些问题。为了对那些做报告的人提供保护，已经准备好相应的法律、法规和准则，如荷兰企业管理守则的某些条款。

2.1 荷兰企业管理守则中的条款

- 管理委员会（公司）应确保员工能够报告一般的渎职行为，可以将公司内部的经营和财务性质的问题报告给管理委员会主席或由其指定的官员，而又不损害其法律地位。
- 对于涉及管理委员会成员的渎职行为的指控必须向检察委员会主席报告。
- 对揭发者的安排在公司网站的任何事件中都不得披露。

2.2 指针

- 对于可能的不当行为的报告不仅限于欺诈、盗窃或腐败，而且还包括更广泛的不符合 DSM 价值观的不好做法。
- 这种不好的做法可能已经发生过，可能正在发生或可能将来发生。
- 设计这些程序的目的在于鼓励员工在内部及时地表达它们的关切，以防止不当行为的发生或纠正不当行为。

DSM 鼓励员工与同事就他们表现的行为进行讨论，他们的行为是否违反法律或 DSM 的价值观。如果这种讨论不是很现实，那么员工应当向组织内部报告，而只有他/她不能在组织内部报告的时候，他/她才可以向组织外部表达他/她的忧虑。

3.0 DSM 定位

3.1 DSM 已经制订一套行为规范——DSM 价值观。这些价值观构成了选择的基础，决定 DSM 经营的框架。DSM 价值观被用来评估 DSM 经营业务的方式。DSM 价值观适用于每一位 DSM 员工。DSM 遵守相关的法律法规，其同样适用于公司和其员工。DSM 致力于预防、避免、检查和调查所有形式的违规、欺诈、盗窃和腐败等行为。

3.2 DSM 认识到员工常常是第一个注意到公司内部可能有问题的人。然而，由于担心被同事认为对公司不忠，或怕被惩处或遭受不公正待遇，员工可能无法表达他们的担忧。 325

3.3 DSM 承认大部分担忧都是相对很小的事情，可以相对容易地通过正常渠道解决。然而有些关切比较严重，特别是涉及严重的不当行为，如犯罪行为，财务渎职，或在员工、公众、环境可能遭受危险的情况下，员工会很难知道需要做什么或向谁报告。

3.4 DSM 希望很清楚地说明每个人都可以提出这些严重的担忧而不用害怕被惩罚或遭受不公对待。这就是鼓励个人报告这些担忧，以便管理层可以采取适当的行为以防止或阻止伤害员工、公众、环境或 DSM 自身的让人无法容忍的行为的发生。

3.5 这一程序已经被用来指导在事件发生的早期如何进行表达担忧。

4.0 程序的目标和范围

4.1 程序目标

本程序旨在：

- 为员工提供表达担忧的途径，并界定一种处理这些问题的方法。
- 确保管理层在早期阶段就能被告知不当行为的发生。
- 根据这个程序，向员工保证在他们善意披露问题时，他们将被保护不受惩罚或免遭不公待遇。
- 帮助拓展文化的开放性、责任感和诚信。

4.2 程序范围

这一程序是独立于 DSM 其它现有或未来的程序之外，是更加具体的申诉/投诉程序。那些希望对它们的工作表达不满的员工，或有其它投诉，应当使用具体涵盖这些投诉的程序。

5.0 防护措施

5.1 预防遭受惩罚或不公待遇

当善意的担忧被提出时，DSM 不能容忍员工遭受惩罚或不公待遇，将会采取措施保护员工。

5.2 保密性

DSM 认识到根据这项政策，有些员工希望在保密情况下提出担忧，并在最大程度上保守秘密。因此，根据这项程序，DSM 将保护披露担忧
326 的员工的身份。

然而，DSM 也承认在一些情况下，谁披露了担忧并提交的报告是显而易见的，调查过程中可能会要求员工作出声明或被要求提供相关证据。在这种情况下，通过保持完全的保密性会阻碍调查的真相发现，DSM 就无法保证对作出报告的雇员的身份进行完全的保密。

DSM 希望避免匿名报告，因为这样会使对指控的调查更加困难。然而，如果员工认为除了匿名指控外没有其它的方式，那么就可以在适当的情况下采取匿名指控。

5.3 不实指控

DSM 鼓励员工表达善意的关切。然而，如果在调查中这些问题无法确认或没有实质性内容，就无法对员工的善意的关切采取任何措施。

然而，调查是昂贵的，耗时的并具有潜在的破坏性。如果指控被认为是恶意的，而没有任何事实基础，DSM 可以对恶意指控的员工采取适当的措施。

6.0 表达担忧

6.1 向谁报告

6.1.1 按照规定，担忧应当先向部门经理（上级主管）报告，他们将调查此事，并提供解决方案。如果由于某种原因，员工不能够报告给线上主管，那么他/她可以向指定的人员提出他们的关切，这些人员（为董事会主席特别指定）为揭发负责。

6.1.2　DSM 预警官员：

职位：董事长，企业运营审计

姓名：Hans van Suijdam

部门：COA

6.1.2　如果是对指定人员的指控，员工应当直接上报给董事会主席。

6.1.3　如果是对董事会成员的指控，那么员工应当直接上报给监事会主席。

6.2　如何报告

6.2.1　担忧可以通过面对面的交谈方式提出。如果这个行不通，他们可以通过网站、电话或传真、电子邮件或面对面的会议，提出担忧的背景、历史记录和原因以及姓名、日期、地点等尽可能多的信息。如果有需 327
要，DSM 将始终在报告中使用本地语言。

6.2.2　个人将无法完全证明某项指控的真实性，但他们应当能提供充分的理由证明有些事情是错误的。

6.2.3　鼓励个人在尽可能早的阶段表达他们的忧虑，以便及时采取措施。

7.0　DSM 的回应

7.1　DSM 预警官员将：

7.1.1　执行/安排对报告员工进行一个初步的秘密采访：

- 向他们保证他们将受到保护，免遭惩罚或不公待遇；
- 确定员工是否希望保密，并解释可以达到的保密等级；
- 确定他们是否希望作出口头或书面声明；
- 写一个简短的采访报告，并征得双方的同意。

7.1.2　对已提交的报告作一个记录

7.1.3　通知 DSM 警戒委员会（DAC），已披露的问题及指控的重点。如有需要，会对报告员工的姓名作出保密。

如果指控是针对 DSM 预警委员会的成员，那么指定的人员会通知董事会主席。

7.2　有些问题可以通过协定解决，而不需要进行调查。关于指控的问题，属于特定程序的范围内（例如申诉程序），通常在这些程序中会加以考量。

7.3　DSM 预警委员会由企业经营审计、企业秘书处、公司法律事务及人力资源等代表组成。DSM 预警官员由主席担任。

7.4　DSM 预警委员会将：

- DSM 预警人员通过初步评估确认。
- 根据初步评估的结果决定是否需要采取进一步行动，如全面调查。DSM 预警人员、DSM 预警委员会的代表或其它 DSM 预警委员会指定的人都可以作出这项调查。

7.5　为了澄清员工所提供的信息或寻求更多的信息，执行初步调查
328 的人员可能需要与报告的员工进行谈话。

7.6　在 10 个工作日内，收到的所有问题都会向员工发出收到的回执。只要有可能，回执将：

- 表明针对此事提出建议的方式。
- 告知是否已作出初步调查。
- 告知是否需要进一步调查，如果不需要，解释原因。
- 预估一下需要多久才能作出最终的回应。

7.7　如果 DSM 预警委员会决定进行全面调查，调查的类型将取决于问题的性质。指出的问题可能是：

- 内部调查
- 外部调查
- 提交给警方

DSM 认识到需要向提出问题的员工保证问题已经得到妥善处理。因此，在调查过程中，投诉人会受到法律保护，并会被告知最终的调查结果。

7.8　一旦投诉已按照 DSM 预警委员会的意见妥善处理，DSM 预警人员将准备一份简报，那么该事件就结束了。

词汇表

本书的参考文献与原书一致，方便读者查阅。

Absolutism A rigid form of universalism in which no exceptions to rules are possible.

Acceptable risk A risk that is morally acceptable. The following considerations are relevant for deciding whether a risk is morally acceptable: (1) the degree of informed consent with the risk; (2) the degree to which the benefits of a risky activity weigh up against the disadvantages and risks; (3) the availability of alternatives with a lower risk; and (4) the degree to which risks and advantages are justly distributed.

Accountability Backward-looking responsibility in the sense of being held to account for, or justify one's actions towards others.

Act utilitarianism The traditional approach to utilitarianism in which the rightness of actions is judged by the (expected) consequences of those actions.

Active responsibility Responsibility before something has happened referring to a duty or task to care for certain state-of-affairs or persons.

Actor Any person or group that can make a decision how to act and that can act on that decision.

Advisory codes A code of conduct that has the objective to help individual professionals or employees to exercise moral judgments in concrete situations.

Ambiguity The property that different interpretations or meanings can be given to a term.

Animal tests Tests for determining dose-response relationships by exposing animals to various dosages and assessing their response.

Anthropocentrism The philosophical view that the environment has only instrumental value, that is, only value for humans and not in itself.

Anticipating mediation by imagination Trying to imagine the ways technology-in-design could be used. This insight is then used to deliberately shape user operations and interpretations.

Argument A set of statements, of which one (the conclusion) is claimed to follow from the others (the premises).

Argumentation by analogy A type of non-deductive argumentation. An argumentation based on comparison with another situation in which the judgment is clear. The judgment is supposed also to apply to the analogous situation.

Argumentation theory An interdisciplinary study of analyzing and evaluating arguments.

Aspirational code A code that expresses the moral values of a profession or company.

Best available technology As an approach to acceptable risk (or acceptable environmental emissions), best available technology refers to an approach that does not prescribe a specific technology but uses the best available technological alternative as yardstick for what is acceptable.

Biocentrism The viewpoint that the environment has intrinsic value (value of its own).

Black-and-white-strategy A strategy for action in which only two options for actions are considered: doing the action or not.

Blameworthiness Backward-looking responsibility in the sense of being a proper target of blame for one's actions or the consequences of one's actions. In order for someone to be blameworthy, usually the following conditions need to apply: wrong-doing, causal contribution, foreseeability, and freedom.

Care ethics An ethical theory that emphasizes the importance of relationships, and which holds that the development of morals does not come about by learning general moral principles.

Carrying capacity The amount of damage that can be done to the environment without that damage being irreversible.

Categorical imperative A universal principle of the form "Do A" which is the foundation of all moral judgments in Kant's view.

Causality argumentation A type of non-deductive argumentation. An argumentation in which an expected consequence is derived from certain actions.

Certification The process in which it is judged whether a certain technology meets the applicable technical codes and standards.

Characteristic-judgment argumentation A type of non-deductive argumentation. An argument based on the assumption that a certain judgment about a thing or person can be derived from certain characteristics of that thing or person.

Code of conduct A code in which organizations (like companies or professional associations) lay down guidelines for responsible behavior of their members.

Collective responsibility The responsibility of a collective of people.

Collective responsibility model The model in which every member of a collective body is held responsible for the actions of the other members of that same collective body (and for the responsibility of the collective).

Collective risks Risks that affect a collective of people and not just individuals, like the risks of flooding.

Collingridge dilemma This dilemma refers to a double-bind problem to control the direction of technological development. On the one hand, it is often not possible to predict the consequences of new technologies already in the early phases of technological development. On the other hand, once the (negative) consequences materialize it often has become very difficult to change the direction of technological development.

Common sense method The method that weighs the available options for actions in the light of the relevant values.

Conceptual design stage The stage in which the designer or the design team generates concept designs. The focus is on an integral approach to the design problem.

Conclusion of an argument The statement that is affirmed on the basis of the premises of the argument.

Confidentiality duties Duties on employees to keep silent certain information.

Conflict of interest The situation in which one has an interest (personal or professional) that, when pursued, can conflict with meeting one's professional obligations to an employer or to (other) clients.

Consequentalism The class of ethical theories which hold that the consequences of actions are central to the moral judgment of those actions.

Constructive Technology Assessment (CTA) Approach to Technology Assessment (TA) in which TA-like efforts are carried out parallel to the process of technological development and are fed back to the development and design process.

Contingent validation An approach to express values like safety or sustainability in monetary units by asking people how much they are willing to pay for a certain level of safety or sustainability (for example, the preservation of a piece of beautiful nature).

Corporate code Code of conduct that is formulated by a company.

Corporate liability Liability of a company (corporation) when it is treated as a legal person.

Corporate Social Responsibility The responsibility of companies towards stakeholders and to society at large that extends beyond meeting the law and serving shareholders' interests.

Cost-benefit analysis A method for comparing alternatives in which all the relevant advantages (benefits) and disadvantages (costs) of the options are expressed in monetary units and the overall monetary cost or benefit of each alternative is calculated.

Creativity The virtue of being able to think out or invent new, often unexpected, options or ideas. Creativity is an important professional virtue for designers.

Critical loyalty Giving due regard to the interest of the employer, insofar as this is possible within the constraints of the employee's personal and professional ethics.

Critical questions Questions belonging to a certain type of non-deductive argumentation to check the degree of plausibility of a conclusion.

Decision stage The stage of the design process in which various concept designs are compared with each other and a choice is made for a design that has to be detailed.

Deductive argument An argument which has a conclusion that is enclosed in (implied by) the premises.

Degradation Structural damage to the environment. An example is soil erosion.

Descriptive ethics The branch of ethics that describes existing morality, including customs and habits, opinions about good and evil, responsible and irresponsible behavior, and acceptable and unacceptable action.

Descriptive judgment A judgment that describes what is actually the case (the present), what was the case (the past), or what will be the case (the future).

Design criteria A kind of design requirements which are formulated in such a way that products meet them to a greater or lesser extent. Design criteria are often used to compare and choose between different concept designs.

Design process An iterative process in which certain functions are translated into a blueprint for an artifact, system, or service. Often the following six stages are distinguished: problem analysis and formulation; conceptual design; simulation, decision; detail design; and prototype development and testing.

Design requirements Requirements that a good or acceptable design has to meet.

Detail design stage The stage in which a chosen design is elaborated on and detailed.

Development risks In the context of product liability: Risks that could not have been foreseen given the state of scientific and technical knowledge at the time the product was put into circulation.

Disciplinary code A code that has the objective to achieve that the behavior of all professionals or employees meets certain values and norms.

Discount rate The rate that is used in cost-benefit analysis to discount future benefits (or costs). This is done because 1 dollar now is worth more than 1 dollar in 10 years time.

Distribution of responsibility The ascription or apportioning of (individual) responsibilities to various actors.

Distributive justice The value of having a just distribution of certain important goods, like income, happiness, and career.

Duty ethics Also known as deontological ethics. The class of approaches in ethics in which an action is considered morally right if it is in agreement with a certain moral rule (law, norm, or principle).

Duty of care The legal obligation to adhere to a reasonable standard of care when performing any acts that could foreseeably harm others.

Ecological footprint A measure for the total environmental impact of a person's lifestyle expressed in an amount of space required to support this lifestyle

Effectiveness The extent to which an established goal is achieved.

Effectiveness requirement The moral requirement that states that responsibility should be so distributed that the distribution has the best consequences, that is, is effective in preventing harm (and in achieving positive consequences).

Efficiency The ratio between the goal achieved and the effort required.

Engineering design The activity in which certain functions are translated into a blueprint for an artifact, system, or service that can fulfill these functions with the help of engineering knowledge.

Environmental space The (maximum) amount of use of renewable and non-renewable resources that does not exceed the boundaries of what the environment can take.

Epidemiological research Research in which population data is used to find out what the relationship is between the occurrence of certain diseases or certain mental deviations and certain factors that may cause these deviations.

Equality postulate The prescription to treat persons as equals, that is, with equal concern and respect.

Ethical cycle A tool in structuring and improving moral decisions by making a systematic and thorough analysis of the moral problem, which helps to come to a moral judgment and to justify the final decision in moral terms.

Ethics The systematic reflection on morality.

Event tree Tree of events in which one starts with a certain event and considers what events will follow.

Exhaustion A type of environmental problem in which something valuable is removed from the environment that cannot, or at least not easily, be renewed.

External auditing Assessing of a company in terms of its code of conduct by an external organization.

Failure mode Series of events that may lead to the failure of an installation.

Fallacy An error or deficiency in an argument.

Fault tree Tree of events in which we move backwards from an unwanted event (a fault) to the events that could lead to the undesirable event.

Freedom principle The moral principle that everyone is free to strive for his/her own pleasure, as long as they do not deny or hinder the pleasure of others.

Global code of conduct A code of conduct that is believed to apply worldwide.

Good will A central notion in Kantian ethics. According to Kant, we can speak of good will if our actions are led by the categorical imperative. Kant believes that the good will is the only thing that is unconditionally good.

Hazard Possible damage or otherwise undesirable effect.

Hedonism The idea that pleasure is the only thing that is good in itself and to which all other things are instrumental.

Hierarchical responsibility model The model in which only the organization's top level of personnel is held responsible for the actions of (people in) the organization.

"Hired gun" Someone who is willing to carry out any task or assignment from his employer without moral scruples.

Honesty Telling what one has good reasons to believe to be true and disclosing all relevant information.

Hypothetical consent Hypothetical consent refers to a form of informed consent in which people do not actually consent to something but are hypothetically supposed to consent if certain conditions are met, for example that it would be rational for them to consent or in their own interest.

Hypothetical norm A condition norm, that is, a norm which only applies under certain circumstances, usually of the form "If you want X do Y."

Ideals Ideas or strivings which are particularly motivating and inspiring for the person having them, and which aim at achieving an optimum or maximum.

Ignorance Lack of knowledge. Refers to the situation in which we do not know what we do not know.

Ill-structured problem A problem that has no definitive formulation of the problem, may embody inconsistent problem formulations, and can only be defined during the process of solving the problem.

Incommensurability Two (or more) values are incommensurable if they cannot be expressed or measured on a common scale or in terms of a common value measure.

Individual responsibility model The model in which each individual is held responsible insofar as he or she meets the conditions for individual responsibility.

Inductive argumentation A type of non-deductive argumentation. Argumentation from the particular to the general.

Informed consent Principle that states that activities (experiments, risks) are acceptable if people have freely consented to them after being fully informed about the (potential) risks and benefits of these activities (experiments, risks).

Inherently safe design An approach to safe design that avoids hazards instead of coping with them, for example by replacing substances, mechanisms and reactions that are hazardous by less hazardous ones.

Instrumental value Something that is valuable in as far as it is a means to, or contributes to something else that is intrinsically good or valuable.

Integrity Living by one's own (moral) values, norms and commitments.

Interests Things actors strive for because they are beneficial or advantageous for them.

Intergenerational justice Justice that relates to the just distribution of resources between different generations.

Interval scale A measurement scale in which in addition to the order of items also the distance between the items has meaning.

Intragenerational justice Justice that relates to the just distribution of resources within a generation.

Intrinsic value Value in and of itself.

Intuitivist framework The ethical framework in which options for action are evaluated on basis of one's view about what is intuitively most acceptable and that formulates arguments for this statement.

Invitation-inhibition structure The fact that mediating technology invited specific actions, while other actions are inhibited.

Liability Legal responsibility: backward-looking responsibility according to the law. Usually related to the obligation to pay a fine or repair or repay damages.

LiDS wheel approach An abbreviation for Lifecycle Design Strategies. A qualitative oriented life cycle approach.

Life cycle analysis An analysis that maps the environmental impact of a product across the entire cycle of production, use, and disposal.

Life phases The phases through which a product goes during its "life": production phase, use phase, and removal phase.

Limited liability The principle that the liability of shareholders for the corporation's debts and obligations is limited to the value of their shares.

Marginal utility The additional utility that is generated by an increase in a good or service (income for example).

Means-end argumentation A type of non-deductive argumentation. An argumentation in which from a given end the means are derived to realize that end.

Mediation of action The influence of artifacts on human action.

Mediation of perception The influence of artifacts on human perception, that is, the sensory relationship with reality.

Models for dose-response relationships Models that presuppose or predict a certain relationship between dose and response.

Modus ponens Form of a valid argument in which the conclusion "q" follows from the premises "p" and "if p then q."

Modus tollens Form of a valid argument in which the conclusion "not-p" follows from the premises "if p then q" and "not-q."

Moral autonomy The view that a person himself or herself should (be able to) determine what is morally right through reasoning.

Moral balance sheet A balance sheet in which the costs and benefits (pleasures and pains) for each possible action are weighed against each other. Bentham proposed the drawing up of such balance sheets to determine the utility of actions. Cost-benefit analysis is a more modern variety of such balance sheets.

Moral deliberation An extensive and careful consideration or discussion of moral arguments and reasons for and against certain actions.

Moral dilemmas A moral problem with the crucial feature that the agent has only two (or a limited number of) options for action and that whatever he chooses he will commit a moral wrong.

Moral fairness requirement The requirement that a distribution of responsibility should be fair (just). In case of passive responsibility, this can be interpreted as that a person should only be held responsible if that person can be reasonably held responsible according the following conditions wrong-doing; causal contribution; foreseeability; and freedom of action. In terms of active responsibility it can be interpreted as implying that persons should only be allocated responsibilities that they can live by.

Moral problem Problem in which two or more positive moral values or norms cannot be fully realized at the same time.

Moral responsibility Responsibility that is based on moral obligations, moral norms or moral duties.

Morality The totality of opinions, decisions, and actions with which people express, individually or collectively, what they think is good or right.

Moralization of technology The deliberate development of technologies in order to shape moral action and decision-making.

Multiple criteria analysis A method for comparing alternatives in which various decision criteria are distinguished on basis of which the alternatives are scored. On basis of the score of each of the alternatives on the individual criteria, usually a total score is calculated for each alternative.

Multiple independent safety barriers A chain of safety barriers that operate independently of each other so that if one fails the others do not necessarily also fail.

Multistability The phenomenon that a technology can have several "stabilities," depending on the way it is embedded in a use context.

Negative feedback mechanism A mechanism that if a device fails or an operator loses control assures that the (dangerous) device shuts down.

Negligence Not living by certain duties. Negligence is often a main condition for legal liability. In order to show negligence for the law, usually proof must be given of a duty owed, a breach of that duty, an injury or damage, and a causal connection between the breach and the injury or damage.

No harm principle The principle that one is free to do what one wishes, as long as no harm is done to others. Also known as the freedom principle.

Non-renewable resources Natural resources that cannot be renewed or reproduced. An example is fossil fuel.

Normal design Design in which the normal configuration and working principle of the product remain the same.

Normative ethics The branch of ethics that judges morality and tries to formulate normative recommendations about how to act or live.

Normative judgment Judgment about whether something is good or bad, desirable or undesirable, right or wrong.

Normative relativism An ethical theory that argues that all moral points of view – all values, norms, and virtues – are equally valid.

Norms Rules that prescribe what actions are required, permitted, or forbidden.

Ordinal scale A measurement scale in which only the order of the items of the scale has meaning.

Organizational deviance Norms that are seen as deviant or unethical outside the organization are seen within the organization as normal and legitimate.

Overlapping consensus An agreement on the level of moral judgments, while there may be disagreement on the level of moral principles and background theories. Each of the participants should be able to justify the overlapping consensus in terms of his or her own wide reflective equilibrium.

Passive responsibility Backward-looking responsibility, relevant after something undesirable occurred; specific forms are accountability, blameworthiness, and liability.

Paternalism The making of (moral) decisions for others on the assumption that one knows better what is good for them than those others themselves.

Personal risks Risks that only affect an individual and not a collective. For example, the risk of smoking. The relevant distinction with collective risk is whether the individual can stop or avert the risks for him or her individually. We can individually decide not to smoke but cannot individually prevent flooding for ourselves.

Plausibility principle The principle that enumeration and supplementary argumentation in a non-deductive argumentation can make the conclusion plausible (acceptable).

Polluter pays principle The principle that damage to the environment must be repaired by the party responsible for the damage.

Pollution Environmental problems in which something undesirable or damaging is added to the environment.

Practical wisdom The intellectual virtue that enables one to make the right choice for action. It consists in the ability to choose the right mean between two vices.

Precautionary principle Principle that prescribes how to deal with threats that are uncertain and/or cannot be scientifically established. In it most general form the precautionary principle has the following general format: If there is (1) a threat, which is (2) uncertain, then (3) some kind of action (4) is mandatory. This definition has four dimensions: (1) the threat dimension; (2) the uncertainty dimension; (3) the action dimension; and (4) the prescription dimension.

Premises The statements, which are affirmed (or assumed) as providing support or reasons for accepting the conclusion.

Prima facie norms Prima facie norms are the applicable norms, unless they are overruled by other more important norms that become evident when we take everything into consideration.

Problem analysis stage The stage of the design process in which the designer or the design team analyses and formulates the design problem, including the design requirements.

Problem of many hands The occurrence of the situation in which the collective can reasonably be held morally responsible for an outcome, while none of the individuals can be reasonably held responsible for that outcome.

Product liability Liability of manufacturers for defects in a product, without the need to proof that those manufacturers acted negligently.

Profession Often mentioned characteristics of a profession include: 1) use of specialized knowledge and skills; 2) a monopoly on the carrying out of the occupation; 3) assessment only possible by peers. In addition the following two requirements are also sometimes mentioned: 4) service orientation to society; and 5) ethical standards.

Professional autonomy The ideal that individual professionals achieve themselves moral conclusions by reasoning clearly and carefully.

Professional code Code of conduct that is formulated by a professional association.

Professional ideals Ideals that are closely allied to a profession or can only be aspired to by carrying out the profession.

Professional responsibility The responsibility that is based on one's role as professional in as far it stays within the limits of what is morally allowed.

Proof from the absurd A deductive argumentation in which a certain proposition is proved by showing that the negation of the proposition leads to a contradiction.

Property right The right to ownership of a specific matter or resource like money, land, or an environmental resource (like clean air).

Radical design The opposite of normal design. Design in which either the normal configuration or the working principle (or both) of an existing product is changed.

Ratio scale A measurement scale in which the ratio between items on a scale has meaning.

Reciprocity principle Second formulation of the categorical imperative: Act as to treat humanity, whether in your own person or in that of any other, in every case as an end, never as means only.

Regulation A legal tool that can forbid the development, production, or use of certain technological products, but more often it formulates a set of the boundary conditions for the design, production, and use of technologies.

Regulators Organizations who formulate rules or regulations that engineering products have to meet such as rulings concerning health and safety, but also rulings linked to relations between competitors.

Regulatory framework The totality of (product-specific) rules that apply to the design and development of a technology.

Renewable resources Natural resources that can be renewed or reproduced.

Risk A risk is a specification of a hazard. The most often used definition of risk is the product of the probability of an undesirable event and the effect of that event.

Risk assessment A systematic investigation in which the risks of a technology of an activity are mapped and expressed quantitatively in a certain risk measure.

Risk communicators Specialists that inform, or advise how to inform, the public about risks and hazards.

Risk-cost-benefit analysis This is a variant of regular cost-benefit analysis. The social costs for risk reduction are weighed against the social benefits offered by risk reduction, so achieving an optimal level of risk in which the social benefits are highest.

Role responsibility The responsibility that is based on the role one has or plays in a certain situation.

Rule utilitarianism A variant of utilitarianism that judges actions by judging the consequences of the rules on which these actions are based. These rules, rather than the actions themselves, should maximize utility.

Safety The condition that refers to a situation in which the risks have been reduced as far as reasonably feasible and desirable.

Safety factor A factor or ratio by which an installation is made safer than is needed to withstand either the expected or the maximum (expected) load.

Script A prescription how to act that is built (designed) into an artifact.

Separatism The notion that scientists and engineers should apply the technical inputs, but appropriate management and political organs should make the value decisions.

Simulation stage The stage of the design process in which the designer or the design team checks through calculations, tests, and simulations whether the concept designs meet the design requirements.

Social ethics of engineering An approach to the ethics of engineering that focuses on the social arrangements in engineering rather than on individual decisions. If these social arrangements meet certain procedural norms the resulting decisions are considered acceptable.

Societal experiments We speak of the introduction of new technology in society as a societal experiment if the (final) testing of possible hazards and risks of a technology and its functioning take place by the actual implementation of a technology in society.

Sound argumentation An argumentation for which the corresponding critical questions can be answered positively and which therefore makes the conclusion plausible if the premises are true.

Stakeholder principles Principles that guide the relationship between a company and its stakeholders.

Stakeholders Actors that have an interest ("a stake") in the development of a technology.

Stand still principle The principle that we must not pass on a poorer environment to the next generation than the one we received from the previous generation.

Strategy of cooperation The action strategy that is directed at finding alternatives that can help to solve a moral problem by consulting other stakeholders.

Strict liability A form of liability that does not require the defendant to be negligent.

Structure of amplification and reduction The fact that mediating technologies amplify specific aspects of (the perception of) reality while reducing other aspects.

Sustainable development Development that meets the needs of the present without compromising the ability of future generations to meet their own needs (Brundtland definition).

Technical codes and standards Technical codes are legal requirements that are enforced by a governmental body to protect safety, health, and other relevant values. Technical standards are usually recommendations rather than legal requirements that are written by engineering experts in standardization committees.

Technocracy Government by experts.

Technological enthusiasm The ideal of wanting to develop new technological possibilities and taking up technological challenges.

Technological mediation The phenomenon that when technologies fulfill their functions, they also help to shape the actions and perceptions of their users.

Technology Assessment (TA) Systematic method for exploring future technology developments and assessing their potential societal consequences.

Test The execution of a technology in circumstances set and controlled by the experimenter, and in which data are gathered systematically about how the technology functions in practice.

The good life The highest good or *eudaimonia*: a state of being in which one realizes one's uniquely human potential. According to Aristotle, the good life is the final goal of human action.

Threshold The minimal level of a (design) criterion or value that an alternative has to meet in order to be acceptable with respect to that criterion or value.

Trade-off Compromise between design criteria. For example, you trade off a certain level of safety for a certain level of sustainability.

Tripartite model A model that maintains that engineers can only be held responsible for the design of products and not for wider social consequences or concerns. In the tripartite model three separate segments are distinguished: the segment of politicians; the segment of engineers; and the segment of users.

Trumping (of values) If one value trumps another any (small) amount of the first value is worth more than any (large) amount of the second value.

Type I error The mistake of assuming that a scientific statement is true while it actually is false. Applied to risk assessment: The mistake that one assumes a risk when there is actually no risk.

Type II error The mistake of assuming that a scientific statement is false while it actually is true. Applied to risk assessment: The mistake that one assumes that there is no risk while there actually is a risk.

Uncertainty A lack of knowledge. Refers to situations in which we know the type of consequences, but cannot meaningfully attribute probabilities to the occurrence of such consequences

Uncritical loyalty Placing the interests of the employer, as the employer defines those interests, above any other considerations.

Universalism An ethical theory that states that there is a system of norms and values that is universally applicable to everyone, independent of time, place, or culture.

Universality principle First formulation of the categorical imperative: Act only on that maxim which you can at the same time will that it should become a universal law.

Users People who use a technology and who may formulate certain wishes or requirements for the functioning of a technology.

Utilitarianism A type of consequentialism based on the utility principle. In utilitarianism, actions are judged by the amount of pleasure and pain they bring about. The action that brings the greatest happiness for the greatest number should be chosen.

Utility principle The principle that one should choose those actions that result in the greatest happiness for the greatest number.

Valid argument An argument whose conclusion follows with necessity from its premises: if the premises are true, the conclusion must be true.

Value conflict A value conflict arises if (1) a choice has to be made between at least two options for which at least two values are relevant as choice criteria, (2) at least two different values select at least two different options as best, and (3) the values do not trump each other.

Value Sensitive Design An approach that aims at integrating values of ethical importance in a systematic way in engineering design.

Values Lasting convictions or matters that people feel should be strived for in general and not just for themselves to be able to lead a good life or to realize a just society.

Virtue ethics An ethical theory that focuses on the nature of the acting person. This theory indicates which good or desirable characteristics people should have or develop to be moral.

Virtues A certain type of human characteristics or qualities.

Whistle-blowing The disclosure of certain abuses in a company by an employee in which he or she is employed, without the consent of his/her superiors, and in order to remedy these abuses and/or to warn the public about these abuses.

Wide reflective equilibrium Approach that aims at making coherent three types of moral beliefs 1) considered moral judgments; 2) moral principles, and 3) background theories. Also the resulting coherent set of moral beliefs is often called a wide reflective equilibrium.

Window-dressing Presenting a favorable impression that is not based on the actual facts.

Working principle The (scientific) principle on which the working of a product is based.

参考文献

本书的参考文献与原书一致，方便读者查阅。

Achterberg, W. (1994). *Samenleving, natuur en duurzaamheid. Een inleiding in de milieufilosofie* [Society, nature and sustainability. An introduction to environmental philosophy], Van Gorcum, Assen.

Achterhuis, H. J. (1995). De moralisering van de apparaten [The moralization of apparatuses]. *Socialisme en Democratie*, 52 (1), 3 – 12.

Achterhuis, H. J. (1998). *De erfenis van de utopie* [The legacy of utopia], Ambo, Amsterdam.

Adorno, R. (2004). The precautionary principle: A new legal standard for a technological age.

Journal of International Biotechnology Law, 1 (1), 11 – 19.

Akrich, M. (1992). Thede – scriptionoftechnicalobjects, in *ShapingTechnology/BuildingSociety* (eds W. E. Bijker and J. Law), MIT Press, Cambridge, pp. 205 – 224.

Anderson, R. M., Otten, J. and Schendel, D. E. (1983). The Bay Area Rapid Transit (BART) Incident, in *Engineering Professionalism and Ethics* (eds J. H. Schaub, K. Pavlovic and M. D. Morris), John Wiley & Sons, New York, pp. 373 – 380.

Anderson, R. M., Perucci, R., Schendel, D. E. and Trachtman, L. E. (1980). *Divided Loyalities – Whistle – Blowing at BART.* Purdue Research Foundation, West Lafayette, IN.

Arendt, H. (1965). *Eichmann in Jerusalem: A Report on the Banality of Evil*, Viking Compass, New York.

Aristotle (1980) [350 BC]. *Nicomachean Ethics* (translated by W. D. Ross), Clarendon Press, Oxford.

Arkin, R. C. (2007). *Governing Lethal Behavior: Embedding Ethics in a Hybrid Deliberative/Reactive Robot Architecture* (Technical report GIT – GVU – 07 – 11), Georgia Institute of Technology, Atlanta.

Baeyens, E. F. (1992). *Herald of Free Enterprise. Hét verslag van de ramp.* [*Herald of Free Enterprise.* The Story of the Disaster], Van Geyt Productions, Hulst.

Baron, J. and Spranca, M. (1997). Protected values. *Organizational Behavior and Human Decision Processes*, 70 (1), 1 – 16.

Baudet, H. (1986). *Een vertrouwde wereld: 100 jaar innovatie in Nederland* [A well – known world: 100 years of innovation in the Netherlands], Bert Bakker, Amsterdam.

Baxter, W. F. (1974). *People or Penguins. The Case for Optimal Pollution.* Columbia University Press, New York.

Beauchamp, T. L. (1984). On eliminating the distinction between applied ethics and ethical theory. *Monist*, 67, 514 – 531.

Beder, S. (1993). Engineers, ethics and etiquette. *New Scientist*, 25 (September), 36 – 41.

Begley, T. H., White, K., Honigfort, P., Twaroski, M. L., Neches, R. andWalker, R. A. (2005).

Perfluorochemicals: Potential sources of and migration from food packaging. *Food Additives and Contaminants*, 22 (10), 1023 – 1031.

Bentham, J. (1948) [1789]. *An Introduction to the Principles of Morals and Legislation*, Hafner Press, Oxford.

Birch, D. and Fielder, J. H. (eds.) (1994). *The Ford Pinto Case: A Study in Applied Ethics, Business and Technology*, State University of New York Press, Albany.

Boele, R., Fabig, H. and Wheeler, D. (2001). Shell, Nigeria and the Ogoni. A study in unsus – tainable development: I. The story of Shell, Nigeria and the Ogoni people – environment, economy, relationships: conflict and prospects for resolution. *SustainableDevelopment*, 9, 74 – 86.

Boers, C. (1981). *Wetenschap, techniek en samenleving. Bouwstenen voor een kritische wetensc – hapstheorie* [Science, technology and society. Building stones for a critical theory of science], Boom, Meppel.

Bovens, M. (1998). *The Quest for Responsibility. Accountability and Citizenship in Complex Organisations*, Cambridge University Press, Cambridge.

Brady, F. N. (1990). *Ethical Managing. Rules and Results*, Macmillan Publishing Company, NewYork.

Brezet, H. and van Hemel, C. (1997). *Ecodesign: A Promising Approach to Sustainable Production and Consumption*, UNEP, Paris.

Brumsen, M. (2006). Het ongeluk met de ICE – hogesnelheidstrein bij Eschede [The accident with the ICE high speed train at Eschede], in *Bedrijfsgevallen. Morele beslissingen van ondernemingen* (eds W. Dubbink and H. Van Luijk), Van Gorcum, Assen, pp. 45 – 55.

Chang, R. (ed.) (1997). *Incommensurability, Incomparability, and Practical Reasoning*, Harvard University Press, Cambridge, MA.

Collingridge, D. (1980). *The Social Control of Technology*, Frances Pinter, London.

Congressional Testimony of Schrage: The internet in China (2006). http://googleblog. blogspot. com/2006/02/testimony – internet – in – china. html (accessed November 13, 2010).

Copi, I. M. and Burgess – Jackson, K. (1990). *Informal Logic*, Prentice – Hall, New Jersey.

Cottril, K. (2000). Global codes of conduct. *Journal of Business Strategy*, 17 (3), 55 – 59.

Covello, V. T. and Merkhofer, M. W. (1993). *Risk Assessment Methods. Approaches for Assessing Health and Environmental Risks*, Plenum, New York.

Cranor, C. F. (1990). Some moral issues in risk assessment. *Ethics*, 101, 123 – 143.

Cross, N. (1989). *Engineering Design Methods*, John Wiley & Sons, Chichester.

Cumming, M. L. (2006). Automation and accountability in decision support system interface design. *Journal of Technology Studies*, 32 (1), 23 -31.

Dancy, J. (1993). *Moral Reasons*, Blackwell Publishers, Oxford.

Daniels, N. (1979). Wide reflective equilibrium and theory acceptance in ethics. *Journal of Philosophy*, 76, 256 -282.

Daniels, N. (1996). *Justice and Justification. Reflective Equilibrium in Theory and Practice.* Cambridge University Press, Cambridge.

Dann G. E. and Haddow, N. (2008). Just doing business or doing just business: Google, Microsoft, Yahoo! and the business of censoring China's internet. *Journal of Business Ethics*, 79, 219 -234.

Darley, J. M. (1996). How organizations socialize individuals into evildo-ing, in *Codes of Conduct. Behavioral Research into Business Ethics* (eds M. Messick and A. E. Tenbrunsel), Russell Sage Foundation, New York, pp. 13 -43.

Davis, M. (1998). *Thinking Like an Engineer. Studies in the Ethics of a Profession*, Oxford University Press, New York and Oxford.

Davis, M. (2006). Engineering ethics, individuals, and organizations. *Science and Engineering Ethics*, 12, 223 -231.

De Boer, E. (1994). Zestig jaar Deltawerken: Dordrecht als opening en sluitpost [Sixty years Delta Works. Dordrecht as start and finish], in *Wonderen der techniek: Nederlandse inge - nieurs en hun kunstwerken* 200 *jaar civiele techniek* (eds M. L. ten Horn - van Nispen, H. Lintsen and A. J. Veenendaal), Zutphen, Walburg, pp. 197 -210.

De George, R. T. (1990) *Business Ethics*, Macmillan, New York.

De George, R. (1993). *Competing with Integrity in International Business*, Oxford University Press, New York.

Derby, S. L. and Keeney, R. L. (1990). Risk analysis. Understanding "how safe is safe enough?", in *Readings in Risk* (eds T. S. Glickman and M. Gough), Resources for the Future, Washington, pp. 43 -49.

Devon, R. (1999). Towards a social ethics of engineering: The norms of engagement. *Journal of Engineering Education*, January, 87 -92.

Devon, R. (2004). Towards a social ethics of technology: A research prospect. *Techne*, 8 (1), http://scholar. lib. vt. edu/ejournals/SPT/v8n1/devon. html (accessed November13, 2010).

Devon, R. and Van de Poel, I. (2004). Design ethics: The social ethics paradigm. *International Journal of Engineering Education*, 20 (3), 461 -469.

Disco, C. (1990). *Made in Delft. Professional Engineering in the Netherlands*, UvA, Amsterdam.

Dorst, C. H. M. and Royakkers, L. M. M. (2006). The design analogy: a model for moral prob - lem solving. *Design Studies*, 27, pp. 633 -656.

Downey, G. L., Lucena, J. C. and Mitcham, C. (2007). Engineering ethics and identity: Emerging initiatives in comparative perspective. *Science and Engineering Ethics*, 13, 463 -487.

Dworkin, R. (1977). *Taking Rights Seriously*, Harvard University Press, Cambridge.

Eco, U. (1983). *The Name of the Rose*, Helen & Kurt Wolff, New York.

Eddy, P., Potter, E. and Page, B. (1976). *Destination Disaster: From the Tri - Motor to the DC -10, the Risk of Flying*, Quadrangle, New York.

Eilperin, J. (2006). Harmful PTFE chemical to be eliminated by 2015. *Washington Post* 2006 - 01 - 26, http://www. washingtonpost. com/wp - dyn/content/article/2006/01/25/AR2006012502041. html (accessedNovember13, 2010).

Elkington, J. (1994). Towards the sustainable corporation: Win - win - win business strategies for sustainable development. *California Management Review*, 36 (2), 90 -100.

Fahlquist, J. N. (2006a). Responsibility ascriptions and public health problems. Who is respon sible for obesity and lung cancer. *Journal of Public Health*, 14 (1), 15 -19.

Fahlquist, J. N. (2006b). Responsibility ascriptions and vision zero. *Accident Analysis and Prevention*, 38, 1113 -1118.

FCC (2009). *V - chip: Viewing Television Responsibly* [Internet]. Federal Communications Commission, http://www. fcc. gov/cgb/consumer facts/vchip.

html (accessed March 25, 2009).

Felt, U., Wynne, B., Callon, M., Gonçalves, M. E., Jasanoff, S., Jepsen, M., Joly, P. - B., Konopasek, Z., May, S., Neubauer, C., Rip, A., Siune, K., Stirling, A. and Tallacchini, M. (2007). *Taking European Knowledge Society Seriously.* Report of the expert group on science and governance to the science, economy and society directorate, Directorate - General for Research, European Commission, Directorate - General for Research, Science, Economyand Society. Brussels.

Fischhoff, B., Lichtenstein, S. and Slovic, P. (1981). *Acceptable Risk*, Cambridge University Press, Cambridge.

Florman, S. C. (1976). *The Existential Pleasures of Engineering*, St. Martin's Press, New York.

Frankel, M. S. (1989). Professional codes: Why, how, and with what impact? *Journal of Business Ethics*, 8 (2), 109 - 115.

Frankena, W. K. (1973). *Ethics.* Prentice - Hall, Englewood Cliffs.

Friedman, B., Kahn, P. H., Jr. and Borning, A. (2006). Value sensitive design and information systems, in *Human - Computer Interaction in Management Information Systems: Foundations* (eds P. Zhang and D. Galletta), M. E. Sharpe, Armonk, pp. 348 - 372.

Friedman, M. (1962). *Capitalism and Freedom*, University of Chicago Press, Chicago.

Gambatese, J. A., Behm, M. and Rajendran, S. (2008). Design's role in construction accident causality and prevention: Perspectives from an expert-panel. *Safety Science*, 46 (4), pp. 675 - 691.

Gert, B. (1984). Moral theory and applied ethics. *Monist*, 67, 532 - 548.

Gilligan, C. (1982). *In a Different Voice: Psychological Theory and Women's Development*, Harvard University Press, Cambridge, MA.

Goldberg, S. (1987). The space shuttle tragedy and the ethics of engineering. *Jurimetrics Journal*, 27 (Winter), 155 - 159.

Grauls, M. (1993). *Uitvinders van het dagelijks leven* 2 [Inventors of daily life 2], CODA, Antwerp.

Grunwald, A. (2001). The application of ethics to engineering and the engineer's moral responsibility: Perspectives for a research agenda. *Science and Engineering Ethics*, 7 (3), 415 – 428.

Habermas, J. (1981). *Theorie des kommunikativen Handelns* [Theory of communicative action], Suhrkamp Verlag, Frankfurt am Main.

Hansson, S. O. (2003). Ethical criteria of risk acceptance. *Erkenntnis*, 59, 291 – 309.

Hansson, S. O. (2004a). Fallacies of risk. *Journal of Risk Research*, 7 (3), 353 – 360.

Hansson, S. O. (2004b). Weighing risks and benefits. *Topoi*, 23, 145 – 152.

Hansson, S. O. (2007a). Safedesign. *Techne*, 10 (1), 43 – 49.

Hansson, S. O. (2007b). Philosophical problems in cost – benefit analysis. *Economics and Philosophy*, 23, 163 – 183.

Hansson, S. O. (2009). Risk and safety in technology, *in Handbook of the Philosophy of Science. Vol. 9: Philosophy of Technology and Engineering Sciences* (ed. A. Meijers), Elsevier, Amsterdam, pp. 1069 – 1102.

Hare, R. M. (1982). Ethical theory and utilitarianism, in *Utilitarianism and Beyond* (eds. A. Sen and B. Williams), Cambridge University Press, Cambridge.

Hare, R. M. (1988). Why do applied ethics?, in *Applied Ethics and Ethical Theory* (eds D. M. Rosenthal and F. Shehadi), University of Utah Press, Salt Lake City, pp. 71 – 83.

Harris, C. E. (1998). Engineering responsibilities in lesser – developed nations: The welfare requirement. *Science and Engineering Ethics*, 4, 321 – 331.

Harris, C. E., Pritchard, M. S. and Rabins, M. J. (2005). *Engineering Ethics. Concepts and Cases* (3rd edn), Wadsworth, Belmont.

Hassink, H., de Vries, M. and Bollen, L. (2007). A content analysis of whistleblowing policies of leading European companies. *Journal of Business Ethics*, 75 (1), 25 – 44.

Health Council of the Netherlands (2006). *Health Significance of Nanotechnologies*, Health Council of the Netherlands, The Hague.

Herkert, J. R. (1999). ABET's engineering criteria 2000 and engineering ethics: Where do we go from here? Presented at the *OEC International Conference on Ethics in Engineering and Computer Science*, March 1999, http://onlineethics.org/CMS/edu/instructessays/herkert2.aspx#f1 (accessed October, 19, 2009).

Herkert, J. R. (2001). Future directions in engineering ethics research: Microethics, macroeth ics and the role of professional societies. *Science and Engineering Ethics*, 7 (3), 403 – 414.

Hummels H. and Karssing, E. (2007). Organising ethics, in *Ethics and Business* (ed R. J. M. Jeurissen), Van Gorcum, Assen, pp. 249 – 275.

Hunter, T. A. (1997). Designing to codes and standards, in *ASM Handbook. Vol. 20. MaterialsSelection and Design* (eds G. E. Dieter, S. D. Henry and S. R. Lampman), ASM, Materials Park, pp. 66 – 71.

Hursthouse, R. (1991). Virtue theory and abortion. *Philosophy and Public Affairs*, 20, 223 – 246.

Ihde, D. (1990). *Technology and the Lifeworld*, Indiana University Press, Bloomington.

Ihde, D. (1991). *Insrumental Realsim: The Interface between Philosophy of Science and Philosophy of Technology*, Indiana University Press, Bloomingon.

Inderwildi, O. R. and King, D. A. (2009). Quo vadis biofuels? *Energy & Environmental Science*, 2 (4), 343 – 346.

International Crisis Group (2008). *Nigeria: Ogoni Land after Shell.* Africa Briefing no. 54 (September 18, 2008), http://www.unhcr.org/refworld/docid/48d359552.html (accessed September 30, 2008).

Jeurissen, R. J. M. and van de Ven, B. (2007). Values and norms in organ isations, in *Ethics and Business* (ed. R. J. M. Jeurissen), Van Gorcum, Assen, pp. 54 – 92.

Johnson, B. B. (1999). Ethical issues in risk communication. Continuing the discussion. *Risk Analysis*, 19 (3), 335 – 348.

Johnson, D. G. (2001). *Computer Ethics*, Prentice Hall, Upper Saddle River.

Jungermann, H. (1996). Ethical dilemmas in risk communication, in *Codes of Conduct. Behavioral Research into Business Ethics* (eds M. Messick and A. E. Tenbrunsel), Russell Sage Foundation, New York, pp. 300 – 317.

Jungk, R. (1958). *Brighter than a Thousand Suns*, Penquin Books, Middlesex.

Kant, I. (1990) [1784]. Beantwortung der Frage: Was ist Aufklärung?, translated as "An Answer to the Question: What is Enlightenment?" in *Foundations of the Metaphysics of Morals and What is Enlightenment*, Macmillan, New York.

Kant, I. (2002) [1785]. *Grundlegung zur Metaphysik der Sitten*, translated as *Groundwork for the Metaphisics of Morals*, Oxford University Press, Oxford.

Kaptein, M. (2004). Business codes of multinational firms: What do they say? *Journal of Business Ethics*, 50, 13 – 31.

Kienpointer, M. (1992). *Alltagslogik* [Everyday logic], Frommann – Holzboog, Stuttgart.

Kneese, A. V., Ben – David, S. and Schulze, W. D. (1983). The ethical foundations of benefit – cost analysis, in *Energy and the Future* (eds D. MacLean and P. G. Brown), Rowman and Littefield, Totowa, pp. 59 – 74.

Knippenberg (1999). De antikinderarbeidlobby is failliet [The anti child lobby is morally bank rupt], *NRC*, 19 – 10 – 1999.

Korsgaard, C. M. (1996). *Creating the Kingdom of Ends*, Cambridge University Press, Cambridge.

Kraakman, R., Davies, P., Hansmann, H., Hertig, G., Hopt, K., Kanda, H. and Rock, E. (eds) (2004). *The anatomy of Corporate Law: A Comparative and Functional Approach*, New York, Oxford University Press.

Kremer, E. (2002). (Re) examining the Citicorp case: Ethical paragon or chimera. *Practice*, 6 (3), 269 – 276.

Krohn, W. and Weyer, J. (1994). Society as a laboratory: The social risks of experimental research. *Science and Public Policy*, 21 (3), 173 – 183.

Ladd, J. (1991). The quest for a code of professional ethics. An intellectual and moral confusion, in *Ethical Issues in Engineering* (ed. D. G. Johnson), Prentice Hall, Englewood Cliffs, pp. 130 – 136.

Latour, B. (1992). Where are the missing masses? The sociology of a few mundane artifacts, in *Shaping Technology/Building Society* (eds W. E. Bijker and J. Law), MIT Press, Cambridge, pp. 225 – 258.

Latour, B. (1994). On technical mediation – Philosophy, sociology, genealogy. *Common Knowledge*, 3, 29 – 64.

Latour, B. (2002). Morality and technology: The end of the means. *Theory, Culture & Society*, 19 (5 – 6), 247 – 260

Lave, L. B. (1984). Eight frameworks for regulation, in *Technological Risk Assessment* (eds P. F. Ricci, L. A. Sagan and C. G. Whiplle), Martinus Nijhoff, The Hague, pp. 169 – 190.

Layton, E. T. (1971). *The Revolt of the Engineers. Social Responsibility and the American Engineering Profession*, The Press of the Case Western Reserve University, Cleveland and London.

Lenk, H. and Ropohl, G. (eds.) (1987). *Technik und Ethik*, Reclam, Stuttgart.

Lloyd, P. A. and Busby, J. A. (2003). "Things that went well – no serious injuries or deaths" Ethical reasoning in a normal engineering design process. *Science and Engineering Ethics*, 9 (4), 503 – 516.

Locke, J. (1986) [1690]. *Second Treatise of Government*, Prometheus Books, New York.

Luegenbiehl, H. C. (2004). Ethical autonomy and engineering in a cross – culturalcontext. *Techné*, 8 (1), 57 – 78.

Luegenbiehl, H. C. (2010). Ethical principles for engineering in a global environment, in *Philosophy and Engineering* (eds I. van de Poel and D. Goldberg), Springer, Dordrecht, pp. 147 – 160.

MacCollum, D. V. (1995). *Construction Safety Planning*, John Wiley & Sons, NewYork.

MacIntyre, A. (1984a). *After Virtue*, Notre Dame University Press, Notre

Dame.

MacIntyre, A. (1984b). Does applied ethics rest on a mistake? *The Monist*, 67, 498 – 513.

Malin, M. (1983). Legal protection for whistleblowers, in *Beyond Whistleblowing. Defining Engineers' Responsibilities* (ed. V. Weil), Center for the Study of Ethics in the Professions Illinois Institute of Technology, Chicago, pp. 11 – 32.

Martin, K. E. (2008). *Google, Inc., in China* (Case BRI – 1004), Business Roundtable, Institute for Corporate Ethics, Washington.

Martin, M. W. and Schinzinger, R. (1996). *Ethics in Engineering*, 3rd edn, McGraw – Hill New York.

McLinden, M. O. and Didion, D. A. (1987). Quest for alternatives. *ASHRAE Journal*, 29, 32 – 34.

Mill, J. S. (1859). *On Liberty*, John W. Parker and Son, London.

Mill, J. S. (1979) [1863]. *Utilitarianism*, Collins, London.

Mishan, E. J. (1975). *Cost – Benefit Analysis. An Informal Introduction*, Allen &Unwin, London.

Moberg, D. (1997). Virtuous peers in work organizations. *Business Ethics Quarterly*, 7 (1), pp. 67 – 85.

Morgan, M. G. andLave, L. (1990). Ethical considerations in riskcommunication practice and research. *Risk Analysis*, 10 (3), 355 – 358.

Morgenstern, J. (1995). The fifty – nine – story crisis. *The New Yorker*, May 29, 45 – 53

Mostert, P. (1982). Reactorveiligheid [Reactor safety], in *Kernenergie in beweging. Handboek bij vraagstukken over kernenergie* [Nuclear energy on the move. Handbook for nuclear energy issues], (eds C. D. Andriesse and A. Heertje), Keesing Boeken, Amsterdam, pp. 61 – 73.

Mulish, H. (1962). *De zaak 40l61* [The case 40/61], De Bezige Bij, Amsterdam.

Naylor, R. L., Liska, A. J., Burke, M. B., Falcon, W. P., Gaskell, J. C., Rozelle, S. D. andCassman, K. G. (2007). The ripple effect: Biofuels, food security, and the environment. *Environment*, 49 (9), 30 – 43.

Nelson, D. (1980). *Frederick W. Taylor and the Rise of Scientific Management*, University of Wisconsin Press, London.

Neufeld, M. J. (1995). *The Rocket and the Reich. Peenemunde and the Coming of the Ballistic Missile Era*, Harvard University Press, Cambridge, MA.

Noble, D. F. (1977). *America by Design. Science, Technology and the Rise of Corporate Capitalism*, Alfred A. Knopf, New York.

Oberdöster, G., Oberdöster, E. and Oberdöster, J. (2005). Nanotoxicology: An emerging discipline evolving from studies of ultrafine particles. *Environmental Health Perspectives*, 113 (7), 823 – 829.

Otway, H. J. andvonWinterfeldt, D. (1982). Beyond acceptable risk. On the social acceptability of technologies. *Policy Sciences*, 14, 247 – 256.

Paine, L. S. (2000). Does ethics pay? *Business Ethics Quarterly*, 10 (1), 319 – 330.

Petroski, H. (1982). *To Engineer is Human. The Roleof Failure in Successful Design*, St. Martin's Press, New York.

Piszkiewicz, D. (1995). *The Nazi Rocketeers. Dreams of Space and Crimes of War*, Praeger, Westport, CT.

Platform Ethiek en Techniek TU Delft (1996). *Werkconferentie Ethische aspecten van de ingenieurswetenschappen* [Working conference ethical aspects of the engineering sciences], April 19, Delft (The Netherlands).

Pöttgens, J. J. E. (1988). Schade door delfstofwinning [Damage by mining]. *Heidemijtijdschrift*, 2, 41 – 43.

Powley, C. R., Michalczyk, M. J., Kaiser, M. A. and Buxton, L. W. (2005). Determination of perfluorooctanoic acid (PFOA) extractable from the surface of commercial cookware under simulated cooking conditions by LC/MS/MS. *The Analyst*, 130 (9), 1299 – 1302.

Pritchard, M. S. (2001). Responsible engineering. The importance of character and imagination. *Science and Engineering Ethics*, 7 (3), 391 – 402.

Pritchard, M. S. (2009). Professional standards in engineering practice, in

Handbook of the Philosophy of Science. Vol. 9: Philosophy of Technology and Engineering Sciences, (ed. A. Meijers), Elsevier, Amsterdam, pp. 953 –971.

Radin, T. J. (2004). The effectiveness of global codes of conduct: Role models that make sense. *Business and Society Review*, 109 (4), 415 –447.

Raffensperger, C. and Tickner, J. (eds) (1999). *Protecting Public Health and the Environment: Implementing the Precautionary Principle*, Island Press, Washington, DC.

Ravenzwaaij, A. (1994). *Risico-informatie in het veiligheidsbeleid* [Risk information in safety policy], Universiteit Utrecht, Utrecht.

Rawls, J. (1971). *A Theory of Justice*, Harvard University Press, Cambridge, MA.

Rawls, J. (1993). *Political Liberalism*, Columbia University Press, New York.

Rawls, J. (2001). *Justice as Fairness. A Restatement.* The Belknap Press of Harvard University Press, Cambridge, MA.

Raz, J. (1986). *The Morality of Freedom*, Oxford University Press, Oxford.

Renn, O. (2005). *White Paper on Risk Governance – Towards an Integrative Approach*, International Risk Governance Council, Geneva.

Rittel, H. W. J. and Webber, M. M. (1984). Planning problems are wicked problems, in *Developmentsin Design Methodology* (ed. N. Cross), John Wiley &Sons, Chichester, pp. 135 –144.

Roddis, W. M. K. (1993). Structural failure and engineering ethics. *Journal of Structural Engineering*, 119 (5), 1539 –1555.

Ross, W. D. (1930). *The Right and the Good*, Clarendon Press, Oxford.

Royakkers, L. M. M. and van Est, R. (2010). The cubicle warrior: The marionette of digitalized warfare. *Ethics and Information Technology*, 12, 289 –296.

Ryan, B. L. V. (1991). Conflicts inherent in corporate codes. *International Journal of Value –Based Management*, 4 (1), 119 –136.

Sandin, P. (1999). Dimensions of the precautionary principle. *Human and Ecological Risk Assessment*, 5 (5), 889 –907.

Schellens, P. J. (1985). *Redelijke argumenten*, Foris, Dordrecht.

Schinzinger, R. and Martin, M. W. (2000). *Introduction to Engineering Ethics*, McGraw Hill, New York.

Schivelbusch, W. (1986). *The Railway Journey; The Industrialization of Time and Space in the 19th Century*, University of California Press Berkeley.

Schot, J. W. (1992). Constructive technology assessment and technology dynamics: The case of clean technologies. *Science, Technology & Human Values*, 17 (1), 36 – 57.

Schot, J. W. and Rip, A. (1997). The past and future of constructive technology assessment. *Technology Forecasting and Social Change*, 54 (2/3), 251 – 268.

Schuler, D. and Namioka, A. (eds) (1993). *Participatory Design: Principles and Practices*, Lawrence Erlbaum, Hillsdale, NJ.

Sclove, R. E. (1995). *Democracy and Technology*, The Guilford Press, New York.

Sethi, S. P. and Williams, O. F. (2000). Creating and implementing global codes of conduct: An assessment of the Sulivan principles as a role model fordeveloping international codes of conduct – Lessons learned and unlearned. *Business and Society Review*, 105 (2), 169 – 200.

Shrader-Frechette, K. S. (1985). *Risk Analysis and Scientific Method. Methodological and Ethical Problems with Evaluating Societal Hazards*, Reidel, Dordrecht.

Shrader-Frechette, K. S. (1991). *Risk and Rationality. Philosophical Foundations for Populist Reform*, University of California Press, Berkeley.

Sidgwick, H. (1877). *Methods of Ethics*, Macmillan, London.

Simon, H. A. (1973). The structure of ill-structured problems. *Artificial Intelligence*, 4, 181 – 201.

Simon, H. A. (1974). Spurious correlation: A causal interpretation, in *Causal Models in the Social Sciences* (ed. H. M. Blalock), Macmillan, London and Basingstoke, pp. 1 – 17.

Singer, P. (2002). *One World. The Ethics of Globalization*, Yale University Press, London.

Slovic, P., Fischhoff, B. and Lichtenstein, S. (1990). Rating the risks, in *Readings in Risk* (eds T. S. Glickman and M. Gough), Resources for the Future, Washington, pp. 61 – 74.

Smart, J. J. C. (1973). An outline of a system of utilitarian ethics, in *Utilitarianism for and Against* (eds J. J. C. Smart and B. Williams), Cambridge University Press, Cambridge, pp. 3 – 74.

Smith, A. (1776). *An Inquiry into the Nature and Causes of the Wealth of Nations*, Clarendon Press, Oxford.

Smith, A. (2003). Do You Believe in Ethics? Latour and Ihde in the Trenches of the Sciences Wars, in *Chasing Technoscience: Matrix for Materiality* (eds D. Ihde and E. Selinger), Indiana University Press, Bloomington and Indianapolis, pp. 182 – 194.

Starr, C. (1990). Social benefit versus technological risk, in *Readings in Risk* (eds T. S. Glickman and M. Gough), Resources for the Future: Washington, pp. 183 – 193.

Steg, L. (1999). *Verspilde energie? Wat doen en laten Nederlanders voor het milieu* (SCP Cahier no. 156). [Spilt energy? What the Dutch do and don't for the environment], Sociaal en Cultureel Planbureau, The Hague.

Stern, P. C. and Feinberg, H. V. (1996). *Understanding Risk: Informing Decisions in a Democratic Society*, National Academy Press, Washington.

Stuhlinger, E. and Ordway, F. I., III (1994). *Wernher von Braun, Crusader for Space: A Biographical Memoir*, Malabar, Krieger.

Styron, W. (1979). *Sophie's Choice*, Random House, London.

Sunstein, C. R. (2005). Cost – benefit analysis and the environment. *Ethics*, 115, 351 – 385.

Swierstra, T. (2000). *Kloneren in de polder. Het maatschappelijk debat over kloneren in Nederland Februari* 1997 – *Oktober* 1999 [Cloning in the polder. The societal debate on cloning in the Netherlands February 1997 – October 1999], Rathenau Instituut (Studie no. 39), The Hague.

Tavani, H. T. (2004). *Ethics & Technology. Ethical Issues in an Age of Information and Communication Technology*. John Wiley & Sons, Hoboken.

Taylor, F. W. (1911). *The Principles of Scientific Management*, Harper Bros, NewYork.

Ten Horn – van Nispen, M. – L. (2002). Johan van Veen (1893 – 1959) in *Biografisch woordenboek van Nederland* (ed. Gabriëls), Instituut voor Neder landse Geschiedenis, The Hague.

Tetlock, P. E. (2003). Thinking the unthinkable: Sacred values and taboo cognitions. *Trends in Cognitive Sciences*, 7 (7), 320 – 324.

The Royal Society & The Royal Academy of Engineering (2004). *Nanoscience and Nanotechnologies: Opportunities and Uncertainties*, The Royal Society & The Royal Academy of Engineering, London.

Thompson, D. F. (1980). Moral responsibility and public officials. *American Political Science Review*, 74, 905 – 916.

Tronto, J. C. (1993). *Moral Boundaries. A Political Argument for an Ethic of Care*, Routledge, New York.

Tversky A. and Kahneman, D. (1981). The framing of decisions and the psychology of choice. *Science*, 211, 453 – 458.

Unger, S. H. (1994). *Controlling Technology: Ethics and the Responsible Engineer*, John Wiley & Sons, New York.

Valenti, J. and Wilkins, L. (1995). An ethical risk communication protocol for science and mass communication. *Public Understanding of Science*, 4 (18), 177 – 194.

Van de Poel, I. (1998). *Changing Technologies. A Comparative Study of Eight Processes of Transformation of Technological Regimes*, Universiteit Twente, Enschede.

Van de Poel, I. (2001). Investigating ethical issues in engineering design. *Science and Engineering Ethics*, 7 (3), 429 – 446.

Van de Poel, I. (2007). Ethics in engineering practice, in *Philosophy in Engineering* (eds S. Hylgaard Christensen, M. Meganck and B. Delahousse), Academica, Aarhus, Denmark, pp. 245 – 262.

Van de Poel, I. (2009a). Values in engineering design, in *Handbook of the Philosophy of Science. Vol. 9: Philosophy of Technology and Engineering Sciences* (ed. A. Meijers), Elsevier, Amsterdam, pp. 973 – 1006.

Van de Poel, I. (2009b). The introduction of nanotechnology as a societal experiment, in *Technoscience in Progress: Managing the Uncertainty of Nanotechnology* (eds S. Arnaldi, A. Lorenzet and F. Russo), IOS Press, Amsterdam, pp. 129 – 142.

Van de Poel, I. and Royakkers, L. (2007). The ethical cycle. *Journal of Business Ethics*, 71 (1), 1 – 13.

Van de Poel, I. and van Gorp, A. (2006). Degrees of responsibility in engineering design. Type of design and design hierarchy. *Science, Technology & Human Values*, 31 (3), 333 – 360.

Van de Poel, I., Zandvoort, H. and Brumsen, M. (2001). Ethics and engineering courses at Delft University of Technology: Contents, educational setup and experiences. *Science and Engineering Ethics*, 7 (2), 267 – 282.

Van de Poel, I. and Zwart, S. D. (2010). Reflective equilibrium in R&D networks. *Science, Technology & Human Values*, 35, 174 – 199.

Van den Hoven, J. and Vermaas, P. E. (2007). Nano – technology and privacy: On continuous surveillance outside the panopticon. *Journal of Medicine and Philosophy*, 32 (3), 283 – 297.

Van der Burg, S. and Van de Poel, I. R. (2005). Teaching ethics and technology with Agora, an electronic tool. *Science and Engineering Ethics*, 11 (2), 277 – 297.

Van der Ham, W. (2003). *Meester van de zee: Johan Van Veen, waterstaatsingenieur* 1893 – 1959. [Master of the sea: Johan van Veen, civil engineer], Balans, Amsterdam.

Van Eemeren, F. H. and Grootendorst, R. (1992). *Argumentation, Communication and Fallacies: A Pragma – Dialectical Perspective*. Lawrence Erlbaum, Hillsdale, NJ:

Van Gorp, A. (2005). *Ethical Issues in Engineering Design. Safety and Sustainability*, Simon Stevin Series in the Philosophy of Technology, Delft.

Van Gorp, A., and van de Poel, I. R. (2001). Ethical considerations in engineering design processes. *IEEE Technology and Society Magazine*, 20 (3), 15-22.

Van Gorp, A. and Van de Poel, I. (2008). Deciding on ethical issues in engineering design, in *Philosophy and Design. From Engineering to Architecture* (eds P. E. Vermaas, P. Kroes, A. Light and S. A. Moore), Kluwer, Dordrecht, pp. 77-90.

Van Hinte, E. (ed.) (1997). *Eternally Yours: Visions on Product Endurance*. 010 Publishers, Rotterdam.

Van Poortvliet, A. (1999). *Risks, Disasters and Management*. Eburon, Delft.

Van Veen, J. (1962). *Dredge, Drain, Reclaim. The Art of a Nation*, 5th edn. Martinus Nijhoff, The Hague.

Vaughan, D. (1996). *The Challenger Launch Decision*, The University of Chicago Press, Chicago.

Verbeek, P. P. (2005). *What Things Do - Philosophical Reflections on Technology, Agency, and Design*, Pennsylvania State University Press. University Park.

Verbeek, P. P. (2006a). Materializing morality - Design ethics and technological mediation. *Science, Technology and Human Values* 31 (3), 361-380.

Verbeek, P. P. (2006b), The morality of things - A postphenomenological inquiry, in *Postphenomenology: A Critical Companion to Ihde* (ed. E. Selinger). State University of New York Press, New York, pp. 117-130.

Verbeek, P. P. (2008). Morality in design: Design ethics and the morality of technological arti-facts, in *Philosophy and Design: From Engineering to Architecture* (eds P. E. Vermaas, P. Kroes, A. Light and S. A. Moore), Springer, Dordrecht, pp. 91-103.

Vincenti, W. (1990). *What Engineers Know and How They Know It*, Johns Hopkins University Press. Baltimore.

Weckert, J. and Moor, J. (2007). The precautionary principle in nanotechnology in *Nanoethics: The Social and Ethical Implications of Nanotechnology* (eds F. Allhoff, P. Lin, J. Moor and J. Weckert), John Wiley & Sons, Hoboken, pp. 133 – 146.

Weegink, R. J. (1996). *Basisonderzoek elektriciteitsverbruik kleinverbruikers BEK' 95.* [Basic research electricity consumption of citizens. BEK' 95], Arnhem: EnergieNed.

Weil, V. (1998). Professional standards: Can they shape practice in an international context? *Science and Engineering Ethics*, 4, 303 – 314.

Whitbeck, C. (1998a). *Ethics in Engineering Practice and Research*, Cambridge University Press, Cambridge.

Whitbeck, C. (1998b). *The Philosophical Theory Underlying "Ethics in Engineering Practiceand Research"* from http://www.washingtonpost.com/wp – dyn/content/article/2006/01/25/AR2006012502041.html ethics.org/bib/part1.html? text

Whitehead, T. (2008). 13,000 people wrongly branded criminals. *Telegraph*, November 12, http://www.telegraph.co.uk/news/newstopics/politics/lawandorder/3449207/13000 – people – wrongly – branded – criminals.html.

Williams, B. (1973). *Problems of the Self. Philosophical Papers 1956 – 1972*, Cambridge University Press, Cambridge.

Winner, L. (1980). Do artifacts have politics? *Daedalus*, 109, 121 – 136.

Wirtz, R. (2007). Moral responsibility in organisations, in *Ethics & Business* (ed. R. J. M. Jeurissen), Van Gorcum, Assen, pp. 24 – 43.

World Commission on Environment and Development (1987). *Our Common Future*, Oxford University Press, Oxford.

World Wildlife Fund (2002). *Living planet report* from http://www.wwf.org.uk/filelibrary/pdf/livingplanet2002.pdf (accessed November 13, 2010).

Wynne, B. (1989). Frameworks of rationality in risk management: Towards the testing of naive sociology, in *Environmental Threats: Perception Analysis, and Management* (ed. J. Brown), London, Bellhaven, pp. 33 – 47.

Zah, R., Böni, H., Gauch, M., Hischier, R., Lehmann, M. and Wäger, P. (2007). *Life Cycle Assessment of Energy Products: Environmental Assessment of Biofuels*. Empa.

Zandvoort, H. (2000). Codes of conduct, the law, and technological design and development, in *The Empirical Turninthe Philosophy of Technology. Vol.* 20 *Researchin Philosophy and Technology* (eds P. Kroes and A. Meijers), Elsevier/JAI Press, London, pp. 193 –205.

译者后记

在当下的中国，面临激烈的国际竞争和国内经济发展压力，对于工程技术创新和工程人才的培养提出更高要求。如何提高工程技术人才的技术能力和水平，如何培养他们的职业理想和道德能力，则成为新时代工程技术国际竞争的重要内容之一。通过工程伦理课程提升工程类学生的国际视野和道德水平也成为国际工程教育常用的典型性做法，在国内正逐渐成为工程教育专家、企业管理者、工科教师、伦理学者、工程技术者等各类人员的共识。典范的工程伦理教材也更成为各个国家工程教育引入或关注的焦点。《工程伦理教程》自 2011 年出版以来，深受欧洲、美国等国家或地区的工程伦理课程教师、学生的偏爱，能够利用“伦理周期”分析工具深入而细致地识别纷繁复杂的工程伦理问题，提高道德决策的能力。

从 2013 年起，我在研究生和本科生工程伦理课堂上开始并使用这部教材的英文版，但总感觉英文版在使用过程中还有诸多不便之处，遂与教材作者之一荷兰代尔夫特理工大学波尔教授沟通，讨论翻译事宜，其欣然应允。于是从 2014 年起着手这部教材的翻译工作，其中凡事较多，几度中断几度开始，终于在 2016 年底完成译稿。此前，没有想到翻译工作如此之艰，特别是教材涉及到诸多术语总感很难把握，力不从心、词不达意。这时遥想大学当年泛读世界名著，对翻译家傅雷先生尤为印象深刻——译作读起来是那么朗朗上口、顺畅流利，更是优雅墨香、思想深远。我们不奢与傅雷先生比肩，但我们也在向“信达雅”努力，虽力不所至，但心向往之。

此书的出炉，不仅仅是译者的努力成行，更是朋友同行的关注与厚爱的结果。首先，感谢我的恩师胡新和教授，先师已驾鹤西去十年，然时念老师之恩之德之劳。记得与恩师合作翻译第一篇小文《美国的工程伦理学》在《自然辩证法通讯》2007 年发表，也倍知译介之艰，其中滋味自知一二。其次，感谢中国社科院哲学所朱葆伟教授百忙之余为本书把关，校订全书译稿，使本书增色良多。再次，需要感谢的人太多，感谢那些为国内外工程伦理事业做出贡献的人们，感谢全国工程硕士教育指导委员会和清华大学等对于全国工程伦理工作的推动。感谢中国工程院刘合院士、杨宏院士，感谢中国科学院大学李伯聪教授、胡志强教授、尚智丛教授、王大洲教授、姜卉教授、黄小茹教授、李斌教授、王楠教授、柯遵科教授，清华大学李正风教授、方东平教授、雷毅教授、吴国盛教授、吴彤教授、张成岗教授、王巍教授，北京大学周程教授，南京大学胡大平教授、刘鹏教授，浙江大学丛杭青教授、王淼教授、潘恩荣教授，上海交通大学李侠教授、陆群峰教授，同济大学杜严勇教授，大连理工大学王前教授、李伦教授、于雪教授、晏萍教授，复旦大学王国豫教授、张志林教授，中国人民大学刘大椿教授、刘永谋教授、王伯鲁教授、王小伟教授，中国社会科学院段伟文研究员，中央党校赵建军教授，协和医学院翟晓梅教授，北京师范大学刘孝廷教授、董春雨教授，华南师范大学肖显静教授，东北大学陈凡教授、田鹏颖教授、王健教授、文成伟教授，中国政法大学张秀华教授，华中科技大学雷瑞鹏教授，国防科技大学杨爱华教授，东南大学夏保华教授，上海社科院成素梅教授，北京理工大学范春萍教授、李世新教授，西安交通大学梁军教授，西北工业大学张云龙教授、李军时教授，西安电子科技大学马得林教授，天津大学黄晓伟教授，北京化工大学张明国教授、崔伟奇教授，上海大学闫坤如教授，安徽大学王金柱教授，沈阳师范大学唐丽教授，南京林业大学何菁教授，天津师范大学王耀东教授，湖南师范大学毛新志教授、易显飞教授，长沙理工大学陈万球教授，中国科学技术协会王国强研究员、王楠博士，中国自然辩证法研究会秘书长赵月刚博士。感谢我的合作教授 Illinois of Institution of Technology 的 Michael Davis 教授，感谢美国弗吉尼亚理工大学朱勤教授。

最后，感谢曾经的工作单位北京工业大学蒋毅坚教授、阮平南教授、高峰教授、丁云教授、李洪义教授、张风帆教授、计彤教授、胡春立博士等长期以来对工程伦理的支持和帮助；感谢现工作单位北京航空航天大学马克思主义学院赵义良院长、高宁书记、王娜副院长、陈萌副院长；感谢我的研究生赵雅超、王昊、许沐轩、陈琪、沙思宇的辛苦工作。感谢中国社会科学出版社朱华彬主任、伊岚、凌金良、王莎莎等编辑的努力付出。

诚然，本书中一定存有许多译注错误或不当之处，恳请国内外同行、工程技术人员不吝赐教，我的邮箱是 bjjszxlt@126.com。长风破浪会有时，直挂云帆济沧海，我们期待中国科技伦理事业蒸蒸日上。